奋斗的人生

——我的家庭和个人经历纪实

闻邦椿 著

高等教育出版社

内容提要

本书作者通过对其家庭及人生经历的真实感人的描述,总结了自己在人生奋斗道路上的一些经验和教训,旨在和大家共同探讨"处事的一般规则",以提高个人处事成功的概率,乃至提高在人生奋斗道路上实现奋斗目标和远大理想的概率。

如果谁想从该书中了解做事或人生奋斗的一般规则和如何提高成功做事的概率,那他的心里首先要有一个明确目标,接着可从该书中了解与这一主题相关的具体内容,以及了解该书采用了哪些有效的方法去实现这一目标。这就是本书所特别强调的做什么事都要有明确的目标、具体的内容和有效的方法。本书并不是一部文学作品,而是一本突出以提高做事成功概率为主题的纪实性史作。如果单纯关注于该书的文学色彩或可读性,那他是很难领悟到本书的精髓的。

本书共分八个部分,分别是家乡家庭篇、求学篇、创业篇、生活篇、学术交流篇、社会活动篇、成就篇和结语。

本书可作为青年学生和各行各业青年励志的参考读物,还可供对上述内容感兴趣的读者阅读和参考。

图书在版编目(CIP)数据

奋斗的人生:我的家庭和个人经历纪实/闻邦椿著.
北京:高等教育出版社,2009.4(2010重印)
ISBN 978-7-04-025796-0

Ⅰ.奋… Ⅱ.闻… Ⅲ.成功心理学-通俗读物
Ⅳ.B848.4-49

中国版本图书馆 CIP 数据核字(2009)第 026899 号

策划编辑	宋 晓	责任编辑	金学影	封面设计	王凌波	责任绘图	尹 莉
版式设计	王艳红	责任校对	王效珍	责任印制	朱学忠		

出版发行	高等教育出版社	购书热线	010-58581118
社　　址	北京市西城区德外大街4号	免费咨询	800-810-0598
邮政编码	100120	网　　址	http://www.hep.edu.cn
			http://www.hep.com.cn
经　　销	蓝色畅想图书发行有限公司	网上订购	http://www.landraco.com
印　　刷	北京联兴盛业印刷股份有限公司		http://www.landraco.com.cn
		畅想教育	http://www.widedu.com
开　　本	787×1092　1/16	版　　次	2009年4月第1版
印　　张	14.75	印　　次	2010年6月第4次印刷
字　　数	300 000	定　　价	28.50元
插　　页	10		

本书如有缺页、倒页、脱页等质量问题,请到所购图书销售部门联系调换。
版权所有　侵权必究
物料号　25796-00

作 者 简 介

闻邦椿，原籍浙江温岭，1930年9月生于浙江省杭州市。1943—1946年就读于浙江省温岭县授智初级中学（现为新河中学），1946—1949年于浙江省立台州中学高中部学习，1949年10月参加中国人民解放军，1950年12月因病复员，1951年夏考入东北工学院机械系，1955年本科毕业后在苏联专家格·依·索苏诺夫教授的指导下从事研究生的学习与研究工作，1957年研究生毕业后留校任教至今。

作者现为东北大学教授、博士研究生导师、东北大学机械设计及理论研究所名誉所长，东北大学"重大机械装备设计制造关键共性技术创新平台"985工程建设首席教授。1991年当选为中国科学院院士。现任国际转子动力学技术委员会委员、亚太地区振动会议指导委员会委员、国际机器理论与机构学联合会中国委员会委员。曾任东北工学院机械二系主任，国务院学位委员会第二、三、四届学科评议组成员，国家自然科学奖、国家发明奖、国家科技进步奖评审委员会委员，国家"长江学者"奖励委员会评审组成员，国家自然科学基金评审组成员，第六、七、八、九届全国政协委员，中国振动工程学会理事长，《振动工程学报》主编，《机械工程学报》、《非线性动力学报》等8种杂志编委，上海交通大学"振动、冲击、噪声"国家重点实验室学术委员会主任，大连理工大学"工程装备结构分析"国家重点实验室学术委员会主任，浙江大学"液压传动与控制"国家重点实验室学术委员会委员，以及20多所大学的兼职教授及北京吉利大学校长等职。

在校期间曾讲授"选矿机械"、"选煤机械"、"机械振动学"、"工程非线性振动"、"振动机械的理论及应用"、"振动的利用与控制"、"机械和结构的动态设计"、"基于系统工程的产品设计理论与方法"等多门课程。除培养本科生外，先后培养了87名硕士研究生、61名博士研究生和10名博士后，还曾指导俄罗斯和哈萨克斯坦访问学者各一名。

作者先后完成了数十项国家纵向和横向重大科研项目，包括国家自然科学基金重大项目、重点项目、面上项目和973、863项目等；研究与发展了振动学与机器学相结合的新学科"振动利用工程学"，提出了基于系统工程的产品综合设计理论与方法，曾对"非线性振动理论及应用"、"产品深层次的动态的设计理论与方法"、"机械故障的振动诊断"及"转子动力学"等领域的相关问题进行了较深入的研究。和课题组同事一起先后发表学术论文数百篇,署名为第一作者的论文 180 余篇,专著和主编的论文集 20 余部,被 SCI、EI 和 ISTP 检索的论文近 260 篇,被引用 3 000 余次。

  作者曾获国际奖项 2 项,全国优秀科技图书奖 2 项,国家科技进步奖和发明奖 4 项(其中国家二等奖两项,三等奖两项),光华工程科技奖 1 项,省、部、委级一、二等奖 10 项,申请和被批准的国家专利 10 项,有多项成果达到国际先进水平或国际领先水平,取得了重大的经济效益和社会效益。

  作者曾多次应邀去日本、德国、澳大利亚等国讲学,还曾参加在美国、英国、日本、澳大利亚、加拿大、意大利、韩国、保加利亚、匈牙利、新加坡、马来西亚、芬兰、苏联、西班牙等 20 余个国家召开的国际学术会议,宣读论文 50 余篇,并应邀做大会报告。4 次主持召开国际学术会议,担任该国际学术会议学术委员会主席,并负责主编 4 种国际学术会议论文集。

  1980 年以来,作者曾多次荣膺辽宁省、市劳动模范、沈阳市特等劳动模范和冶金部先进教育工作者称号,是我国第一批国家级有突出贡献的中青年专家。

  作者的个人简历及科研成果已载入世界名人录和国内出版的多种名人辞典中。

前　言

人类的历史是一部奋斗的历史,也是一部创造的历史。有奋斗才有发展,有创造才有前进。人类之所以创造了今日社会高度的物质文明和精神文明,就是通过人们持之以恒的努力奋斗和日复一日的辛勤劳动取得的。

在人生奋斗的过程中,总会碰到这样或那样的困难,经受这样或那样的挫折,这是因为人们对客观事物还缺乏规律性的认识。人们通过不断实践,逐步了解和掌握了各种事物的内在规律,从而顺利地完成各项工作任务。事情的发展常常有两种结果,有些人在遇到困难和挫折之后,不断地从斗争中吸取经验和教训,进而去战胜所遇到的困难,取得最终的胜利;也有些人因遇到困难和挫折,从此一蹶不振,从而丧失了奋斗的信心和勇气。

一般来说,人们在奋斗过程中总是希望多一点成功,少一点挫折和失败,尽力去提高做事成功的概率。本书就是作者通过对家庭和个人经历的描述,和大家共同讨论如何提高工作过程中做事成功概率的问题。作者认为,做任何事都应该弄清楚目的、内容和方法。就是说,一是要有明确的奋斗目标,即要树立起远大的理想;二是要规划好可以通过哪些切实可行的任务,去实现所要达到的目标;三是要拟订好采用哪些有效的方法和措施去实现提出的目标和所要完成的工作内容。为加深对三者关系的理解和提高做事的成功概率,作者特别地指出了处事的目标、内容和方法之间的不可分割的联系,还写出了它们的关联方程式(见结语)。

提高处事成功的概率还必须充分发挥内因的积极作用,即处事者的主观能动性和积极性,包括处事者的思想素质、业务能力、身体情况和精神状态,即通常所称的德、智、体和工作毅力,这是工作取得成功的基础。

除了内因之外,外部因素即是处事者的时空状态,包括时间、地点和条件,也是事业取得成功的不可忽视的因素。任何成功者都是十分积极地去创造有利的外因的。

本书有以下特点:

(1)重视实践性。书中素材完全来源于生活实际,书中介绍的经验教训是从实际事例中提炼出来的,因而具有可操作性。

(2)注意规律性。介绍完每一部分的内容后,都总结出一些规律性的结论,这有利于读者借鉴与仿效。

(3)强调目的性。本书以提高处事以及提高人生奋斗成功概率为出发点进行讨论,目标十分明确,这有利于读者抓住这个核心问题。

（4）突出思想性。所叙述的事例特别强调一些涉及指导思想等方面的内容，如描述了作者本人在人生奋斗过程中的坎坷曲折过程，并且介绍了如何以良好的思想素质和心理素质及采取一些有效的措施去解决遇到的问题；也谈及处事过程的道德观念等方面的问题。

（5）兼顾多样性。本书介绍了一个家族20多人在人生奋斗道路上的生活经历，有经商的，也有从事教育工作和科技工作的，还有从事其他工作的，因而可以从不同侧面来了解他们提高处事成功概率的一些做法。

（6）考虑普遍性。这是一部以"奋斗的人生"为主题的传记式史作，由于内容的普遍性，因此有利于读者思考书中所述内容和读者正在奋斗的人生经历的关联性。

本书内容包括八个方面：家乡家庭篇、求学篇、创业篇、生活篇、学术交流篇、社会活动篇、成果篇和结语。

本书实事求是地描述和总结了作者家庭及个人的主要经历，所列举的事例都取材于实际，并没有对它进行漫无边际的想象和文学加工。假若读者能从中吸取有用的东西，去提高所从事工作的成功概率，甚至提高在人生奋斗的道路上实现奋斗目标或远大理想的成功概率，这将是本书作者的最大欣慰。

在创作本书的过程中，作者得到了许多朋友、同学、同事的热情帮助，他们是王维周、沈启伦、郑素洁、何勋、刘伟男、高英学、胡文霞、王永山、王宝霞、李奎贤、田之华、孙伟等，在此谨向他们致以深切的谢意！

我的成长乃至社会意义上的成功，得益于来自各方面的关心和帮助。在这里，首先要感谢台州市和温岭市的父老乡亲及各级领导，感谢原温岭县横湖小学、原新河镇中心小学、新河中学、台州中学的领导和老师们，还要感谢中国人民解放军二十一军的有关领导和同志，他们对我的培育和教导为我的成长打下了坚实的基础；特别感谢我大学和研究生的学习研究单位及创业过程中的工作单位——东北大学的各级领导和老师们，他们的培养和支持让我的人生迈上了一步步阶梯；此外，还要感谢中国科学院、中国工程院、全国政协、国家自然科学基金会、教育部、科技部、原机械部、原冶金部、中国机械工程学会、中国振动工程学会以及辽宁省和沈阳市等许多单位的领导和同志在工作中长期对我的热情关怀和支持；最后，我要特别感谢父辈的培养与教育之恩。

我虽已年逾古稀，但仍愿继续发挥余热，因此书写了这一部"纪实"，来回报社会，回报所有关心和支持过我的领导、老师、朋友和同志们！

书中如有不妥之处，望读者批评指正。

作者

2008年8月28日

目 录

第一章　家乡家庭篇 ·········· 1
  一、温岭长屿的自然和人文概况 ·········· 1
  二、勤俭节约艰苦创业的祖父闻一峰 ·········· 5
  三、勤于思考善于创新的父亲闻韶 ·········· 7
  四、矢志育人慷慨助人的叔父闻诗 ·········· 10
  五、热爱工程建设事业的大哥闻寿椿 ·········· 13
  六、潜心修订闻氏家谱的二哥闻华椿 ·········· 15
  七、酷爱数学勤奋工作的孪生弟弟闻国椿 ·········· 16
  八、专心研究精确计量的五弟闻伍椿 ·········· 19
  九、在一起学习生活的堂兄弟姐妹们 ·········· 20
  十、有关我的爱人和儿女的生活片段 ·········· 22
  十一、人生体悟 ·········· 24
  本章附录 ·········· 26
　　附录1.1　访新河长屿闻家里旧宅 ·········· 26
　　附录1.2　闻诗先生生平 ·········· 30
　　附录1.3　闻国椿教授的人生经历 ·········· 36

第二章　求学篇 ·········· 53
  一、小学时代 ·········· 53
  二、初中时代 ·········· 56
  三、高中时代 ·········· 61
  四、在部队中 ·········· 63
  五、大学时代 ·········· 65
  六、研究生阶段 ·········· 68
  七、人生体悟 ·········· 70

第三章　创业篇 ·········· 75
  一、创业的初始阶段 ·········· 75
  二、奋斗在坎坷曲折的道路上 ·········· 77
  三、坚持教学、科研和生产相结合 ·········· 79
  四、在科研中充分发挥个人的聪明才智 ·········· 81
  五、加深课题研究,扩展研究领域 ·········· 85

六、在学院学科建设方面所作出的努力 …… 89
　　七、学院良好的客观环境和条件 …… 91
　　八、人生体悟 …… 92
　　本章附录 …… 94
　　　附录3.1　闻邦椿副教授是怎样成长起来的 …… 94
　　　附录3.2　创造者的人生 …… 98
　　　附录3.3　"发明骑士"——闻邦椿 …… 106
　　　附录3.4　追求毕生 …… 116

第四章　生活篇 …… 119
　　一、战胜病魔，积极预防疾病 …… 119
　　二、在劫机事件中经受考验 …… 121
　　三、俭朴的生活，求实的作风 …… 128
　　四、待人诚恳，处事谦虚谨慎 …… 130
　　五、为人正直，不怕别人议论 …… 131
　　六、人生体悟 …… 132
　　本章附录 …… 133
　　　"二九六"班机被劫亲历记 …… 133

第五章　学术交流篇 …… 137
　　一、国际学术交流部分 …… 137
　　二、国内学术交流部分 …… 155
　　三、人生体悟 …… 170
　　本章附录 …… 171
　　　参加国际学术交流情况简介 …… 171

第六章　社会活动篇 …… 175
　　一、二十年全国政协委员生涯 …… 175
　　二、中国科学院有关活动 …… 178
　　三、兼任中国振动工程学会理事长 …… 180
　　四、支持民办教育兼任民办大学校长 …… 182
　　五、兼任二十余所大学的兼职教授 …… 185
　　六、其他社会活动 …… 186
　　七、人生体悟 …… 186
　　本章附录 …… 187
　　　附录6.1　1991年人大、政协七届四次会议专题报道 …… 187
　　　附录6.2　2001年在台州市"院士家乡行"欢迎会上的发言 …… 190
　　　附录6.3　2007年在沈阳鼓风机集团（沈阳机床集团）院士工作站
　　　　　　　揭幕仪式上的发言 …… 191

附录6.4　2000年在北京吉利大学开学典礼上的讲话 …………… 192
　　　　　　2004年在北京吉利大学开学典礼上的讲话 …………… 193
　　附录6.5　2000年在东北大学机械工程与自动化学院迎新会上的
　　　　　　讲话 ………………………………………………………… 194

第七章　成果篇 …………………………………………………………… 197
　一、扼要的统计 ………………………………………………………… 197
　二、为培养高级科技人才作出的努力 ………………………………… 198
　三、为非线性振动的工程应用作出的努力 …………………………… 199
　四、为建立起振动利用工程新学科而不懈奋斗 ……………………… 202
　五、为提出新的设计理论与方法作出贡献 …………………………… 204
　六、建立机械产品动态设计新体系 …………………………………… 208
　七、在学院学科建设方面所取得的成果 ……………………………… 210
　八、著作、奖励、专利与论文 ………………………………………… 211
　九、人生体悟 …………………………………………………………… 214

第八章　结语 ……………………………………………………………… 217
　一、认真规划好目标、内容和方法三大处事要素 …………………… 217
　二、充分发挥思想素质、知识和能力、身体、奋斗精神四种潜能 … 220
　三、充分利用客观上存在的三维广义空间：时机、环境及条件 …… 222
　四、要不断地总结和不断地学习 ……………………………………… 224
　五、写在最后的话：人生的完美常常是相对的 ……………………… 225

附照片

第一章 家乡家庭篇

如果从人生的奋斗历程来考虑,家乡和家庭在每个人的一生中占有十分重要的地位。它哺育我们长大成人,对每个人能否取得成功的事业,都会产生深远的影响。因此,我写这部成长经历的史作时,自然要从家乡和家庭开始。

一、温岭长屿的自然和人文概况

1930年农历八月初八(公历9月29日)下午三时左右,我和胞弟国椿降生在号称人间天堂的美丽城市——杭州市饮马井巷3号租用的一间房子里。我家祖籍并不在杭州,但那时,我的父亲正好在浙江省大地测量队工作,全家由原籍温岭长屿迁到杭州居住。由于我较早出生,又生在杭州,所以父亲给我取了个乳名"大杭",给我弟弟取名为"小杭"。同时增添了两个小孩,家里人自然十分忙碌。我由母亲来照顾,而国椿则由一位名叫"夹屿婆"的保姆负责照看。我和国椿小时候长得几乎一模一样,很难辨认。为了避免混淆,在我们出生之后,母亲还特意为我们分别加上不同的标记,以便识别。

那时,家里已有大姐玲椿、大哥寿椿和二哥华椿三个孩子,在我和小杭出生两年后,我们家又增添了一个男孩伍椿。从此我们组成了有一个女孩和五个男孩的大家庭。由于在外地生活的经济负担过重,在我不到一周岁时,除父亲继续留在杭州工作外,全家随母亲都搬回老家浙江温岭的长屿。

温岭属浙江省台州专区(现称台州市),台州地处温州和宁波之间,东临东海,下属椒江、黄岩、路桥三个区和临海、温岭、玉环、天台、仙居、三门等几个县市,人口有五百多万,台州地区物产丰富、经济发达、人才辈出。据统计祖籍为台州的中国科学院和中国工程院院士共有20多名(照片1.1)。

温岭是台州地区较为先进的县级市。提起温岭,很多人都倍感亲切,那是21世纪中国大地最早被太阳照亮的地方。2000年1月1日清晨,成千上万的宾客聚集在温岭市的石塘小镇,争先恐后地去迎接21世纪曙光的到来。石塘镇与松门镇毗临,距我家长屿不到15公里。松门既是一个闻名全国的渔乡,又是一个造船业十分发达的地方,目前能制造出25 000吨的大船,温岭人的豪迈气魄和伟大的创业精神在这些方面都有所体现。2007年11月19日,我趁参加母校新河中学70周年校庆之便,和爱人王宗彦、儿子闻枫与儿媳谷晓滨、外孙黄博闻、堂妹闻景春及她的女儿郑玲一行七人访问了石塘镇。在当年观看日出的那座小山上高高耸立着一座纪念碑,上面写着"千年曙光"四个大字,在阳光的照耀下格外醒目(照片1.2)。这是中国科学技术协会主席、前中国科学院院长周光召先生题写的,这使我想起周先生的名字和所题写的词义是多么的贴切呀!

温岭虽是一个县级市,但其文化底蕴深厚,自古人才辈出。早年去国外留学获博士学位后回国任教并成为著名学者的有三位,他们分别是:

长屿的闻诗先生,1932年获法国南锡大学物理学博士学位。他早年毕业于北京大学物理系,后去法国留学,获博士学位回国后,曾先后在浙江大学、重庆大学、湖南大学、北洋工学院(因抗日战争,北洋大学工学院于1942年在浙江泰顺复校)、北京工业学院(北京理工大学前身)、北京航空学院(北京航空航天大学前身)等校任教授、系主任和教务长等职。

温岭城区的柯召先生,1937获英国曼彻斯特大学数学博士学位。早年毕业于清华大学,公费出国留学获博士学位后回国,曾在四川大学、重庆大学任教授,后来一直在四川大学任教务长、副校长、校长和数学研究所所长等职(照片1.3)。

新河的朱伯康先生,1937年获德国法兰克福大学经济学博士学位,回国后,先后在中山大学、浙江大学、同济大学、复旦大学任教授、系主任。

新中国成立后,除我于1991年当选为中国科学院学部委员(即院士)外,温岭还有两位学者当选为中国科学院和中国工程院院士,他们分别是:

柯召先生1955年当选为中国科学院学部委员(即院士);

石粘的蔡道基先生,2001年当选为中国工程院院士。

温岭目前是全国著名的百强县之一。该市生产的钱江摩托闻名全国,制鞋业和羊毛衫制造业也相当发达,到过温岭的人无不对温岭的经济建设和发展交口称赞。温岭过去的主导产业是农业和渔业,但近二十年来已逐渐向制造业过渡。温岭人民艰苦奋斗的作风和创业精神十分突出,这种精神也深深地铭刻在我的记忆中,成为我一生勇往直前、敢于进取、永不枯竭的动力。

长屿是温岭市新河镇所属的一个小乡镇,虽只是个小镇,但它却是一个人才辈出的地方,也是一个自然条件和环境十分独特的地方。人们常用"人杰地灵"这个优美的词汇来歌颂和赞美这块土地,长屿也的确名副其实。长屿硐天的岩体是因火山喷发而形成的,而其石硐全部是由人工开凿,与人们经常看到的天然形成的石灰岩洞完全不同。据史料记载,长屿自1500年前就开始生产石材。从岩体中开采石板要遵照既定的科学规律,一般来说,一个石洞一天可从岩体中采出一层面积约几十平方米甚至几百平方米而其厚度约六公分左右的石板,并经过边缘打孔、起层敲打、裁割、提升、搬运等多道工序才能全部完成,再经表面加工后,可用作铺地面板和墙壁面板。1000多年来,长屿岩洞养活了成千上万勤劳的从事这一作业的长屿工人及其家人。但是,由于开采条件简陋,洞中环境十分恶劣,石洞中常常粉尘飞扬,这些粉尘中含有大量的二氧化硅,所以矿工往往在工作一定时间后就会患上矽肺病,石矿工人的寿命很少有超过60岁的。因此,长屿硐天的形成是千万个长屿石矿工人辛勤劳动的成果,是用血汗和生命换来的。今天能成为世界文化遗产和地质公园,供大家观赏,不能不使人想起那些献身于采石事业的石矿工人们。

长屿硐天景区还有一只直径约2米的大石碗,这只碗已被载入吉尼斯世界纪录(照片1.4)。2004年,长屿岩洞曾经发生过一次严重的岩体滑坡塌方事件。长期以来,由于岩体下部被开采一空,洞中的岩石早已失去平衡,上部的巨大压力使下方的岩石难以支持。有一天,一块约上百万吨岩体从几十米高的地方倒下,石硐中的水由于受到挤压,像高压水枪那样从石缝中射出,将附近一排排的树木整整齐齐地拦腰割断。这一奇特的景象令当地的百姓都难以置信。

像长屿硐天这样的人工岩洞,在世界上极为罕见。长屿硐天有三大特点:一是洞多,有上千个人工石洞;二是景致十分奇特,不仅岩洞奇形怪状,而且在有的石洞里可以同时看见山、海(东海)、天;三是历史悠久,该洞的开采已有1500多年的历史。2003年,当我再次参观硐天时,特地写下一首诗来记录长屿硐天的奇特景色和它的形成过程:

> 长屿硐天人工开,
> 血汗流淌入东海,
> 喜赢四海"三桂冠",
> 硐多景奇越千载。

附注:"三桂冠"是指洞多、景致奇特和历史悠久三个世界之最。另按,本书中作者所写的诗均为自由诗,不受诗词格律的严格限制。

在我和弟弟国椿小的时候,常常会到山上玩。其中有一个很有名的地方叫"双门洞",这个洞的面积有一二百平方米,有两个洞口,一个是开采石洞时的上方入口,二是开采深度约50米以后的侧面出口,"双门洞"由此而得名。洞口有道士修建的房屋,洞门外有我父亲闻韶题写的"云月往来"四个大字。早在20世纪20年代,"一峰书院"的老师们常带学生来这里,或来参加统一考试和召开会议,或来这里游览。近年来,当地政府对双门洞附近景点进行了整修,并邀请我为这个"双门石窟"景点题词,因为我生长在这块美丽的土地上,这片沃土哺育了我,家乡人民用血汗养育了我,于是我毫不犹豫地应允了。

长屿这块土地曾孕育过不少仁人志士:早年曾出任过代安南国封王(代王三日)的李氏家族;而今大学毕业生更是不计其数,有出国留学的博士,有科学家和文人,有博士生导师和教授,有高级工程师和高级技师,还有中国科学院院士。

在我们闻家(照片1.5),毕业于国内外各大学的不少于20人,如北京大学、复旦大学、中国科学技术大学、香港科技大学、法国南锡大学、德国柏林工业大

学、美国马里兰大学等。下面是对我父叔、兄弟、儿侄等三辈共30多人中,学历在大学本科以上毕业者所做的统计:

北京大学毕业生三位:叔叔闻诗、胞弟闻国椿、侄女闻新;

复旦大学毕业的五弟闻伍椿;

中国科学技术大学毕业的侄子闻一之;

香港科技大学硕士学位和美国马里兰大学硕士学位获得者侄女闻新;

同济大学毕业,德国柏林工业大学毕业后获得硕士学位的侄子闻乐;

法国南锡大学物理学博士学位获得者叔父闻诗;

日本和洋女子大学毕业的侄女闻建新;

北洋大学毕业的大哥闻寿椿;

英士大学毕业的堂哥闻荣春;

东北大学的前身东北工学院研究生毕业的闻邦椿;

北京理工大学的前身北京工业学院毕业的堂哥闻计春;

中国矿业大学的前身北京矿业学院毕业的堂妹闻景春;

重庆大学毕业、获博士学位的堂妹闻景春的女儿郑玲;

北京科技大学的前身北京钢铁学院毕业的侄子闻拯之;

华东师范大学毕业并获复旦大学双学士学位的侄子闻江;

华东师范大学毕业的侄女闻晶;

上海第二医学院毕业的侄女闻晖;

内蒙古师范学院毕业的侄女闻玲玲;

内蒙古农牧业大学毕业的侄子闻金光;

中央广播电视大学毕业的我的女儿闻茹。

大专学历的还有多名,这里不一一列出。因此,有些记者为我们书写报道时,常常以"出自书香门第"之语来形容我们。

长屿这块土地三面环山,一面临河,山清水秀,气候宜人。每当清明时节来临,按照当地习俗,全家要给祖辈上坟,以表达晚辈对祖辈的怀念。几乎每年我们闻家兄弟和侄儿们,都要聚集在一起去曾祖父和祖父的墓地扫墓。当我们走在山间小道时,山上杜鹃花盛开,一阵阵的芳香扑面而来,这美妙、诱人的乡村景色在我的脑海里历久不忘。记得在我小时候,我家附近的东边山坡上种植了百余棵杨梅树,每当六月中、下旬杨梅成熟的时候,一串串紫红色的杨梅高高地挂在树枝上。我们常会爬上去采摘已成熟的杨梅来品尝它的美味,当时作为孩子的我还不知道去思考"是谁栽下了这些果树?"20世纪40年代,策划种植这些果树的祖父早已离开了人世。如今再次回忆这些往事,我对"前人种树后人乘凉"就有了更深刻的理解和思考。

小时候,这片山坡上树林茂密,因而吸引了一些飞禽走兽。我们站在家门口时常能听到山鸡"咯、咯"的鸣叫声。有一年正当杨梅成熟的时候,附近山里的野猪跑到这片山坡上来觅食。那时我们能看到全身白色的(顶部黑色)的鸟类：白鹭或白鹳飞到我家东边一百多米远的大沼泽地的池塘里饮水或捕捉鱼虾；还能看到附近清澈的天然浅水井里，有鱼儿和小虾在水中游戏。时至今日，由于人口的增加，生态环境的变化，这些生态方面的奇特景色已经一去不复返了。

长屿人民勤劳勇敢，勤俭朴实，敢于创新，勇于实践，不怕艰苦，富有创业精神。

我和胞弟国椿从小生长在这片美丽的沃土上，生活在勤俭朴实的劳动人民之中。我们不仅仅强壮了身体，增长了知识，更重要的是，这里的人民吃苦耐劳的优良传统和艰苦创业的奋斗精神，在我们身上播下了种子，成为我们生活的精神支柱和一生奋斗永不止竭的动力。因此我十分热爱家乡，也常常思念家乡，尽管我在家乡逗留的时间比在外地学习工作的时间短得多，但她毕竟是哺育我长大成人的第一故乡。

2008年1月31日至2月1日，我接到台州电视台的邀请，作为台州市的贵宾参加台州市举办的2008年春节晚会，当时的情景令我感慨万分，节目主持人问我："您离开家乡多少年了？多大年纪离开家乡的？"我回答说："1951年，我在21岁的时候就离开了家乡，到今年已经整整57个年头了。'少小离家老大回，乡音无改鬓毛衰'正是对我这次回乡的真实写照。看到家乡的巨大变化，我内心非常激动，我衷心祝愿家乡人民春节快乐，吉祥如意，幸福安康，生活越来越美好！"

二、勤俭节约艰苦创业的祖父闻一峰

我的祖父闻大顺，号一峰，生于同治癸亥年(1863)四月二十四日，配顾氏，生三子一女，长子闻韶，次子闻诗，三子闻礼13岁时早逝。祖父卒于民国壬戌年(1922)十二月二十三日，享年六十岁。

祖父幼时，家境赤贫，当时连衣食温饱都很难维持，更谈不上上学念书了，他是一个真正"目不识丁"的人。但社会现实令他深知学文认字的重要，他通过具体事例还总结出："学问乃立业、兴家、治国之本。"因此学习文化知识是他寄予儿女的最大愿望。

祖父虽然没有文化，但他有朴素的哲学思想，那就是要实现一个目标，必须从实际情况出发，去思考和寻找实现美好理想应走的道路。于是，"找矿"就成为他实现理想和目标的第一步，也几乎是唯一的可走之路。

祖父在年轻时，和所有矿工一样，首先要学习和掌握开采石矿的基本技能和技术，并到一些已实现正常开采的矿洞中劳动，挣点工钱养活全家老少。平时，他一有时间就上山到各个地方观察岩体，寻找矿源。尽管经过多次试采都失败了，但他对岩体的表象和内在质量的关系却有了充分的认识，这使他进一步增强了克服困难的信心和勇气。开采石矿成功与否取决于开采岩体的实际情况，如果这块岩石下方出现很大的裂纹,就不能继续开采。如果遇到很大的硬岩块,也只能放弃开采。此时,业主将会蒙受较大损失,开采新矿洞要花费较高的成本,既费工,又费钱。但功夫不负有心人,在祖父30岁左右的时候,好运降临到了他的身上:他找到了一块大岩体,这块岩体石质优良,瑕疵极少,而且开采面积极易扩展,先是几平方米,很快就扩大到几十平方米,直到数百平方米。石矿的开采成本与开采面积有关,面积愈大,成本愈低。我祖父找到的岩体是当时石矿中较为理想的,这也许是老天爷对他的恩赐,这个矿开采了多年,状况一直良好,可以用"经久不衰"一词来形容它。当时大号为"闻合顺"(注:长屿生产出的石板一般都标记有生产厂家的名称,祖父的石矿所生产的石板都标有"闻合顺"的字号)生产的优质石板,在附近县市的石板商人中享有极高的声誉。幸运之神令祖父所立下的宏伟目标的第一步可以说已经实现了。这时,家中有了积蓄,家境逐渐富裕起来,并逐年增添了一些田地,到20世纪初叶,闻家已经成为当地的富有家庭,并盖了7间二层楼的新房子。

祖父的理想并不是积累家产,而是要给子女提供求学的机会。所以他首先送他的长子,即我的父亲闻韶到私塾念书,后来父亲又进入新河龙山小学。小学毕业后,父亲去杭州测绘学堂学习测量技术。正如闻氏第七次的家谱中王琴先生为我祖父所撰写的序中所描述的:"不数年,韶(即我的父亲)学大进,君(指的是我的祖父)遣之武林(即杭州)入测绘学校,毕业后,充测量局测量员(技士)。"继之,祖父安排我的叔叔闻诗去小学和中学读书,叔叔在中学毕业后考入了北京大学物理系。工作几年后,我叔叔遵父愿去法国南锡大学攻读博士学位。至此,祖父目标的第二步也几近完成。

当然,祖父所考虑的不只是自己家庭中的子女要掌握科学文化知识,他也希望家乡的年轻人都能有机会学习文化知识。1917年前后,考虑到家中所盖新房子可为年轻人提供学习条件。祖父遂与我父亲商议,在我家创办"一峰书院"(附录1.1),聘请当地文人毛济美先生任导师。当时,就近的年轻子弟纷纷前来报名求学,有朱伯康、丁天杰、王耀南、陈鹤鸣、王树森、陈琴朋、毛莘等,还有在我们出生前去世的大哥闻梓材(树椿)。他们十多个人在毛济美先生的教导下迅速成长。这个书院的名称在留德博士朱伯康先生的传记中称为长屿闻家的"长峰书院",朱先生在他的传记中写道:"1919年,我进入这个书院念书,课程仿效高小及初中,设有国文、数学、理化、生物,重点在国文,读《古文观止》、《左传》、《史记》、《汉书》、《幼学琼林》等,授课教师除毛济美先生外,还有王仲枚、蔡椒民等当时温岭有名的学者。"朱伯康先生后来赴德国攻读博士学位,获经济学博士学位后回国,在中山大学、浙江大学、复旦大学等校任教授。在这个书院学习过的学员,如丁天杰、王耀南、王树森、毛莘等为新河中学的前身——授智中学的创立作出过重要贡献。由此可见,"一峰书院"的建立对促进温岭东部地区文化教育事业的发展发挥了积极的作用。至此,祖父的宏伟愿景可以说得到了全部实现。

在祖父的远大理想实现之后,由于家中已有了积蓄,又因为祖父和祖母(闻顾氏)都是信仰佛教的虔诚教徒,常常说家庭富裕起来,靠的是老佛爷的恩赐和保佑,所以他们除了常到寺庙里去烧香拜佛外,还会时常做些善事,拿出一些钱粮施舍给当地的穷苦人家。当时温岭县(原名太平县)的知事在了解到这一情况后,于民国初年特地制作了一块长约两米、高近一米的红色牌匾送给我们闻家,上面刻着"乐善好施"四个镏金大字,还署有太平县知事欧阳的名字。这块牌匾一直挂在我家房子的正中上方。我在小时候常常会大声地朗读这四个大字。

从祖父的奋斗经历中,可以归纳出值得后人吸取的五点经验:

(1)他的奋斗目标"要让子女掌握科学文化知识"是从社会实践中提炼出来的,这个奋斗目标和远大理想是现实的和正确的。

(2)为了实现这一目标,他找到了切实可行的路线及具体的工作内容和任务。他把"找矿"作为实现奋斗目标的可实施的内容和任务。

(3)他勤俭节约,艰苦奋斗,以自己坚忍不拔的毅力,同时充分利用当时当地的良好条件,逐步去实现自己的奋斗目标,最终取得了成功。

(4)为了实现宏伟的奋斗目标,首先要富起来,但他没有把金钱作为最终目标,而把致富看做是实现最终目标的必要手段和途径,这是难能可贵的。他的最终目标是将子女培养成掌握文化知识和科学技术的人。

(5)在家庭房子充裕的情况下,他和我父亲进行研究,办起了"一峰书院",为当地青少年提供了学习的条件和机会,也为家乡教育事业的发展作出了贡献。

祖父创业取得成功可以看作是远大的奋斗目标、切实的具体内容和措施、有效的工作方法和勤奋的劳动与良好机遇有机结合的一个成功典例,也是我写这部史作和个人纪实的基础。或者说,我祖父的远大理想、切实可行的路线和坚忍不拔的毅力是他取得成功的根本原因,但良好的机遇也是他取得成功的不可忽视的因素。

艰苦创业的祖父为我书写这部史作提供了具有历史价值和值得追记的经历,如果没有祖父的成功,闻家到底会有怎样的历史,也就无法去想象了。但历史终究是历史,这是无法篡改的。

三、勤于思考善于创新的父亲闻韶

我的父亲闻韶(照片1.6),字复生,号慕虞,1888年10月生于浙江温岭长屿。幼时家境贫困,家境富裕后到私塾念书,后进入新河龙山小学。这为我父亲打下了良好的文化基础。

光有文化基础是不够的,还需要掌握一门技术才能立业。当时正值浙江陆军测量学校招生，父亲便报了名。大地测量是一项专门技术，据说当时在大学里还没有设置这个专业。在测量学校毕业后，他在浙江测量部门任技术员。那时，由于祖父经营石矿生意有了积蓄，由此萌生了办学之念，于是父亲协助祖父在家乡创办了"一峰书院"，为当地年轻人创造学习机会。

由于大地测量的需要，我父亲又到浙江省一些县的测量队任测量技士，接着又到福建省测量队担任大三角测量队队长职务。大地测量尤其是大三角测量是一项十分艰苦和复杂的工作。为了绘制出地图，必须要跋山涉水，四处奔波。不管是高山悬崖，湍流急水，还是穷乡僻壤，大街小巷，都要一一地进行测量。后来他又在浙江省温岭县土地登记处担任第二股股长，还在玉环县等地税务局以及在浙江衢州飞机场从事测量工作。在这期间，有一次工作单位要求他马上出差去某地，他急急忙忙租用了一只小船前往。在这条河上来来往往的船只穿梭不歇，在驶过一个弯曲的河段时，一条大船迎面驶来，我父亲坐的小船来不及躲避，就被大船撞翻了，我父亲掉入河中，船老大急忙大喊："救命呀！救命呀！客人掉入河中啦！"当时的情况相当危急，但我父亲十分冷静机智，为了吸气，他用手向下用力拍水，使身体浮出水面，之后，吸进一口空气，如此反复几次。在他快要支撑不住的时候，突然碰到一只小船，于是使尽全力抓住了船边，最终逃过了劫难。因此，我父亲将他原来的"福生"的名字改成了"复生"，以纪念他在这次劫难中取得的第二次生命。

一个家庭相当于一个小小的"国家"，必须要解决家中所有人的衣食住行及学习工作等各方面的问题。家庭人口众多给家长增加了极大的负担，由于我家收入有限，家庭入不敷出的情况已越来越严重，只有家庭的主人才会深刻体会到自己所面临的压力和所出现困难的严重性。1944年前后，家庭生活日益窘迫，我父亲在思索如何去摆脱这一困境。他决定转政为农，先是种菜，后来又转种菸草，最后还想恢复和经营长期被停顿的石板生意，设法寻找能摆脱困境的出路。在家务农时，他也总是在考虑如何提高农作物的产量，因为提高产量也会增加家庭的收入，这也是一条应该考虑的出路。我父亲就这样在困境中挣扎了多年。家中这些年轻的孩子们，有谁能体察和理解他所处的困境和所承受的压力呢？

1947年后，他又在考虑将祖父经营过的石矿重新恢复起来，便带我们上山去考察祖父开采过的矿洞，带着测量仪器去测量岩壁的厚度，以便寻找出一条通向出口的最短路径。由于我祖父开采的石矿年头已经很久了，石洞很深，洞中积满了碎石，再加上一些其他原因，经过研究，我父亲认为恢复祖父未开采完的旧石矿难度极大，只好放弃了原来的想法。

我父亲对子女的教育十分严格。为教育子女，父亲遵照祖父的遗志，起草了家训，并要求子女熟读和遵循，家训大意为："吾家初赤贫，赖祖父经营之业，得有今日，奉祖父遗训，爱祖国，孝父母，敬师长，亲兄弟，刻苦学习，精通业务，勤奋工作。……人有德于我者当报之，我有德于人者则忘之。此乃处事、成家、立业及力促家族兴旺发达之道也,……惟勤惟俭,乃能克家。"在父亲的严格教诲下,其子孙均已成为国家有用之才,在7名子女和15名孙子孙女中,近半数毕业于国内外著名高等学府,如北京大学、复旦大学、中国科学技术大学、德国柏林工业大学、香港科技大学、美国马里兰大学等,有4人取得了硕士和博士学位。在这些子孙中,有的已是大学教授、博士研究生导师、高级工程师和中国科学院院士,他们对我国的经济和科学技术的发展发挥了积极的作用。

1949年后,父亲先后到河南郑州测量队、洛阳滚珠轴承厂和四川德阳重型机器厂任高级工程师,负责这些工厂的测量和筹建工作。在此期间,他除圆满完成工作外,还在测量技术方面改革创新与发明创造20余种技术,提高工作效率3至4倍,为此,新华社于1954年11月播发了他的突出事迹。同时,光明日报、工人日报、浙江日报等国内多种报纸也都刊登了这则消息。此外,他撰写的学术论文曾在《中国建设》等杂志上发表。可以说,他是一位有丰富实践经验的高级工程师和有改革创新成果的技术专家。在几十年的工作中,他为我国的经济建设作出了重要贡献。在洛阳工作期间,他和天津大学从事大地测量教学的教授建立了密切的学术交流关系,该校派学生到我父亲工作的地方实习,还邀我父亲到该校介绍经验。

父亲是一位勤于思考的科技工作者,他的创新精神为后辈树立了光辉的榜样。在这里不能不提到我的母亲。我母亲是一位非常能干的家庭妇女,我父亲长期投身于大地测量及政务期间,很少顾及家庭。由于家中子女较多,家务十分繁重。母亲在家料理家务时,克勤克俭,任劳任怨,把家庭事务安排得井井有条,使我父亲得以在外地安心工作,深受邻里夸奖和敬仰。为使子女成才,母亲对子女不断进行循循善诱的教导,要求子女努力学习,勤奋工作,诚恳待人。母亲于1979年病逝,享年93岁。

我父亲的奋斗经历及经验为子孙们留下了宝贵的"财富"。

(1)创办教育,造福乡梓。他和我祖父一起在家乡创办"一峰书院",为当地少年提供了良好的学习机会和条件,也为家乡教育事业的发展作出了贡献。在一峰书院学习过的诸多学子,有新河中学的前身——授智中学的创建者和骨干教师丁天杰、王耀南、陈鹤鸣、王树森、陈琴朋和毛莘等,还有曾留学德国获得博士学位的朱伯康。

(2)勤于思考,敢于创新。在洛阳工作的几年时间里,他创造发明多项新技术,提高了工效,并在全国多家媒体报道。他对我国的建设事业作出了积极的贡献。

(3)严格家规,惠及子孙。在家期间,父亲对晚辈的教育十分严格,如替祖父起草家训,要求晚辈熟读并执行。晚辈之所以能在各种工作中,努力学习、勤奋工作、勇于实践、善于创新,为国家和社会的科学技术及经济的发展作出贡献,这与父亲的严格教育分是不开的。

（4）遇挫不馁，坚忍不拔。由于我家人口众多，给父亲增加了沉重的压力和负担，但他积极面对现实，努力想办法去克服眼前遇到的困难。

四、矢志育人慷慨助人的叔父闻诗

叔父闻诗（照片1.7，照片1.8，照片1.9），1899年1月29日出生在浙江温岭长屿。叔父在小学和中学念书时就非常努力，先在新河龙山小学念书，接着到浙江省立台州中学念初中。1917年考入北京大学预科，1919年至1923年在北京大学物理系学习。在校期间，他勤奋学习，刻苦钻研。著名的五四运动爆发后，他便积极地投身到革命洪流中。

从北京大学物理系毕业后，叔父赴郑州中学和西北大学任教，以后又曾在浙江台州中学和温州中学任教。叔父平时十分俭省，为的是积累费用到国外去留学，以实现祖父及他自己的夙愿。借工作中不多的积蓄和贷款，叔父于1930年去法国南锡大学研究光谱分析，1932年获理学博士学位后回国，他是浙江省温岭县的第一个博士。在此前后，去法国留学的还有几位台州老乡，如朱洗先生，他因研究蛤蟆的无性繁殖而获生物学博士学位；还有天台的陈荩民先生，他获得了法国国家数学硕士学位。

回国后，我的叔父先后在河南大学、广西大学、浙江大学、重庆大学、湖南大学、英士大学及北洋工学院等校任教授，并在其中几所大学兼任系主任、教务长、校务委员会主任等职务。

因为我叔父是温岭第一位留洋博士，再加上他助人为乐，和善待人，处事严谨，十分关心家乡文化教育事业的发展，所以，他在家乡享有很高的声誉。

1937年7月，叔父和家乡的许多同乡共同商议后，在温岭东部地区创办了一所中学，最初这所学校定名为温岭县战时补习学校。由于某种原因，主管部门勒令停办这所学校，这时所有相关人员都处在惊惶失措之中。我叔父当时正在湖南大学任教授，听到这一消息后，他十分关心事态的发展，便多方联系，设法解决出现的问题。因为他认识从上海搬到天台的育青中学的校长，便建议将新河的温岭县战时实习学校更名为天台育青中学温岭分部，这样就解决了学校名称及其重新审批的问题。1938年2月，学校正式更名，决定聘任闻诗先生为该校的名誉主任。这一解决措施使得在温岭东部地区兴办一所中学的愿望得以初步实现。

1942年，长屿福慧堂授智法师得知同乡闻诗先生办学经费有困难，决定将其一生苦心经营的250余亩田产捐献给育青中学温岭分部。1942年2月，以授智法师之名将学校改名为温岭县私立授智初级中学，并通过了省教育厅批准。学校成立了董事会，我的叔父闻诗任董事长，董事有朱伯康、林公济等。董事会聘任丁天杰为校长。在叔父担任董事长的8年中，学校曾召开了几次董事会议。

在一次召开董事会议期间,他向全校师生作了《不自由,毋宁死》的报告,可见我的叔父对争取自由民主有着他自己的一贯想法。

1945—1949年,作为英士大学的教授和数理系主任,叔父积极支持学校里的进步活动。有一次他和学生一起到国民政府所在地南京,向政府提交请愿书,要求政府满足学生们提出的要求。

1949年5月浙江省解放,金华军管会委任他为英士大学校务委员会主任委员。后来,英士大学并入浙江大学。我叔父便先后去江南大学、华北大学、北京工业学院任教。1953年他被调至北京航空学院任教授,兼任物理教研室主任,1955年后还任该校校务委员会委员,1956年被评定为国家二级教授。此外,他还曾在北京物理学会承担工作。他在教育战线上长期教书育人,为国家和社会培育了数以千计的人才。他将毕生精力奉献给了我国的教育事业,谱写出许许多多可歌可泣、值得赞颂和后辈学习的事迹。

在教学上他认真负责、诚诚恳恳,总是尽心尽力地做好每一项工作。他在从事物理教学和研究的五十多年中,治学勤奋,学风严谨,处事谦虚谨慎,待人诚恳,诲人不倦。他终年手不释卷,常常废寝忘食,查阅与翻译资料,编写讲稿、教材与著作。他翻译了法文著作《物理学奇闻》,编写了专门著作《物性学》和《热力学》,这三本书都已由商务印书馆出版。他的教学和行政工作一直十分繁忙,20世纪70年代,他虽年逾古稀,仍孜孜不倦地从事教学和科研工作,充分体现了一位教育家和科学家的高风亮节。1962年,叔父曾被评为北京航空学院的先进工作者。在北京工作期间,曾多次被邀请参加在人民大会堂、北京天安门广场举行的国庆和五一庆典观礼活动。

在"文化大革命"期间,他对代号为707写的、将矛头直指北京航空学院"反动"学术权威的断章取义的大字报进行了有力的回击,并称707为不敢使用真实姓名的胆小鬼。作为一个为人正直的无党派人士,他不畏强暴、敢于斗争的精神,在当时的历史条件下是不多见的。

他一贯主持正义,严于律己,待人真诚,自奉俭约,助人为乐,慷慨解囊,锐意资助晚辈读书,常以亲身经历对晚辈循循善诱,鼓励他们奋发上进,邻里、亲朋及子孙无不仰之、敬之。

正如他的女儿景春回忆他父亲时所说的:"我父亲是一个治学严谨、思想开明的人,他对我们的要求十分严格,也并没有因为我是女孩子,就认为我可以不读书,他经常教导我说:'坐立要端正,写字要工整,读书要认真,对人要有礼貌。'这'四要'原则一直牢牢地铭刻在我记忆里,是我一生行动的指南。"

叔父一直非常支持子女的工作。在我堂妹大学毕业的时候,本来部门领导有意让她留在北京,留在我的叔父身边照顾他。但我的叔父说:"大学生应该到祖国最需要的地方去。"就这样,我的堂妹被分配到了内蒙古自治区重工业厅工作。当我的堂妹有了女儿的时候,叔父和婶婶又要把外孙女留在北京,由他们来照顾,并说:"让他们好好工作吧!"

叔父的业绩和成就与我婶婶的大力支持和帮助是分不开的。为支持我叔父的教书育人和学术研究工作,婶婶在家克勤克俭,料理家务,督促子女努力读书。尤其在一家随叔父居住广西梧州、浙江杭州和北京的数十年中,婶婶任劳任怨、为家庭操劳,使我叔父得以专心献身于他所热爱的教育事业。

叔父的丰富人生经历、他的勤奋学习的精神和矢志育人的崇高品质,始终是我们全家后辈们学习的榜样。毫不夸张地说,之所以我们这个大家庭中能有这么多的大学生、有这么多的人成为国家有用之才,与叔父的认真教育和热情指导是分不开的。他的崇高形象和光辉榜样对我们产生了直接的影响。榜样的力量是无穷的,是取之不尽、用之不竭的。反过来说,如果没有叔父,也就不会有大家所公认的号称"书香门第"的我们闻氏家族。

有人曾问过我:"为什么在这个大家庭中几乎没有一位是从政的?"对于这个问题,我只能做这样的回答:"由于我们都受到了叔父的直接影响和教育,在叔父脑海中所确立的'教育立国、科学救国'的思想,早已在我们的心灵中打下了深深的烙印,因此,我们后来的所作所为,也都是在这个思想基础上,去绽放所期盼中那样的艳丽之花和结出期待中那样的丰硕之果。就国家和社会的发展而言,从政也是一条人生成功路,也会对国家和社会作出贡献,但每个人都有自己的爱好和特长,任何人都会选择可以使他们的聪明才智得以充分发挥的道路。这是政治、经济和文化得到高度发展的社会对每个人的要求和希望。"

叔父于1976年10月17日在北京病逝,享年78岁。在我的叔父辞世后,家里发现他所遗留下的积蓄寥寥无几,大家知道,他早已把平时领取的一部分工资资助给一些亲戚朋友和穷苦的学生。他"慷慨助人、和善待人"的崇高品德一直铭刻在大家的记忆中。

我叔父的人生经历及成功经验也为我们留下了宝贵"财富":

(1)目标远大,矢志追求。叔父为了实现我祖父和自己的理想,努力掌握文化知识和科学技术,他走的步子跨度很大,一下子就从普通中学考入国内知名学府,此后又出国留学,这和他具有宏伟的奋斗目标和远大的理想是分不开的。

(2)孜孜不倦,桃李满园。为了实现他所确立的"教育立国,科学救国"的宏伟目标,他一直坚持在教学第一线,曾在国内十多所大学任教,为培养人才夜以继日地辛勤工作。

(3)创办教育,造福社会。叔父除了从事日常的教学外,还十分关心家乡教育事业的发展,他为新河中学的前身——授智中学的创立作出重大贡献,就充分证明了这一点。

(4)善育晚辈,铸选栋梁。他对晚辈的教育十分严格,我们这些晚辈之所以能在各条战线上勤奋工作,为国家科学技术和经济的发展作出力所能及的贡献,这是与他的严格教导密不可分的。

（5）严于律己，堪为人师。他矢志育人的思想为后辈和学生们树立了光辉的榜样。他学习十分努力，工作十分勤奋，并且能做到严于律己，这使得他的后辈和学生们能以他为榜样，全身心地工作在各自的岗位上。

（6）乐善好施，慷慨助人。他把自己劳动所得用来资助年轻人读书，在力所能及的情况下帮助他人解决困难。

五、热爱工程建设事业的大哥闻寿椿

我的大哥寿椿，幼年就读于家乡中小学。1947年毕业于天津北洋大学工学院（照片1.10）。大哥在中学和大学学习时，学习成绩十分优秀，特别是他的书法，既工整又秀丽。从北洋大学毕业时，他的毕业成绩名列前茅，据说当时学校只负责分配毕业时成绩前三名的学生，他荣幸地被学校分配到上海市工务局工作，这确实是一个十分难得的机遇。

我的大哥离开北洋大学前，遇到了一件几乎令他丧命的事。有一次，他上街去买了一只箱子，因当时学生反对政府压制民主自由的运动正在全国兴起，天津的一些大学包括北洋大学的校门口都有国民党的士兵在站岗，监视学生的各种活动，站岗的士兵要检查我大哥箱子里的东西，我的大哥不让他检查，因而发生了争吵，站岗士兵用开枪来威胁，幸好我大哥跑得快，没有被子弹击中，捡回了一条性命。

1947年至1949年，他在上海市市政工务局工作。1949年后历任上海市工程设计院工务员、技术员、工程师、组长工程师等职。1957年他参加了九三学社，并担任该单位九三学社的负责人。

他曾多次参加国家重点工程项目，如上海金山化工基地等工程的设计。工作期间，他创造性地编制了计算雨水沟渠流量计算表，简化了多项公式的复杂计算，既节省了计算时间，又避免了计算差错。后来他又改进了巴甫洛夫斯基的计算管径图解，简化了计算水道管径的步骤。在此基础上，他进一步研究出用计算尺的方法来计算流量，他编制的计算尺，在没有使用电子计算机之前，一直是上海市市政工程设计院排水设计的基本计算工具。鉴于他优秀的表现，他先后被评为1955年度上海市市政工程局先进工作者、1956年度上海市先进工作者、1961年度上海市市政设计院先进标兵、1962年度建设部上海市市政工程设计院先进工作者。我去上海时，曾看到上海市陈毅市长颁发给他的上海市先进工作者的奖状。由此可见，大哥是一位热心工作和富有创新精神的科技工作者，特别是作为金山化工基地建设的主要负责人之一，他在20多年的工作中为国家和社会作出了重要的贡献。

由于大哥工作较早，因此他是我们家庭经济的主要来源的提供人之一，还为弟弟妹妹树立了努力学习和刻苦钻研的榜样。大哥十分关心我们的学习，经常在经济上给予我们支持,使我们得以安心学习和工作。他还鼓励我们好好学习,打好基础,掌握科学技术,以便今后更好地为国家经济建设贡献力量。可以说,没有大哥的帮助和指导,就没有我们今天事业的成功。

大哥为人谦虚、诚恳,和善待人,生活俭朴。为了做好工作,他常常夜以继日,辛勤钻研。工作之余,他又要照顾长期患病的大嫂。由于长期内外负重,他终于积劳成疾,在1975年春节前发现患颌下腺癌,因病医治无效,1975年11月4日上午8时许病逝于上海市长宁区中心医院,年仅53岁。

大哥与大嫂育有二子闻一之和闻江,另有二女闻晶和闻晖。

长子闻一之,1944年生于老家。幼年时随父母定居上海市。1963年考入中国科技大学近代物理系,在他的叔公闻诗和叔父闻国椿资助下,于1968年完成学业。毕业后在解放军3213部队学生连锻炼一年,受教匪浅。1970年到天水长城控制电器厂中心试验室做技术工作。1978年考回中国科技大学攻读研究生,师从项志遴教授做等离子体研究。1981年研究生毕业,获得硕士学位,留在中国科技大学近代物理系任教,主要从事磁约束等离子体实验。建立并且负责我国高校唯一的一个小型托卡马克装置的实验研究,承担了多项国家自然科学基金和科学院创新方向等课题,在磁约束等离子体边界区的湍流和输运,不稳定性反馈控制和改善约束性能等实验研究方面,取得了具有一定创新意义和参考价值的成果。现为中国科技大学教授、博士生导师,安徽省真空学会理事长。

次子闻江,1947年出生于老家长屿,不久即随父母定居上海。高中毕业后自1966年至1976年的"文革"期间被迫中断学业,到上海市运输公司第四场当装卸工,任场部宣传干事。1979年春考入华东师范大学仪表电子分校机械专业,1982年获工学学士学位,1983年任上海大学工学院教师。1985年考入复旦大学国际政治系思想政治专业双学位班,1987年获得法学学士学位,并留复旦大学统计运筹系任教师,先后担任学生政治辅导员,复旦大学管理学院党总支委员,1989年被聘为讲师。1992年底,正当上级组织准备委任他以更重要的工作职务时,他却由于经常通宵达旦,长期超负荷工作,再加上缺乏应有的休养照顾,积劳成疾,患上了肺癌,因此不得不离开工作岗位。他为人正直、真诚,注重实干,意志坚强,尤能吃苦耐劳,多才多艺,喜欢体育、音乐、摄影等,擅长动手制作各种用品。他在大学学习时,曾连续被评为学校三好积极分子;到复旦大学工作后,连续三年获得复旦大学学生思想工作一等奖,1992年获得复旦大学学生思想政治工作的特等奖;他担任主要负责人之一的管理学院学生工作组多次被评为复旦大学先进集体。1994年8月27日凌晨2时50分,闻江不幸在上海龙华医院去世,年仅47岁。

六、潜心修订闻氏家谱的二哥闻华椿

年纪比我大五岁的二哥华椿(照片1.11)在读中学时十分喜爱文科,而对理科不感兴趣。念高中时,他曾多次尝试撰写短篇小说。由于对文学的痴迷,他放弃了对理科的学习与钻研,因而只念完高中二年级他就终止了学业。尽管如此,他在文字方面仍有较好的功底,这为他重修闻氏家谱提供了便利条件。

家谱是记载一个家族中所有人的生卒、婚嫁、工作经历、居住情况、重要业绩及其世谱等有关史实和资料的记述性史作,可使晚辈了解家族的发展及相关情况,进而学习和弘扬这一家族的优良传统和创业精神。家谱对于一个家族来说,能够产生不可估量的积极作用。为了重修闻氏家谱,二哥花了近一年的时间,组织家族中的若干积极分子做了大量的调查工作,并做详细记录,然后撰写、编纂、修改和补充相关资料。第八次修谱序言就是由二哥撰写的,对于家族中有较为突出贡献的人的生平,他也组织了相关人员负责编写,这项任务的工作量之大难以用笔墨形容。闻氏家谱的打字和排版工作是由我和我的儿子闻枫协助二哥在计算机上完成的。以往修订的家谱都是手写的,而科学技术的发展使这次修订的家谱更加现代化,所编的家谱既美观,又大方,得到家族成员们的好评。应该说,完成这项工作是对家族作出的重要贡献。当这一修订好的家谱分发到我们闻家每一个家庭的时候,大家看到家族兴旺发达的景象和家族中出类拔萃的人才,赞不绝口,这给了大家极大的鼓舞。我们闻氏家族还专门为这次修谱召开了庆祝大会。

二哥高中肄业后,曾相继在临近各县机关里从事一些专业性工作,例如财务、税收等方面的工作。他虚心学习、工作认真、待人诚恳、不断钻研业务,成为工作单位中最有经验的专业工作者,所以这些单位的很多人都十分尊敬他,热情地称呼他为"闻老师"。

二哥与爱人郭夏兰有三个女儿,分别是闻毓秀、闻秀菊和闻秀清,育有一个男孩,闻祥之。他们都具备温岭人艰苦创业的光荣传统。

他们的二女儿闻秀菊,现居上海。小学毕业后便中断了学业。尽管如此,但她在人生的道路上继承了家乡人民勤劳刻苦的优良传统和坚持不懈的创业精神,先去外地经营小本生意,慢慢地增加了积蓄,后又买了房子,开起了印刷工厂。接着她又办起羊毛衫工厂,家庭逐渐富裕起来,现在她在上海买了多所房子,并专门在上海设置了经销点,实现了最初的设想和预期的奋斗目标。从她的经历看,她有明确的奋斗目标,有实现目标的具体内容,采取的方法也是实事求是的,再就是抓住了机遇,通过自己的勤奋和努力,取得了成功。在我们的家族中,除了我的祖父外,这又是一个勤劳致富的范例。

七、酷爱数学勤奋工作的孪生弟弟闻国椿

毫不隐晦地说,除了我的爱人,胞弟国椿(照片1.12,照片1.13)是我一生中最亲近的人,从小学至初中,我们俩在一个班里念书。到高中时我们俩分开了,我就读于浙江省立台州中学高中部,而国椿就近在温岭县立中学高中部学习。虽然我们并不在一个地方,但我们相互学习、相互交流、相互勉励,取长补短、共同进步。

1951年夏,国椿、伍椿和我三人同时报考大学,国椿考入北京大学数学系,伍椿考入浙江大学物理系(后来经院系调整,并入复旦大学物理系),我则被东北工学院机械系录取。

在读中学时,国椿爱好数学,数学课成绩较其他课程更为出色。高中毕业后,他进入上海开明书店工作,在这个书店里他开始从事发行工作,后来他被调到开明书店北京总管理处,担任数学等书籍的校对工作,所以后来在报考大学时他便选择了数学专业。

1955年国椿大学毕业后,留校从事研究生的学习和研究工作,1959年研究生毕业后留校工作至今,现为北京大学数学科学学院教授。他曾担任我国五所大学的兼职教授和烟台大学应用数学研究所所长。除培养了大量的本科生外,他还培养了21名研究生,都已获得硕士或博士学位;他还曾指导过不少中青年教师,其中已有10多名提升为教授。

国椿长期从事偏微分方程的函数论方法及其应用的研究。先后发表过论文250余篇,编辑出版了23本专门著作,其中15本由国际上著名的出版公司以英文形式出版,主要的著作有《共形映射和边值问题》、《椭圆型方程和方程组的边值问题》、《带抛物退化线的椭圆型、双曲性和混合型方程》、《非线性复分析及其应用》等。他在国际上首创了非线性复方程较系统的理论,证明了许多新定理,并成功地把这些理论用于解决非线性力学中的自由边界问题。由此荣获多项省部级科技进步奖。他先后多次应邀赴德、美、俄、日、意及香港等地的科研院校讲学、进行合作科研或参加学术会议,还参加国际数学家大会等重要学术会议,作过40余次学术报告。他研究的成果得到了国内外同行的广泛重视和高度评价。并被柏林自由大学聘为客座教授。他是国际《复变理论与应用》的编委及美国《数学评论》杂志的评论员,是1990年和1999年在北京召开的"积分方程与边值问题"国际学术会议的召集人和主要组织者,同时还担任该国际会议论文集的主编。

值得一提的是,国椿75岁那年,国际杂志《复变与椭圆型方程》编辑部专门为他出版了一本论文集,以纪念他的75岁华诞。这表明国际杂志对他所取得的学术成就的重视和对他在几十年的科学研究生涯中坚持这一学术研究方向的

关切。

国椿为人正直,严于律己。他长期奋斗在教育与科学研究战线上,工作上勤勤恳恳,兢兢业业,并富有创新精神,治学勤奋,学风严谨,待人诚恳,关心他人。终年手不释卷,常常废寝忘食,夜以继日地忘我劳动,把毕生的精力奉献给了教育事业和科学研究事业,为我国科学研究和教学事业的发展作出了重要贡献。

国椿于1985至1990年被派遣到新建的烟台大学担任数学系系主任。由于工作表现突出,山东省人民政府对他记功表彰。现在他虽已退休,但仍继续为科研和培养人才而努力工作,并继续进行新论著的写作,发挥着他的余热。他之所以能有今天的成就,实乃始于受祖训之教导,继而立志上进,奋发学习,刻苦钻研,加之他具有坚忍不拔的毅力,因而屡创佳绩,屡出成果,为人所敬仰。他在生活上亦效乃父乃叔之遗风,一贯俭朴,并十分关心晚辈的成长,大力资助和鼓励晚辈努力读书,奋发向上,晚辈亦深受其惠。其简历和科研成果已载入美国出版的《世界名人录》和英国出版的《世界知识分子名人录》中。

国椿和我外貌相近,特别是在我们少年的时候,更难辨认。除此之外,我们的性格也十分接近,经历又极其相似,所取得的成果也基本类似。莫非这是一种巧合?还是必然的因素在起作用?20世纪90年代,我们看到人民日报海外版刊登了一对孪生姐妹性格和经历十分相似的报道,当时我们写了一篇类似的文章投寄到人民日报海外版,但没有刊出。在这里我着力用一些笔墨来介绍我们极其相似的性格、经历和所取得的成果:

一是学历经历相近。两人在大学毕业后,都攻读了研究生继续深造。

二是性格相当接近。两人学习都很努力,能刻苦钻研,勤于思考,敢于创新,待人诚恳,正直为人。既然是孪生兄弟,这些相似也是可以理解的。

三是相貌十分相似。在一次学术会议上,有人把国椿当做是我,我校的一位数学教授去参加一次全国性的数学会议,他看到了国椿以为是我,就问:您怎么来参加数学会议了?国椿回答,他是研究数学的,所以来参加这个会议。这位教授恍然大悟:呵!原来您是闻邦椿的弟弟闻国椿。还有一次,我去北京大学,有人把我当成了国椿,要向我汇报工作。出现这些情况也并不奇怪。

四是学习兴趣相同。两人都对理工科感兴趣,而且都被分配在高校从事相关教学和科研工作。

五是学术成果类似。两人都发表了大量的学术论文和著作,两人发表的学术论文都在两百篇以上,著作和教材都超过了15部,我们都很早晋升为教授。因为两人的水平基本相同,又都很勤奋,而且有开拓创新的精神,因而收获也都比较丰硕。

六是国际交往频繁。两人在国际学术交流方面都相当频繁,访问过的国家都已超过20个。因为两人都十分重视国际学术交流活动,所以成就也基本类似。

七是专长发挥充分。从我们两人的工作情况和工作结果来看,确实我们都充分发挥了自己的专长,目前已发挥的专长都已超过了我们事先的预估。这种情况的出现,一方面是由于我们所处的环境和条件均较理想,另一方面我们都很努力,因而使得我们的专长得到了充分的发挥。

八是树立共同理想。两人都有一个共同的理想,现在都已参加了中国共产党。我们的思想基础相同,并且常常互相交流心得体会,交流经验,互相学习,取长补短,因而我们实现了共同的理想。

虽然这些主要方面都十分相近,但我们依然还有许多不相同的地方。我们既有共性,也有个性,这是自然规律,是无法改变的。

从国椿的个人经历可以总结出几点值得我们学习的经验:

(1)科教兴国,责任在身。从小学、中学至大学,直到研究生阶段,他逐步明确了自己的责任,并树立了为科学技术和教育事业的发展作出贡献的远大理想。更具体地说,在数学的某一领域,作出力所能及的贡献。他在长期的研究中,排除了无数的困难,创建了线性与非线性偏微分复方程及其应用较系统的理论,扩展了复分析研究的新领域。现在可以这样说,他已实现了既定的奋斗目标和完成了时代所赋予他的历史使命。

(2)刻苦钻研,不畏艰难。在一般人看来,数学的研究是枯燥和乏味的,但数学研究工作者一旦跨入了这一领域并察觉到为解决历史遗留下来的问题及需要开拓新方向的重要性时,他们就会以艰苦奋斗的精神而勤奋工作,坚持刻苦钻研,甚至是废寝忘食,依靠这种精神可以促进科学技术的快速发展。这种精神在国椿的研究工作中也得到了充分体现。

(3)奋发进取,开拓创新。目前,国椿撰写了250多篇学术论文,出版了19部专著和4本国际会议论文集,这在国内数学界是不多见的,这要花费很大的精力。只有有过这些经历的人,才会深刻地体会出他所付出的艰辛劳动。如果没有这种坚忍不拔的毅力和奋发进取、开拓创新的精神,是很难取得这些成就的。

(4)扩大交流,促进发展。正因为他长期刻苦钻研,付出了巨大辛劳和努力,他取得了丰硕的研究成果,在国际、国内都产生了一定的影响。德国、美国、日本、波兰、意大利、比利时、奥地利、中国香港、澳门及内地许多院校的专家、教授曾邀请他去讲学和协作研究。他还长期担任"复变理论与应用"国际杂志的编委以及美国《数学评论》杂志的评论员。

国椿与爱人傅芳育有二女。大女儿闻新生于北京,在北大附小和附中学习时,成绩优良,后考入北京大学信息管理学院,毕业后先在北京大学图书馆从事图书馆自动化的工作,后来又到香港科技大学攻读管理信息系统的硕士学位,继之去美国马里兰大学攻读信息系统的第二个硕士学位。目前在美国首都华盛顿从事有关信息技术方面的工作。她一家三口人(有一个十岁的女儿)现住在美国马里兰州。二女儿闻建新曾在日本学习服装设计,毕业于日本和洋女子大学,现仍在日本东京工作。在人生奋斗的道路上,她们都付出了很大的努力。尽管她们现在都在国外工作,但科学技术是没有国界的,他们正在国际经济一体化的道路上做着自己力所能及的工作。

八、专心研究精确计量的五弟闻伍椿

小弟伍椿,1933年1月7日出生于老家长屿(照片1.14)。幼年时代的他,学习成绩特别优秀。小学和初中时,他一直占据着全班学习成绩第一的位置,并且年年获学校全部免除学杂费的奖励。在学校读书时,他的书法也很棒,经常在全校书法竞赛中获奖。

1949年家乡解放时,他正在读高中。他积极参加当地的革命工作,很早就参加了新民主主义青年团,曾一度担任黄岩县立中学新民主主义青年团支部书记的职务。

1951年夏,伍椿报考大学。由于他成绩优异,最后被浙江大学物理系录取,1952年院系调整时,浙江大学物理系并入复旦大学物理系,后来他在复旦大学完成了全部课程。

1955年9月毕业后,伍椿先是到上海船舶研究所工作,后调至上海计量研究院。几十年来,他一直从事电子仪器、计量标准器及测量技术方面的科研工作,历任技术员、工程师、高级工程师等职。在上海市计量研究所(即现上海市计量研究院)工作期间,他专心研究电容、电感的准确计量,先后研制成多种测量仪器和标准器,其测量精度超过了国际同类产品的水平,属国内外首创。在工作中,他总结前期的工作成果,编著出《运算放大器在电测中的应用》一书。先后发表了10多篇高质量的论文。多项成果获局级科技进步奖励和国家专利。他圆满地完成了许多科研项目和生产任务。

1991年9月,伍椿参加了第12届国际计量会议,并发表重要论文,该论文被全文登载于会议论文集中。

他在退休后受聘于航天局上海808研究所,不遗余力地培养这方面的科技接班人,继续发挥其余热。

伍椿弟因病于2006年2月去世,享年73岁。他的去世,不仅是家庭的损失,也是国家的损失。

五弟和爱人陈天选育有两个男孩,长子闻乐考入同济大学仪器仪表专业,1989年赴德国柏林工业大学继续深造。在学习期间,他协助西门子等公司完成了很多科学研究任务。自柏林工业大学毕业后,他赴加拿大某公司工作,由于工作出色,因而得到公司领导的表彰,目前是公司的主要研究人员。次子闻劲毕业于上海大学国际商业学院国际贸易专业,目前在经营地毯生意。

九、在一起学习生活的堂兄弟姐妹们

小时候,我和堂兄弟姐妹们一起学习,一起生活。在冬季来到的时候,我们还一起在庭院里或野外放风筝(在我的家乡,一般只能在冬季放风筝)。空闲时,我们一起谈论家事、国事、天下事,彼此产生了潜移默化的影响。

堂哥闻荣春,1945年9月毕业于英士大学行政专修科(照片1.15)。1945年11月至1946年5月在乐清县任科员。1946年9月转入浙江英士大学,1949年5月毕业于英士大学政治学系(1949年8月英士大学并入浙江大学)。1949年新中国成立后,他参加了省军管会举办的干部培训班的学习。学习结束后,他于1950年上半年回到浙江省温岭县立中学任教。1950年9月至1951年7月转至新河中学任教并担任新河中学校务委员会主任委员。堂哥闻荣春为新河中学的发展倾注了全部的心血,同时开展了大量卓有成效的工作。他在担任主任委员期间,拟订了学校行政系统草案,建立了工读委员会、减免费评议委员会及经济稽核委员会,使学校的运行管理走上了制度化、规范化的轨道。他积极主张"提高政治水平,加强新民主主义教育"。为了使广大劳动人民子弟能有上中学读书的机会,他在学校建立了人民助学金制度,并把"向工农开门,联系群众,提高政治水平,开展新民主主义教育"作为学校发展的工作方针。

基于他积极的工作和四处奔走,新河中学在1951年春天增设了高中部,这项举措对该乡村中学的发展起到了至关重要的作用。

堂哥荣春育有一儿一女,都是大学毕业。女儿闻玲玲曾在北京101中学任教,现已退休。儿子闻拯之幼时随祖父及母亲居住北京,小学和中学分别在北京航空学院附小和附中学习。在上学期间,他学习努力,成绩优秀。"文化大革命"开始后,他插队到内蒙古,粉碎"四人帮"之后才回到北京报考大学,最终考入北京钢铁学院仪器仪表专业,毕业后在北京某外企工作。

堂哥闻计春,1930年生于老家长屿(照片1.16)。自幼学习勤奋,成绩优异。小学毕业后,考入新河授智中学初中部;初中时,他是班里的优等生,并获得学校的奖励。初中毕业后他考入温岭中学高中部学习,后转学至台州中学高中部。高中毕业后,他虽考取清华大学地质系,但因身体欠佳,未能入学。后来又考取上海交通大学物理系。入学后,由于功课异常繁重,他的身体情况很难适应这种学习环境,因此便转学至北京工业学院学习。

从堂哥计春的情况看,他的学习成绩虽然优异,但由于身体欠佳,影响了学习和工作。可见,德、智、体、美全面发展是多么的重要!

自北京工业学院毕业后,堂哥计春被分配到七机部某研究所工作。他工作非常努力,为了做好科研工作,常常夜以继日。由于他天资聪颖,再加上勤奋努力,刻苦钻研,工作精益求精,成绩突出,曾多次受到单位的表扬。计春从事的工作属于国防科研工作,经常要去桂林及西北等地出差。有一次,所里领导要他去桂林办事,但那时他正生病在家。尽管如此,他还是登上了飞往桂林的航班。

计春从事的工作与国防有关,家人一直不知道,他也从不向家人讲工作上的事,直到他去世后家人才知道他一直从事国防科研工作,并与导弹研制有关,他于1975年因患胃病开刀,后因炎症医治无效,在北京301医院去世。他英年早逝,是我国国防科研事业的一大损失。

堂哥闻计春育有一儿一女。儿子闻东光现在北京航空航天大学附中工作。女儿闻东明中学毕业后也已工作。

计春为人谦虚、诚恳,待人和善,生活俭朴,一直是大家学习的榜样。

堂弟闻梧春,1935年出生于广西梧州(照片1.17)。1954年毕业于北京工业学校机械制造专业,1954年6月被分配到内蒙古工作,自此一直扎根边疆。1971年前先后在内蒙古农牧机械厂、重工业厅、农牧机械局任技术员。1971年6月至1977年4月调至呼和浩特轴承厂任车间主任、科长。1977年4月至1995年12月调至呼和浩特市机械工业局任工程师、科长,1988年至1992年先后被聘担任呼和浩特市机械技师、工程专业中级职务和统计专业职务等的评议委员和副主任委员。在此期间,他曾到机械工业部工程师进修大学学习,1990年11月毕业于该校管理工程专业。1983年,国家民委、劳动部、中国科协为他颁发了少数民族地区长期从事科技工作荣誉证书。

梧春中学期间学习成绩很好,思想进步,为了早日参加祖国的社会主义建设,他选择了学制较短的中等专业学校。他为建设边疆、开发边疆、造福边疆人民而不遗余力地贡献出了毕生精力。叔父曾不止一次说过,如果梧春能上大学,一定能为国家为社会作出更大的贡献。梧春于1995年12月光荣退休。

堂弟梧春育有一儿二女。儿子闻金光现居内蒙古呼和浩特市,自呼和浩特内蒙古农牧学院毕业后,先在内蒙古农业科学院从事研究工作,任作物所所长,后任职于某民营公司。

堂妹闻景春,1937年4月27日生于杭州(照片1.18)。幼时在家乡长屿小学学习,小学毕业后进新河中学初中部学习。因其父在北京工作,便于1951年转到北京女十一中学学习。中学毕业后,堂妹考入北京矿业学院选矿专业。求学期间,她学习努力,成绩优秀,曾担任班级的学习委员。由于她政治思想好,加上毕业实习期间曾有抢救公共财产的英雄事迹,因此在1961年5月光荣地加入中国共产党。

1961年7月,大学毕业的景春被分配到内蒙古重工业厅有色金属处工作,后因爱人关系调至湖南株洲选煤厂工作。为支援三线建设,又于1965年8月调至重庆中梁山矿务局工作,在这里,她从技术员、工程师、高级工程师,一直到担任选煤厂厂长。工作期间,她曾作为主研人员与有关同事一起共同解决了选煤技术中的难题——"难选高硫煤脱硫降灰研究项目",并成功应用于生产中,获得了重大的经济和社会效益。"难选高硫煤脱硫降灰研究"科研项目,在1996年获煤炭部科技进步二等奖,1999年获国家级科技进步二等奖。

她工作深入实际,认真负责,精益求精,刻苦钻研业务,努力改革创新,为人正直,待人和善诚恳,深受单位领导、同事及工人的好评,多次荣获先进个人、生产标兵、三八红旗手、优秀共产党员称号。

在选煤厂技术改造过程中,她表现突出,具有创新精神。她的先进事迹曾多次刊登在《重庆日报》、《西南经济报》、《女性人才》等报刊上。

堂妹育有两女郑玲和郑琦。长女郑玲,1963年出生于北京,幼年随父母迁居重庆。自幼勤奋好学,毕业于重庆市重点中学——巴蜀中学。1980年考入重庆大学机械工程系,毕业后被分配到重庆交通学院任教。1986年又考回重庆大学继续硕士研究生阶段的学习和研究。1989年以优异成绩获工学硕士学位并获得"重庆大学优秀学生干部"荣誉称号。1999年调入重庆大学机械工程学院工作。2001年开始在职攻读博士学位,2005年6月获车辆工程博士学位。2005年8月赴美国马里兰大学机械工程系做博士后研究,2006年8月回国,现为重庆大学机械工程学院教授。目前主要从事智能结构与系统、机械系统动力学与控制、结构拓扑优化等方面的研究工作。现为中国机械工程学会高级会员,国际振动与噪声学会会员。主持和参加的国际合作项目、国家自然科学基金重点项目、面上项目、省部级项目及国防军工项目共达20余项。在国际学术刊物,国内一级学报及核心期刊和国际学术会议上共发表论文60余篇,其中被SCI、EI收录20余篇。获国家发明专利2项,实用新型专利1项。此外她还是国际著名杂志 Journal of Intelligient Material Structures and Systems 和 Journal of Intelligient and Fuzzy System 的审稿人。

次女郑琦,1991年毕业于重庆交通学院(现重庆交通大学)会计专业,1997年取得中国注册会计师资格,现任重庆启利资产评估事务所所长。

十、有关我的爱人和儿女的生活片段

我的爱人王宗彦,辽宁海城人,毕业于大连水产学院中专部。我和她于1962年结婚,那时她还在沈阳农专教书(照片1.19)。后来,我爱人调到沈阳郊区苏家屯造纸厂工作,并在那里分到了一间房子。宗彦为人十分勤奋,除认真做好工作外,还把家里整理得井井有条。

1963年我们生了一个女儿,取名闻茹。1965年,家中又添了一对孪生男孩闻枫和闻岩,这下子家里的生活节奏马上紧张起来了。这个时候,宗彦的母亲和她的两个妹妹伸出了援助之手,解决了我们的燃眉之急。1966年4月,一件不幸的事降临到我们的头上。有一天我回到家中,发现6个月大的孪生男孩因发高烧,原先能站立的腿突然不能站立了,这使我大吃一惊! 随即到附近的医院检查,诊断的结果是两个孩子都患上脊髓灰质炎,即小儿麻痹症。这一诊断结果如晴天霹雳,给我的家庭带来了难以承受的打击。因为这种疾病的传染性极强,当时长女闻茹正好在东北工学院幼儿园长托,为避免将这种病传染给她,我们随即将她送至海城她的舅舅家。由于处置及时,闻茹很幸运地没有受到传染。

两个儿子患病之后,最终结果如何,谁都难以预料,因此,始终让我们很担心。他们是否会全身瘫痪?是否存有局部残疾?他们今后的生活能否自理?这一切都使我们长期处在忧虑之中。抛开这些担忧不提,眼下最紧迫的任务还是尽快给他们治疗。这样,一天又一天,我爱人和她的妹妹每天抱着两个孩子,从这家医院跑到那家医院,吃药、打针、按摩、用热水袋热敷。就这样忙碌了半年多,我爱人的身体消瘦了许多,在精神上也受到很大的折磨。但幸运的是,虽然两个孩子的腿都稍微留下了后遗症,但由于治疗及时,两个儿子长到一岁多时,都能自己行走了。这一结果比我们预想的好得多,我们便也都心满意足了。现在,他们都已找到了称心如意的爱人,而且也都有了孩子,过着幸福美满的生活。

由此可见,在生活、学习和工作中,即使遇到了挫折,也必须采取积极和有效的措施,将不幸的事件转变至较为理想的状态,使损失减到最小(照片1.20)。

1978年粉碎"四人帮"后,我的家从苏家屯搬至东北工学院院内。我爱人先在工会从事业余教育工作,后来又到有色系担任教学秘书工作,由于工作认真负责,多次受到上级表彰,后晋升为工程师。

女儿闻茹自东北工学院计算机大专班毕业后,被分配到沈阳市青少年宫从事计算机教学工作。她在讲课时,深入浅出,同时善于抓住重点,妙趣横生,因而学生们都非常喜欢听她讲课,课堂教学效果很好。但她没有满足于这种状态,在授课之余,还一心想突破外语关。她一方面与在沈阳任教的英、美等国家的教师建立了经常性的英语口语直接交流的机会,以便较快速度提高英语会话能力和水平,另一方面,通过精心准备,她考入了中国广播电视大学,就读英语专业。她学习十分努力,最终取得了这一专业本科学位。在学校期间,她因刻苦钻研精神和优异的学习成绩受到学校领导的表扬。目前她在中国广播电视大学学习中文专业,即将毕业。

从闻茹的奋斗经历中,我们不难看出,她在整个学习阶段付出了很多精力。要学完一个专业的十多门课程,需要花费三四年的时间,两个专业差不多要学习30多门课程,需要五六年时间。如果没有毅力,是难以完成这一学习任务的。她之所以成功,就是因为她树立起了一个明确的学习目标。实现这个目标就是要把这些课程都学完、学好。在学习过程中,她表现出了坚忍不拔的毅力,因此,取得了最后的成功。

大儿子闻枫从中学毕业后,曾在日本学习4年。在日本,他先学了两年日语,后去西日本工业大学学习计算机专业亦达两年之久。由于他去日本学习的目标起初并不明确,没有从他本人实际情况出发去考虑问题,因而他并没有取得成功。由此我们可以看出,一个人的学习和工作,必须从他本身的实际出发,不然不会有理想的结果。当时我们向他提出的建议是,在他学习日语之后,应去学习经济管理,或去学习服装设计等专业,这样可以充分发挥他的长处。目前,他已开始从自己的实际情况出发,正在经营仪器仪表的生产,这件工作对他来说或许是比较合适的。当然,闻枫也有他的不少优点,如待人诚恳、乐于助人,与朋友之间的关系也相当融洽。可以说,他从事产品营销或行政管理方面的工作,或许更有优势。

小儿子闻岩从东北工学院工民建大专班毕业后就去省建委所属的城乡建设公司工作。他虽然因患小儿麻痹症腿部有后遗症,但仍坚持要求去建筑工地担任技术服务工作。在工作中,他能抓住关键技术问题,并能不断总结经验。由于他在工作中表现突出,因此多次受到领导的表扬,很快便晋升为工程师。他很善于开动脑筋,并十分重视机遇。在我国房地产产业处于上升发展的时期,他适时地在房地产产业中做力所能及的小量投资,取得了很大的成功。

十一、人 生 体 悟

可以看出,在每个成员奋斗的人生中都有值得我们追记的地方。从我们整个家族的发展来看,先辈将一个目不识丁的采矿工人的家庭,发展成为一个有数十名成员的小康家族。在他们中间,有20多位大学本科毕业或大专学历的学生,有5位教授,3位博士,4位硕士,还有一位中国科学院院士,这不是偶然的,在这个家族的发展中一定蕴涵着某种具有参考价值的东西。

我们从他们的奋斗经历中可以抽取出一些具有共性的和核心价值的问题——即他们奋斗过程中的基本经验和教训,而这些经验和教训的价值就在于可以用来指导后辈及后人的生活和工作实践,使他们少走弯路,从而提高他们从事各种工作取得成功的概率。

以下为读者总结几点具有代表性的共性和核心问题。

1. 家庭的成功以成员的成功为基础

有了闻家每个成员的成功奋斗经历,才有闻氏家族成功的发展历程。从总体来看,这个家族的奋斗是成功的,不管是我的祖父、我的叔父,还是我们兄弟姐妹乃至我们的侄儿侄孙们,可以说他们中的大多数在奋斗的道路上都取得了不同程度的成功。他们经过几十年的奋斗,逐步发展成为在当地具有一定声望的和一定影响的闻氏大家庭。个人是集体的一分子,在完成工作的过程中,只有每个人都建立起集体主义的思想,都有团队的精神,这个集体才会有希望,集体事业才能取得成功。另一方面,集体也为成员们的成功提供了良好的环境和条件。

我的家族可以作为"一个由于个人成功而发展成为集体成功,以及由于集体的成功再为每个成员取得成功提供良好条件"的典例。

2. 要树立切合实际的远大的理想

任何事业的创造和奋斗过程,首先都要有明确的奋斗目标,也就是说要有远大的理想,没有远大理想的奋斗过程是一个盲目的、没有具体目标的过程,自然是不会有结果的。远大理想应该从实际情况出发,否则就是空想或幻想。空想是没有意义的,也是不可能实现的。从我祖父的奋斗经历可以看出,他的奋斗目标是完全切合实际的,他的理想也是建立在坚实的基础上的,从而通过不懈的努力,才取得了最后的成功。因此可以说,"理想"是推动事业取得成功的原动力。

3. 通过合适的工作实践实现奋斗目标

切合实际的远大理想和奋斗目标只有通过适合自己发展的具体的工作实践才能实现,我的祖父通过"找矿"实现了他的理想和目标;我叔父通过求学和教书育人,实现了他的"教育立国、科学救国"的理想;我的侄女闻秀菊通过经营羊毛衫的生意实现了致富的理想……。他们之所以能够取得成功,与他们在树立远大理想的前提下的亲身实践是分不开的。"实践"和"创造"是通向成功的必由之路。

4. 要采用科学的方法去完成工作

做任何事情都要求真、务实,采取适当的措施和方法。叔父经常给我们讲:"工欲善其事,必先利其器"这一古人提出的哲理。从我们家族许多成员的奋斗过程可以看出,他们在工作中都在探索所要采取的科学的方法,并圆满地完成了自己的工作。科学的方法有两个特点:一是实践性,即要通过实践才能完成;二是规律性,做事要符合事物发展的内在规律,要用创造性的思维去分析和掌握事物发生、发展的规律和存在的各种矛盾。"创造"不是凭空的东西,要用敏锐的眼光去发现事物的内在矛盾,找出其发展规律,提出解决问题的最理想的方法。有了科学的方法,问题也就迎刃而解了。

5. 绝对不能放过良好的机遇

巴尔扎克有一句名言:"机会来的时候像闪电一般短促,全靠你不假思索的利用。"人们常说:"机不可失,时不再来。"过了一定的时间,就不会再有这种机遇(即良好的条件和环境)了,所以我们要千方百计地抓住机遇,机遇是事业取得成功不可忽视的因素。我的祖父和叔父以及其他成员之所以取得成功,除了一些重要原因外,抓住机遇也是他们取得成功的重要因素。

6. 成功要通过自己努力才能取得

完成既定的目标,要有坚忍不拔的毅力和持之以恒的奋斗精神。毅力体现在他们的实际工作中,即要以百倍的努力去执行要完成的工作任务。"一分耕耘、一分收获",这是一条颠扑不破的真理,所有取得成功的人都离不开他们的勤奋和努力,离不开他们的不怕艰苦和百折不挠的奋斗精神。如果遇到失败,要从失败中吸取经验教训。从我们家族多数成员的人生奋斗经历中,不难看出他们所具有坚忍不拔的毅力和艰苦奋斗的创业精神。

　　正如前面所说,家庭与家乡能够对每个人产生十分重要的影响。好的家庭教育可以使子女获得良好的思想素质、工作能力、身体状况、奋斗精神和生活习惯,特别是那种"勤奋、刻苦"和"不折不挠的奋斗精神",将为子女今后的学习和工作打下良好的基础。对子女教育较差的家庭会使子女养成很多不好的生活习惯,包括较差的思想素质、工作能力、身体状况、工作毅力和道德观念等,从而会直接影响到子女今后的发展。恰恰是这一点,往往不能引发一些家庭足够的重视。因此我认为,家庭对子女教育及社会对青少年的教育应该列入青少年素质教育的教学纲要之中,以克服少数家庭对子女的教育处于"放任自流"的不良状态。

　　从前面介绍的一些事例来看,我的家庭在教育方面虽然也有一些不足之处,但总体看来还是严格的,也是比较成功的,这给我们今后的学习和工作打下了较好的基础。有了这个基础,再确立宏伟的奋斗目标和远大理想,规划切合实际的工作内容和寻找理想的工作方法,就会大大增加处事的成功概率,甚至会提高在人生奋斗道路上实现宏伟目标的概率。

本章附录

附录1.1

访新河长屿闻家里旧宅

黄晓慧

(2007年10月,原载温岭日报)

　　向外界说起当代温岭的杰出人士,闻诗、闻邦椿、闻国椿叔侄三位教授常常是不能忽略的。

　　据有关资料介绍,闻诗1923年毕业于北京大学物理系。1929年至1932年在法国南锡大学理学院学习与研究,获理学博士学位。回国后,曾任湖南大学、浙江大学、英士大学教授、系主任。建国后,历任北京工业学院、北京航空学院教授。长期从事物理学的教学工作。编著有《热力学》、《物性学》等。而他的侄子闻邦椿教授则是东北大学机械工程学教授、博士生导师,中国振动工程学会名誉理事长,中科院院士,今年3月和中国工程院院士蔡道基一起受聘为我市经济社会发展顾问。闻国椿则是北京大学数学系教授,曾兼任烟台大学应用数学所所长。

早就听说闻氏叔侄老家闻家里在长屿,只是因为不清楚详细地址,一直没有去拜访,及至听长屿硐天风景管理处主任陶宝平先生介绍了大致位置后,萌生了抽空走一走的念头。

闻氏祖居在新河镇长屿村闻家里,在远近闻名的长屿老八份南边。老八份是长山(长屿)李氏后裔发源地。近日,与友沈君一起在长屿车站下车,往长屿硐天方向向里走约百米,从一条小路折向西,顺便找个当地人打听一下,很快就找到了闻氏祖居。

首先映入眼帘的是砖砌台门,看上去破破旧旧的,台门左侧墙边,堆放着石板块、破沙发等杂物,这面墙下面一半是石块砌的,上边是青砖砌的,但是又有部分是红砖,大概是后来修理时加上去的,仔细看,墙上又贴着一暗红色陶制的烟囱。台门右侧,显然是被拆了,另造了几间二层的石板屋,用的是就地取材的长屿石板。

我和沈兄在台门前细看,只见台门上有红底的"诗礼传家"四字,左右的门联为"知水仁山自多乐境,礼耕义种必有丰年",透出浓浓的儒家思想味儿。台门上装饰着"双鲤戏水"、"芝兰吐芳"等内容的灰雕,可惜的是,由于年代久了,保护得不是很好,图案有的地方残缺了。

顺着石板铺成的道路走进台门,两边是番薯等庄稼;再走进一些,中间则有一开阔的石板道地。上间仍在,按温岭传统四合院结构的台门屋,大概两边厢房已被拆了几间。西边有井,井畔有洗衣石板、两只长屿石打制的大洗衣槽。附近还有一段石砌的围墙,墙头络着藤蔓;看样子,原来这围墙应该是更长的,整个院子都围进去也说不定。

我们来到上间,只见廊下钉着一块写有"修理上间账目公布"的红布,红布早褪了色。上边的图钉也透出锈迹来。上边写着修理上间的收入支出账目,涉及的人有闻、江、叶、王四个姓。上间边上的一户人家,门牌上写着的是"长屿村闻加李6号",原来,闻家里,近来又有人叫"闻加李"。

就在我们在上间前徘徊,对着梁枋摄影时,几位住户凑过来,问我们做什么。"这里是闻邦椿、闻国椿教授的老家吗?"我问,一位70多岁的阿婆回答说:"你们是说大杭、小杭吧?他们以前是住这里的,老早就搬出去了。"闻邦椿、闻国椿这对孪生兄弟,1930年9月生于杭州,这两个小名,大概是纪念他们的出生地吧,我在心里暗想。

由于临时有事要回去,我们匆匆拍了几张照后就赶回温岭。回来后查了一下资料,发现这一如今不起眼的院落,却实在有及早保护的必要。

闻邦椿、闻国椿兄弟俩是闻诗的侄子,他们的父亲则是闻韶。今天,当你走进双门洞景区时,不妨留意一下那里的摩崖石刻,其中有一块摩崖"云月往来"(见图),就是闻韶于"民国十有五年岁在丙寅孟秋"即1926年秋书写的,距今已

80多年了。那时,闻邦椿、闻国椿都尚未出世。据诗人林崇增先生介绍,上一次闻邦椿回乡探访时,曾专程到双门洞游览,看到闻韶的这一块摩崖,欣喜万分,并在其前留影纪念。

据毛孝弢《温岭书家与温岭摩崖》一文介绍,闻韶,字慕虞,温岭长屿人。曾在浙江测绘学校学习和浙江测量局工作。闻韶曾和弟闻诗创办长屿一峰书院(黄按:原文如此),善书。《温岭书家与温岭摩崖》一文称"云月往来"四字"用笔稳健,结构停匀,潇洒脱俗,有二王遗风"。

闻韶与闻诗两人的名字都是从儒家典籍中化出来的(宋状元乐清王十朋有两子,名闻诗、闻礼)。闻韶还有一大贡献,就是创办长岭书院(毛孝弢文中说是一峰书院,系根据其祖父毛济美著述,笔者以为当以长峰书院为是),培养了像朱伯康这样的人才。

朱伯康教授1907年9月23日出生在新河镇山西街,中学毕业后考入南京军事工作研究养成所学习军事理论。淞沪抗战期间,曾任十九路军总指挥部参谋。后参与完成了《十九路军抗日血战史》的编撰工作。其后,他在十九路军旧长官的资助下赴德国留学,在法兰克福大学获经济学博士学位。1937年回国,先后任广东中山、遵义浙江大学、重庆中央大学教授。1946年到复旦任教,直至退休。他是复旦大学经济学院第一任系主任。著有《经济学纲要》(1943年)、《经济建设论》(1944年)、《中国经济史纲》(1946年)、《往事杂忆》(2000年,回忆录)、《中国经济通史》(1995年,与施正康合著)、《中国经济史》(2005年)等。2005年7月病逝于上海。

在复旦大学出版社出版的《往事杂忆》(2000年)一书的《我的求学年代》一章中,朱伯康深情回忆了在长峰书院求学时的情景。他说,他在寺前桥蔡壶冰先生的私塾中读了两三年书后,他的父亲听说长屿闻福生(即闻韶)家里办了一所改良私塾,请了国学先生和新式物理、化学、生物的先生,还请了教英文的先生,该家塾名叫长峰书院,这所书院"费用均摊,均须住读",只收十余名学生,须经过朋友介绍,闻家认为合适,方可入学。朱父即托人介绍,得蒙允许,朱伯康即进入长峰书院就读。

朱伯康先生生于1907年,六七岁时上私塾,读两三年后再入长峰书院,据此,则长峰书院创办于1917年前后。

关于书院的学习生活,据朱伯康回忆:"闻家当时新起楼房,甚宽大,其楼上全部的房屋用作书院,教师学生均分房住宿。因此除白天正式上课之外,早晚课余时间均能和教师见面闲谈,同道散步;有关课本中问题、做学问、做人、待人接物等等问题,师生均可随便闲谈,对学生进步有促进作用。我后来觉得,这种古代书院遗制、教育方法比后来我到杭州上的洋学堂安定中学的制度、办法,要亲切得多,温暖得多。师生共同生活,耳濡目染,潜移默化,对青年德育的成长,十分有效。"

"长峰书院的功课,仿照高小及初中,设有国文、数学、理化、生物,但是重点在国文,最好的教师也是国学先生;先后有毛济美、王仲枚、蔡椒民诸先生,都是温岭有名有道德的儒者。他们不求名利,饱学而爱生,传道多于解惑。他们都主张'士先器识而后宏艺'。各种功课中,学生最感兴趣而得益最多的是《古文观止》、《左传》、《史记》和《汉书》,《幼学琼林》亦是学生喜欢读的书。其他功课凑数而已,并不重视。""作业最多的亦是国文方面,每两周须写作文一篇,先生细看后加以圈点和改正,好的卷子先生在课堂上表扬,并交各生传阅。这样学生的作文进步甚快。此外,每周还出题目,作对联,练习平仄声韵和对仗。在长峰书院读过书的学生,几乎人人能做诗,能写楹联对对子。当年曾印行一本《五瓣诗集》,其中有三人就是长峰书院的学生。那五人是:毛莘(毛孝彀之父)、陈琴朋、徐行、赵寿珍和我,毛、陈和我是长峰书院出身,徐、赵是温州中学毕业生,都是小同乡。"

朱伯康在长峰书院读了四年书,打下了良好的文化基础,其后,他随萧仲劼先生到杭州安定中学求学,萧仲劼即萧卫,镇海乡(现温岭滨海镇)人,1928 年任温岭中学前身温岭县西北区立宗文初级中学校长。朱伯康的同学大部分随后考入温州第十中学,他记得名字的有"闻梓材(树椿)、陈琴朋、陈鹤鸣、王树滋、王树森、王耀南、丁天杰,其他还有谁,已记不起了。这些同学,后来在闻诗先生(字仲伟,闻韶先生之弟,曾留学法国,攻物理学)带领下,办成新河中学的前身授智中学。

据新河中学校史等有关资料记载,1937 年抗日战争爆发,上海沦陷,在外求学大学生丁天杰、王英材、陈国威诸先辈回乡发起办学,创办"温岭县战时补习学校"。以补公立学校的不足,造福乡梓子弟。初时借用登明寺,但遭当地派系倾轧,又引发寺僧与师生之间纠纷,使学校陷于内外困境,最后由县教育局下令停办。后得乡贤英士大学教授闻诗先生,通过与迁址天台的上海育青中学关系,获准设立育青中学温岭分部。仍借用登明寺部分寺宇为校舍。又因距天台总校太远,管理不便,遇有问题难以及时解决,师生欲自立,但苦无经费。1942 年,当时长屿新堂授智法师经其挚友朱秉衡先生介绍,捐助田产二百余亩,始得奠定学校财务基础;同年二月,学校命名为温岭县私立授智初级中学,以为纪念,并获省教育厅核准立案。(陈昌侯《授智初中》,《温岭日报》2007 年 11 月 5 日)学校建立了由闻诗等 15 人组成的董事会,董事会决定由闻诗任董事长,朱伯康、林公济等任董事。学校采用"校长制",董事会聘任丁天杰为校长。

在温岭,像闻氏故居这样具有纪念意义的历史建筑,不是太多,而是太少了,在城东街道紫皋村,靠近公路边有丁天杰先生的故居,一位朋友去参观并查阅了解有关史迹后,欷歔不已,并在网上撰文呼吁加以保护。这两处建筑,至今都还不是温岭市级文保单位。今年 11 月 18 日,新河中学将迎来 70 周年校庆,而闻诗、丁天杰先生他们的历史事迹,是值得收集整理的。

前人云:天地者,万物之逆旅;光阴者,百代之过客。人生在世,真如白驹之过隙,世上万物,终都会云月往来成旧迹,而有的人,一些事迹,却是可以不朽的,当与世长存。

附录1.2

闻诗先生生平

闻梧春　闻景春　闻拯之

(2008年5月)

前　　言

在2003年《温岭指南》(燕山出版社出版)的温岭概述内容中,我们可以看到:"温岭历代人才辈出,宋代有江湖诗派代表人物戴复古……现代有解剖学家张作干、药物化学家王雪莹、物理学家闻诗、中国科学院院士柯召、闻邦椿,中国工程院院士蔡道基等。"对于物理学家闻诗,县志中已有记载,作为闻诗先生的子女和孙子,现把有据可查的闻诗先生的相关资料写成以下短文以作补充。并希望闻先生奋斗一生、自强不息的精神能激励我们把家乡和祖国建设得更加美好。短文主要内容有:

(1) 闻先生热爱祖国,他曾参加了著名的五四运动。

(2) 闻先生将教书育人、科技强国作为一生的奋斗目标,他在工作中勤勤恳恳,长期奋斗在大学教学的第一线,他编写的著作有《物性学》和《热力学》等。

(3) 闻先生对家乡人民充满了感激之情,他是新河中学前身——授智中学的主要创建人之一。正如新河中学六十周年校庆纪念册中所述:"闻诗是位大学教授,当初创办的学校遭到夭折、家乡求学若渴的学子又面临失学的关键时刻,毅然挺身而出,设法办起了育青分部,挽救了学校。"

闻　诗　先　生

闻诗,字仲伟,1899年1月29日生,浙江温岭长屿人。他1911年12岁时开始读书,曾就读于新河龙山小学、临海浙江第六中学(现为台州中学)、北京大学物理系预科、本科。1923年毕业于北京大学,获理学学士学位。1929年10月,闻诗先生考入法国历史悠久的南锡大学理学院进一步学习和深造,并研究光谱分析,1932年7月以优异的成绩获得理学博士学位,成为温岭县第一位留洋博士。

闻先生1932年9月回国。回国后,他立即投身到祖国的教育事业中,先后任河南大学、广西大学、浙江大学、重庆大学、湖南大学、北洋工学院,英士大学教授,或兼任系主任,或兼任教务长。1949年5月浙江解放,6月金华军管会委任他为英士大学校务委员会主任委员,此后又历任江南大学和华北大学工学院教授。1952年调任北京航空学院教授兼物理教研室主任,1955年任该校校务委员会委员,1962年被评为北京航空学院先进工作者。在北京工作期间,他曾多次受邀请参加人民大会堂和天安门国庆观礼的活动。同时,闻先生积极投身家乡的教育事业,他是授智中学(后改名为新河中学)的主要创建者之一,从1938年到1949年,他先后担任该校的名誉主任、董事会董事长。

闻先生在近六十年的物理学教学和研究中,始终一丝不苟、兢兢业业。他在多年的教学生涯中,治学严谨,始终笔耕不辍,编写讲稿、教材与著作。他翻译的法文著作有《物理学奇闻》,编写的专门著作有《物性学》和《热力学》,均由商务印书馆出版,其中《物性学》和《热力学》曾再版多次,成为当时物理学习研究的重要参考书目。1956年,闻先生被评为国家二级教授。20世纪50年代末,应中华书局辞海编辑部的要求,他对辞海中分子物理学及热力学部分进行了校正,并提出了一些修正意见。为了进一步完善物理、力学方面的内容,在他后来编写的手稿中,除了量子力学的内容外,又增加了广义相对论和狭义相对论的相关内容。由于"文化大革命"的影响,他的编写工作中断了。闻先生热爱教育事业,直到20世纪60年代初,他仍然不顾年事已高,坚持夜间为学生答疑解惑。他是图书馆和书店的常客,借阅和购买了大量的业务书籍。为了紧跟科技发展的步伐,他终年手不释卷,常常废寝忘食,查阅与翻译资料。

闻先生热心于教书育人,是与他在少年时期受到了其父闻大顺、其兄闻韶的积极影响分不开的。其父闻大顺曾感言道:"闻五洲矿业以吾国为盛,若弃之如遗,则在天为虚生此材,在人为弃货于地。吾恨不识字未能研究格致之学,使吾国金玉煤铁尽如长山之石层出不穷,徒与岩石争命。"闻大顺积极鼓励子女读书上进,在他的大力支持下,其长子闻韶于1917年兴办"一峰书院"传道授业,书院主张"士先器识而后宏艺",成就了朱伯康、丁天杰、王英才、王耀南、陈琴朋、陈国威等一批有识之士。"这些学人,后来在闻诗的带领下创办了新河中学的前身授智中学,对学校的早期建设作出了重要贡献。"

回顾20世纪,灾难深重的中国人民日益觉醒,无数志士仁人为了祖国的复兴,献出了毕生的精力,甚至是宝贵的生命。1919年,闻先生在北京大学学习期间,著名的五四运动爆发了,他积极投身到革命洪流中。在运动中,他结识了校友:五四运动的学生领袖许德珩和浙江天台的同乡、五四运动的积极参加者、数学教育家陈荩民。经过五四运动的洗礼,为了进一步打破封建思想对家乡人民的禁锢,1921年6月,他与北京大学助教郑振埙等发起旅京温岭学会,创办《新横湖》杂志,并积极在此杂志上撰文,向家乡人民宣传新思想、新文化。其中,一篇题目为"遗产制度之害"的文章所阐述的观点,即使在社会制度已发生天翻地覆变化的今天,仍具有积极的意义。

在求学和执教的生活中,闻诗先生深感家乡学校的匮乏和学习知识解放思想的重要,为了培育更多的有志青年,缓解家乡学校过少的问题,他与朱伯康等矢志在当地创办一所中学。1937年,在沪求学的大学生丁天杰、王英才、陈国威等,因抗日战争爆发,沪杭沦陷而先后回乡。是年7月,闻先生自重庆回到家乡,他十分赞成丁天杰等的办学意愿,并积极参与学校的选址、聘用教师及招生等建校的前期准备工作。1937年8月,闻先生赴湖南大学任教并与丁天杰等保持着密切的联系。

1937年9月,丁天杰等7名教工借用登明寺为校舍,招收了一个初中班,学校正式开学,取名为"温岭县战时补习学校"。

1938年1月,由于当地封建势力的阻挠和师生与寺僧矛盾的加剧,战时补习学校被县教育科下令停办了。面对这突如其来的变故,闻先生客观地分析了当时当地办学的有利和不利条件,他得知"上海育青中学"已经搬迁到浙江天台,取名为"天台育青中学"。他与该校的创办人陈荩民夫妇取得了联系,经商议后,决定将新河的"温岭县战时补习学校"更名为"天台育青中学温岭分部",这样就解决了学校的名称及重新审批的问题。1938年2月,学校正式更名,并实行"主任制",由王英才任主任,闻诗任荣誉主任。闻先生利用那年假期,向教师阐述自己对于学校的"教学为主、育人为先"的办学宗旨的理解,说明在办学过程中要仔细听取师生及社会各方面意见,以便集思广益和正确地处理问题,此外还强调发动全体师生共同办学的重要性。学校重新开学,仍借用登明寺作为教学基地,规模也迅速扩大,在沿纳原战时补习学校师生的基础上扩大到三个班,教职工增加到15名,其中多数教师曾就读于"一峰书院"。学校走上了稳步发展的道路,1939年,第一届学生毕业了,随后多座教学楼相继落成,根据广大师生的意见,分别取名作蔚秀楼、进德楼、砺志堂、群策楼和明德堂。可见,学校群策群立的办学思想及学生在学习文化的同时要砺志砺德的办学宗旨是非常明确的。

天台育青中学温岭分部的建立,使闻先生多年的办学愿望初步实现。更使他自五四运动以来,对于自由民主的理解和科教兴国、造福桑梓子弟的理想由追求和愿望走向了现实。

1940年,日寇飞机轰炸新河城,其中一枚炸弹在校园内的青年村北侧爆炸,当地土匪乘机将学校集体和私人的财物洗劫一空,学校停课4个月,但学校的师生团结一心,矢志不移,为避日寇空袭和匪乱,学校分散在楼岙和祖师堂等地坚持上课,得到当地群众的广泛支持。

得道多助。1942年,当长屿福慧堂授智法师得知同乡闻诗先生等办学经费有困难时,有意资助,在朱秉衡先生的斡旋下,将其一生苦心经营的250余亩田产捐给育青中学温岭分部,分部决定以此自立门户,与"天台育青中学"脱钩。

为纪念授智法师的善举,经省教育厅批准,学校更名为"温岭县私立授智初级中学"。同年学校成立董事会,闻诗任董事长,朱伯康、林公济等任董事,董事会聘任丁天杰为校长,王德称(耀南)任教导主任。在董事会中,既有德艺双馨的教师,又有精明强干的学校管理人才,既有参加过淞沪抗战的爱国志士,又有学有所成的大学生、博士生,他们为了一个共同的目的——教书育人、振兴家乡的教育事业走到一起来了。学校教导学生要树立"高尚坚定的志愿",培养"刻苦节约的习性与创造服务的精神",并制订了一套行之有效的严格的管理制度和采用了先进的教学方法,使教学质量不断提高。随着时间的推移,学校进一步得到了发展和壮大,初中毕业生也有较高的升学率,学校在温岭、黄岩、玉环等县赢得了较高的知名度。截至1949年,共有近千人毕业于授智中学,成为祖国的有用之才。温岭解放后不久,授智中学改名为新河中学,学校规模得到了更大的发展。正如著名经济学家朱伯康先生在纪念新河中学60年校庆的庆贺信中所写:"我曾在60年前,追随闻诗先生和同学陈琴朋、王树滋、王树森(英才)、王耀南、丁天杰、毛莘、陈国威等参加建校活动,于今在90岁之时,得见学校新规模,十分欣喜。皆先后在校工作诸公辛勤劳动耕耘所致,无限敬佩。"

闻先生热爱自由、平等的生活,在他担任授智中学董事长的八年中,曾向全校师生做过"不自由,毋宁死"的报告,可见他对争取自由民主有着他自己的一贯想法和对腐朽专制制度的憎恶。

闻先生既是五四运动的参加者,也是五四运动的继承者。1938年夏,他支持育青中学温岭分部的教师要求罢免温岭县教育科长的要求,在社会各界的共同努力下,这一斗争最终取得了胜利。解放前夕,他任职于浙江英士大学,由于不满于当局的腐败统治,不顾生命危险勇敢地支持学校里的进步活动。1949年5月,浙江解放,同年6月,军管会任命他担任了该校校务委员会主任。

闻先生对祖国的教育事业的发展充满了希望。新中国成立后,国家对那些学有专长的教师十分重视。20世纪60年代,为了充分发挥他们的作用,国家动用了有限的外汇资金,北航以闻诗的名义,从国外购置了一台精密的物理试验设备(这台设备由于"文化大革命"的到来而闲置)。1962年,在北京航空学院建校十周年之际,他对学校欣欣向荣的景象和巨大变化充满了喜悦心情。他把这种景象比喻为"太阳初升,放出万道光芒,照得东方满天通红"。他在校庆专刊上寄语道:"愿全体同志在党的领导下,团结一致,鼓足干劲,提高工作效率,为培养社会主义建设人才共成百年大计而努力。"并希望全体教师"展开科学研究,养成研究学术的气氛。在十五年校庆时,我们来举行著作比赛展览会"。

闻先生心系社会,盼望祖国早日强盛。1964年,他虽然年事已高,加上胃部已经切除了三分之一,但他不顾领导和同事的劝阻,仍投身到北京郊区农村轰轰烈烈的四清运动中去。

闻诗具有学者风范,无论是在北京大学的学习还是在法国南锡大学的物理光学的研究中,学校宽松而严谨的学习风气和来不得半点马虎的研究精神使闻诗养成了尊重知识、谦以待人的良好习惯。在20世纪60年代初的教育系统职称评定工作中,他明确反对那些长期脱离教学和科研工作的人参加评选。当有的评委对于个别参加评选的教师由于毕业于普通院校提出质疑时,他提出了自己的不同看法,这表现出了他对教师的教学效果和科研成绩的尊重。

闻先生性格耿直,他有时被电影、故事中的情节所打动而开怀大笑。1966年6月中旬,他对代号为七〇七写的、将矛头直指北京航空学院"反动学术权威"(共8位)的断章取义的大字报及时地进行了回击,并称七〇七为不敢使用真实姓名的胆小鬼。在当时的历史背景下,像他这样在旧社会生活了五十多年的无党派人士,已是自身难保,能够这样做,是不多见的,这种实事求是、不畏强暴的精神是多么的可贵。

闻先生一生自奉俭约,衣着十分朴素。家中摆放着的是他长期读书写作时用的一张两屉桌,两把藤椅和三个摆满各类书籍的书架。他在物质生活上毫无奢求。

闻先生乐于助人,当身边的亲戚同事遇到困难时,他都能主动地去帮助他们。对于学习努力而家庭经济困难的学生,他更是欣然解囊相助。他锐意资助晚辈读书,常以亲身经历对晚辈进行谆谆善诱的教导,鼓励他们奋发上进,提高业务水平。

闻先生在北航的同事回忆说,"过去,我们青年教师的工资不高,闻先生将他购买的物理书籍摆放在主任办公室的书架上,许多书他自己是不用的,是专供教师借阅的"。有一次,"一位同事在阅读一篇法文资料时遇到困难,闻先生担心这位同事对这篇文章的理解不够透彻,就到其家中,辅导这位同事翻译这篇文章",使其十分感动,至今难以忘怀。年轻教师遇到难题时都愿意向闻先生请教,"闻先生在认真解答完问题后,会在问题的不同侧面向他们提问,看他们对所提的问题是否真的搞懂了,自己是否将问题讲透彻了。这种诲人不倦的精神,令人可敬可佩"!"闻先生虽然年纪大了,但他仍努力学习普通话。翻开他的讲义,常会发现在有的字下注音。他一心要把最好的教学效果送给他的学生们"。从这许许多多的点点滴滴中,体现了闻诗先生的所思、所想,体现了他的美好追求和崇高品德。曾作为客座教授工作于美国麻省理工大学、由于教科研出色载誉而归的戎教授说:"我们可以用四个字评价闻先生,那就是德高望重。"

闻诗先生的夫人李小瑜没有机会上学,是一位能干的家庭妇女。她在家克勤克俭,料理家务,并督促子女努力学习。尤其在全家居住广西梧州、浙江杭州和北京的数十年中,她任劳任怨,为家庭操劳。他们有三子一女。长子闻荣春,解放后曾任新河中学校务委员会主任。次子闻计春,曾是七机部一院的技术干部。三子闻梧春,20世纪50年代中期积极参加支边建设,曾是内蒙古呼和浩特市机械局干部。幼女闻景春曾是重庆中梁山煤矿洗选厂高级工程师、先进工作者。

  1976年10月17日,闻诗先生永远离开了我们,他的遗体安葬在家乡的土地上。闻先生在教育战线上进行了长期的教书育人的工作,为国家和社会培育了数以千计的人才。他将毕生精力献给了祖国的教育事业,铸下了许许多多值得赞颂和后辈学习的事迹。他在所工作过的学校及亲自创建的新河中学,倾注了大量心血,已尽如"长山之石",源源不断地为社会输送着各类有用之才。而广大教师热爱祖国、热爱人民、教育兴国、科技强国的精神,必将转化为强大的物质力量,使我们的国家更加兴旺发达。

闻诗先生简历

1911年2月—1913年7月	在温岭新河龙山小学学习。
1913年8月—1917年7月	在浙江第六中学(现为台州中学)学习。
1917年9月—1919年7月	在北京大学预科学习。
1919年9月—1923年7月	在北京大学物理学系学习,1923年毕业,获得学士学位。
1923年9月—1929年7月	任河南郑州中学教员,后任西北大学助教、讲师,浙江台州中学、温州中学教员。
1929年10月—1932年7月	在法国南锡大学理学院学习和研究,1932年毕业,获理学博士学位。
1932年9月—1933年7月	在河南大学数理系担任教授兼系主任。
1933年8月—1935年7月	在广西大学物理系担任教授。
1935年8月—1936年7月	在浙江大学物理系担任教授兼系主任。
1936年8月—1937年7月	在四川重庆大学担任教授。
1937年8月—1940年7月	在湖南大学担任教授。
1940年8月—1943年7月	在英士大学担任教授兼教务长一年。
1943年8月—1945年7月	在浙江泰顺北洋工学院担任教授兼教务长一年(1945年抗日战争胜利后,北洋大学在天津复校)。
1945年8月—1949年8月	在英士大学担任教授兼数理系主任,1949年5月金华解放,6月奉派为校务委员会主任委员。
1949年8月—1950年7月	在江南大学物理系担任教授。
1950年8月—1952年7月	在华北大学工学院(现为北京理工大学)担任物理教授。
1952年8月—1976年10月	在北京航空学院(现为北京航空航天大学)担

任教授兼物理教研室主任、院务委员会委员。

附录 1.3

闻国椿教授的人生经历

杨广武　许作良　杨玉文

（2008 年 10 月）

闻国椿,1930 年 9 月生于杭州,浙江温岭人。1949 年毕业于黄岩县中高中部,其后在上海和北京开明书店担任发行和校对工作。1951 年进北京大学数学系学习,1959 年从该系研究生毕业后留校工作至今,现为北京大学数学科学学院教授。闻国椿长期从事偏微分方程的函数论方法及其应用的研究和教学,先后在国内外杂志上发表了 250 多篇论文(其中由 SCI 收录的有 30 多篇),编辑出版了 23 本专门著作(其中 15 本是由国际上著名的出版单位以英文形式出版,包括 4 本国际会议论文集),在国际上首先创建了非线性椭圆型、抛物型、双曲型与混合型复方程的系统理论,并推进到高维区域,还成功地把这些理论用来解决非线性力学中的自由边界问题,先后获得了 1987、1992 年国家教委科技进步二、三等奖及 2001 年北京市科技进步一等奖。自 1982 年以来,他受国际"复变理论与应用"杂志及美国"数学评论"的聘请,分别担任这两种杂志的编委与评论员。1986 年至今,他先后共 10 余次由德国的柏林自由大学、亚琛大学和斯图加特大学、美国的 Delaware 大学、George Washington 大学、Tulane 大学和 New York 大学、莫斯科数学研究所、日本大学、香港科技大学、意大利理论物理国际中心、波兰科学院数学研究所、奥地利 Graz 大学、比利时 Gent 大学等单位的邀请,去进行科研合作、讲学或参加学术会议,历时三年半,在欧美亚各地共作了 40 余次学术报告,受到国外同行的重视和好评。在柏林自由大学访问期间,他被聘为该校的客座教授。他是我国第一次"积分方程与边值问题"学术会议的主要发起者和组织者,也是 1990 和 1999 年于北京召开的"积分方程与边值问题"国际学术会议的召集人和主要组织者,并担任由新加坡世界科技出版公司出版的该会议论文集的主编。1979 年他开始指导研究生,现已有 21 名研究生经他培养获得了硕士学位或博士学位。十多年来,他一直是我国 10 所高等学校这个方向的学术带头人,又是我国 5 所大学的兼职教授,他指导的中青年教师已有 10 多名晋升为教授。1985—1990 年,他被派遣去山东省新建的烟台大学担任数学系主任,经过 5 年辛勤的工作,使该校数学系已初具规模,山东省人民政府为此给他记功一次,他还曾担任该校应用数学研究所所长。由于他在高等教育事业中的贡献,1992 年开始他享受国务院的政府特殊津贴。鉴于他在学术上的成就,1989—1990 年在美国出版的"世界名人录"和在英国出版的"世界知识分子名人录"都登载了他的简要传记。

一、1966年前的简况

1930年9月29日,闻国椿出生在浙江省杭州市。当时,他的父亲在浙江省测绘部门任技术员,全家都住在杭州市。1943—1946年在温岭授智初级中学(现为新河中学)学习,1946—1948年在温岭中学高中部(高一、二)学习,1948年转学到黄岩中学学习,并在1949年毕业于该校高中部。其后在新河区人民政府粮库工作数月,以后又在上海和北京开明书店担任发行和校对工作。1951年考入北京大学数学系。北大浓厚的政治空气和学术气氛,使他在思想和业务上都得到了严格的锻炼,树立了为社会主义祖国建设事业而掌握本领的思想。他学习刻苦努力,在学习方法上也不断改进和提高。他所作的大学毕业论文较好,曾向全班同学作过经验介绍。

1955年大学毕业后,他被录取为著名数学家庄圻泰教授的研究生。又在北大继续学习了四年。北大八年艰苦勤奋的学习,使他掌握了广泛的数学基础知识,然而过多的政治运动对他的业务学习也产生了一定的影响。

1959年,他研究生毕业后留校工作。不论是教学还是科学研究,都需要经过反复思考和准备,因此他虚心向有经验的老师学习,特别是向庄圻泰、闵嗣鹤两位教授学习,闵先生富有启发性的谈话,庄先生严谨的学风,都对他产生了深刻的影响。庄先生对他书写的论文要求很严格,常常是一而再、再而三地让他整理和修改,精益求精,力求完美。他总是有意识地努力用唯物辩证法去分析和指导教学和科研工作。北大的勤奋、严谨、求实、创新的优良学风,加上闻国椿所具有的踏实苦干精神,随着时间的推移,他学习和积累了不少关于教学和科研的经验,不仅打好了宽厚坚实的教学基础,同时也进一步锻炼出了较强的独立科研能力。在此期间,他将L. Bers的英文著作"Theory of Pseudo Analytic Functions"翻译为中文(见[1]),并和一些老师共同编写了"复变函数论"交流讲义,分别由科学出版社和人民教育出版社出版。

闻国椿的家原有一个书院。他的祖父幼时家境非常贫困,年轻时是一名石矿工人,由于他勤奋劳动,肯动脑筋,以后自己开矿经商,使得家境逐渐富裕起来,买田地,造房子,到闻国椿的父亲中青年时,他家请了一位清代的老拔贡,开办了私塾,名为"一峰书院",他家乡二十多位少年到这个书院学习,以后这些学生中不少都是大学毕业生,其中一些是开办本县一所名为"授智中学"的骨干教师。他的叔父闻诗1923年毕业于北京大学物理系,后留学法国获博士学位,是本县的知名学者,也是授智中学的主要创办者,曾在国内许多大学担任过教授。

闻国椿10岁以前在家里的私塾学习,10岁以后才进家乡的小学和中学学习。他家有家训,在家训中写道:"吾家初赤贫,赖祖父经营之力,得有今日。

……爱祖国,孝父母,敬师长,亲兄弟。……人有德于我者,应报之;我有德于人者,愿忘之。……惟勤惟俭,乃能克家。"这对闻国椿以后的勤奋学习和工作、勤俭持家都有很大的影响。

闻国椿是双胞胎的弟弟,他的胞兄闻邦椿和他同时考进大学,大学毕业后又同时攻读研究生继续深造。他俩的外貌和性格十分相似,智商也相近。虽然他们不在同一个大学里学习,以后又不在一个地方工作,但他们注意经常交流学习体会、工作心得以及对一些问题的看法,互有影响,相互促进。闻邦椿现在是东北大学教授,也写有大量的论文和著作,曾获辽宁省劳动模范称号,是全国有突出贡献的中年科技工作者,第六至九届全国政协委员、中国科学院院士。他的大哥是土木工程高级工程师,20世纪50年代曾获上海市先进工作者。他的父亲是测绘方面的高级工程师,对业务刻苦钻研,解放前曾担任福建省大三角测量队队长,解放后曾担任河南省郑州市建设局测量队队长,在20世纪50年代前期发表过数篇关于测绘方面的论文,据当时光明日报登载,曾有23项技术创新,分别提高工效3倍至23倍。他的一个弟弟在计量方面的科学研究上也是颇有成绩的,为高级工程师。这样的家庭环境对他的成长起到了很好的促进作用。

二、 1966年后的简况

1966年,闻国椿36岁,这正是数学家出成果的最佳时期,然而"文化大革命"爆发了,他的教学和科研工作不得不停顿下来。1969年至1970年去江西干校劳动锻炼,他又成了全连的插秧能手,挑柴、挑水、割稻、背谷总是力争赶在别人的前面,他的勤奋苦干精神在体力劳动中也得到了体现。

20世纪70年代初开始,中国高校恢复招生,闻国椿又重新走上了讲台。他在无线电系承担数学教学工作期间,不断改变讲授的课程。这些课程涉及数学的许多分支。他每教一门课程,都先写好讲义、讲稿,讲完后再进行总结和修改,这样的工作反复多次,又促使他对数学的许多分支有更广泛的了解和深入掌握。在此期间,他编写了"无线电数学"和"高等数学"教材,由北大印刷厂铅印使用,这也为以后书写《复变函数的应用》(见[14])准备了一定的条件。

十年动乱以后,闻国椿停顿的科研工作得以恢复。当他在美国《数学评论》上看到国外一些数学工作者在1966—1976年所发表论文中的一些研究成果,他早已在1966年前就已经解决了,但由于十年动乱失去了发表的机会,感到十分惋惜。他决心夺回损失的时间,因此拼命抓紧搞科研,常常星期日和节假日都不休息。1981年除夕,当人们沉浸于过年的热闹气氛中时,坐在书桌前的闻国椿,终于证明了困扰他很久的关于一阶非线性椭圆型复方程在多连通区域上Riemann-Hilbert边值问题连续解的先验估计式。"文化大革命"后的十多年,他取得了较多的研究成果,共在国内外杂志上发表了90多篇论文(包括与别人合作的）。

他从1979年开始指导研究生，曾开设过"共形映射"、"解析函数的边值问题"、"复变函数的应用"、"广义解析函数"、"椭圆型复方程"、"偏微分方程的函数论方法"等课程，而且几乎都是使用他自编的教材，其中不少内容是他在科研中获得的新成果。随着科学研究不断深入，新的研究成果不断增加，他的教学内容也不断丰富和更新。在备课中，他都要分析每次课内容中的重点、难点、关键和特点，对一些概念和定理，他经常从其理论意义、几何意义和实际意义等各方面去阐明，有时还提出一些启发性的问题让学生思考，以使学生深入理解课程内容和提高分析问题的能力。这样日积月累，教学内容便逐渐系统化。他的一系列有关解析函数与椭圆型复方程边值问题及其应用的论文和著作，不仅依赖于他长期的科研活动，也依赖于他辛勤的教学工作。把教学和科研有机地结合起来，是闻国椿业务工作的显著特点之一。

为了在我国建立积分方程和偏微分方程的函数论方法的科研队伍，他联合了我国近十所高等学校的部分教师共同开展这个方向的研究，实际上他是这些学校这个方向的学术带头人。1979年开始，经中国数学会批准，确定每两三年召开一次全国"积分方程与边值问题"学术会议，介绍国内外有关科研动态和交流研究成果，他是我国第一次会议的主要发起者和每次会议的组委会成员，也是两次"分析及其应用与计算"国际学术会议分组会的主持人。作为一名学术带头人，闻国椿十分关心这支队伍的成长和发展，即使在国外访问和工作期间，他也经常和国内同行通信，介绍国外有关科研方向的发展动态，提出在国内进一步开展研究工作的建议。现在，我国在这个研究方向的科研队伍已经形成，一批一批的青年数学工作者在不断成长，而且我国这个方向的研究成果，在国际上已有一定影响，而某些方面已达到国际领先水平。

三、主要科研成果

长期以来，复分析方法在偏微分方程方面的应用基本上局限于对线性与拟线性椭圆型方程和方程组的研究，而他则把复分析方法扩充到对非线性椭圆型、抛物型、双曲型和混合型方程的研究，包括高维区域的情况。经过几十年的努力，长期坚持刻苦钻研，闻国椿排除了无数困难，终于创建了这方面较系统的理论，开拓了复分析研究的新领域，并且还成功地把这些理论用来解决非线性力学中的一些边值问题，取得了很好的效果。

闻国椿的科学研究内容是较广泛的，既包括数学的基本理论，又包括有关数值分析与计算方法的问题，还包括在力学、物理等方面的应用。他的一些研究成果都是在学习国内外同行的研究成果，并加以比较和发展而取得的。具体地说，可分以下八个方面。

1. 关于椭圆型复方程的理论

20世纪50年代,国际著名数学家美国科学院院士 L. Bers 和苏联科学院院士 I. N. Vekua 分别使用函数论方法对标准形式的一阶椭圆型复方程进行了研究,并建立了系统的理论,他们分别把这种理论称为"准解析函数"(见[1])和"广义解析函数"。前者在亚音速与跨音速空气动力学中有重要应用,作者另写有这方面的专著(Mathematical Aspects of Subsonic and Transonic Gas Dynamics, Wiley, New York, 1964),后者在《广义解析函数》(人民教育出版社1960年版)一书的后几章介绍其在弹性薄壳中的重要应用。但是,对于较一般带可测系数的非线性一致椭圆型复方程,还有很多问题尚未解决,更没有在这方面的系统理论。闻国椿在几十年来所发表的大量论文和著作中,对这方面理论的研究作出了重要的贡献,他提出了处理问题的许多新方法,解决了在这方面尚未解决的一些具有基本意义的数学理论问题,其中所解决的最重要问题有:

(1) 关于边值问题的适定提法。对于一般的一阶线性和非线性一致椭圆型复方程在多连通区域上的一些边值问题,主要是 Riemann – Hilbert 边值问题(简称问题 A)的适定(存在唯一连续解)提法,这是长期以来没有很好解决的问题,甚至在解析函数问题 A 的奇异情况,也没有得到根本的解决。在著作《共形映射与边值问题》中,他使用了与奇异积分方程无关的巧妙方法,提出和解决了解析函数在多连通区域上的适定的问题 A。而在书(见[3]、[5] – [13])中,不仅给出了上述一般的线性和非线性一致椭圆型复方程问题 A 多种形式的适定提法,给出了解的先验估计,并且还证明了解的存在唯一性。这一结果是研究其他问题的基础。对此,苏联科学院院士 A. V. Bitsadze 给予了很好的评价。

(2) 关于间断边值问题的研究。在力学、物理等方面的许多实际问题中,都曾遇到椭圆型复方程的间断边值问题。因为这种边值问题的指数不是唯一的,使得问题的处理更加困难,甚至对于解析函数在多连通区域上的间断边值问题,也没有看到其他人解决过。大家知道,Keldych – Sedov 公式给出了解析函数在半平面上混合边值问题的积分表示式,而闻国椿把这个公式推广到十分一般的情况。在文献(见[2]、[5])中,作者系统地阐明了关于一阶、二阶椭圆型复方程在单连通区域和多连通区域上间断边值问题的结果,其中也叙述了单位圆上解析函数间断边值问题当指数是非整数时的新结果。德国柏林自由大学 H. Begehr 教授对这个公式颇为欣赏。

(3) 闻国椿还提出了证明多连通区域上非线性拟共形映射的基本定理的新方法,把二阶线性和非线性椭圆型复方程斜微商边界条件中的方向微商推进到允许与边界相切及指向区域内外的情况。关于各种边值问题解的积分表示以及多个未知函数复方程方面,他也获得了不少研究成果。

在这方面主要出版了4本专门著作(见[2] – [5]),这些著作实际上是我们方向的入门书,这也是他出版这些书的主要目的。他曾说过,如果把这些研究成果交流出去,使别人便于学习,可以节省别人许多时间,有利于进一步开展这一方向的研究。应当指出的是,在这些书中,他把共形映射与边值问题密切结合起来,把间断边值问题的叙述推进到相当完美的情况,把国外限于拟线性椭圆型复方程的条件推进到非线性的情形(见[23]-[29])。

2. 关于椭圆型复方程的应用

为了给北大数学系高年级学生与研究生讲授复分析的应用,他编写了《复变函数的应用》讲义(见[14])。为了阐明椭圆型复方程在力学、物理等方面的应用,他学习了 V. N. Monakhov 的专著《椭圆型方程组带自由边界的边值问题》(*Boundary Value Problems with Free Boundaries for Elliptic Systems*, Trans. of Math. Monographs Vol. 57, Amer. Math. Soc., Providence, RI., 1983),解决了书中提出的不少未解决的问题,并撰写和出版了一本名为"自由边界问题的函数论方法及其在力学中的应用"的著作(见[10],[11],[23])。特别应当提出的是,前面关于椭圆型复方程的间断边值问题的结果在解决非线性力学的渗流和射流问题中起到了决定性的作用,因为力学、物理中反映出的往往是间断边值问题,而椭圆型复方程的间断边值问题在国外未得到完整的解决(见[30]-[32])。

3. 关于椭圆型复方程的数值分析

要给出椭圆型复方程在力学、物理及工程技术中的真正应用,还需要研究椭圆型复方程边值问题的数值分析与计算方法。在这方面,闻国椿和他的几位研究生做了一些探究,因为他已完整地解决了椭圆型复方程在多连通区域上各种边值问题的适定提法,使得他能有比国外同行更好地处理相应问题的近似方法与数值分析。他学习了 W. Wendland 所著《平面椭圆组》(*Elliptic Systems in the Plane*, Pitman, London, 1979)中的有关内容,包括一些计算方法,并出版了一本名为《椭圆型复方程的近似方法与数值分析》的专门著作(英文,见[13],[33],[34])。

4. 关于线性与非线性抛物型复方程

既然复分析方法在处理椭圆型方程问题中表现出了很大的优越性,为什么在抛物型方程中没有看到有人使用复分析方法来处理相关的问题?在苏联专家发表的一篇论文中,闻国椿看到这种特殊的抛物型方程的解具有椭圆型方程解的类似性质,但也有区别点,虽然此文没有使用复分析方法,但他想到,可以设想使用复分析方法来处理抛物型方程的问题。尤其是初—非正则斜微商边值问题,我国浙江大学董广昌教授认为,这是一个很难解决的问题。经过近十年的探索和钻研,闻国椿提出了一些独特的新方法,成功地解决了非线性抛物型复方程中的一些问题,包括上述初—非正则斜微商边值问题解的先验估计和存在唯一性,并发表十余篇这方面的论文,建立了线性与非线性抛物型复方程较系统的理论,出版了一本专门著作《线性与非线性抛物型复方程》(英文,见[16],[23],[35],[36]),开拓了复方法在抛物型方程方面研究的新领域,填补了抛物型方程复方法的研究空白。

5. 关于高维区域中的椭圆型方程与抛物型方程

国内有人说,我们只研究和解决平面问题,这有很大的局限性。事实上,闻国椿也能处理高维区域中的椭圆型方程与抛物型方程,使用的方法与平面问题有共同点,但也有一定的区别,其中最难解决的是非正则斜微商边值问题解的估计与存在性的证明。他认为:这些区别点正反映新研究问题的特点,也是处理新问题所遇到的难点和关键的所在,应当着重设法克服这些难点,使得整个问题更快地得到解决。一本名为《高维区域中非线性抛物型方程的初—边值问题》(英文)的著作在2002年已由我国科学出版社出版(见[19],[37],[38],[50])。而关于高维区域中的非线性椭圆型方程的著作也已写成并出版(英文,见[20])。

6. 关于一致双曲型与混合型复方程

在 A. V. Bitsadze 所写的两本关于混合型方程的著作(*Differential Equations of Mixed Type*, Mac Millan Co., New York, 1964 和 *Some Classes of Partial Differential Equations*, Gordon and Breach, New York, 1988)中,零星地使用了复分析方法,且都是从二阶一致混合型方程直接来讨论问题的,因此处理方法比较复杂。闻国椿吸收了复分析方法在处理椭圆型方程中的优点,他在处理混合型方程的问题时,在双曲区域中,引入了双曲单元 j ($j^2=1$)、双曲复函数及广义双曲形式微商,这样不仅极大地简化了双曲型方程的表示,使得二阶混合型方程在椭圆区域与双曲区域上的复形式完全一致,而且在先搞清一阶混合型复方程相应问题的基础上,进而搞清了二阶混合型方程的问题。因此所取得的研究成果不论在方程的一般性还是边界条件的广泛性以及区域的多样性上都远超过 Bitsadze 前述著作中的相应结果,关于这方面的系统理论可参看专著《线性与拟线性双曲型与混合型复方程》(英文,见[18],[39],[41])。

7. 带抛物退化线的椭圆型、双曲性和混合型方程

在空气动力学中著名的 Chaplygin 方程是一种特殊的退化混合型方程,而 Chaplygin 方程的 Tricomi 问题在空气动力学具有重要的实际应用,它与火箭头部的设计有一定的联系。关于特殊的退化混合型方程的 M. M. Tricomi 问题,已出版的有 M. M. Smirnov 的专著《混合型方程》(*Equations of Mixed Type*, Amer. Math. Soc., Providence, RI., 1978)。为了处理一般的退化混合型方程的问题,闻国椿提出了一种新的复分析方法,即引入新的形式微商、椭圆复函数和双曲复函数,先把二阶退化混合型方程的问题分解为带奇异系数的一阶椭圆型和双曲性的间断斜微商边值问题。在第6方面所获得研究成果的基础上,他又经过长达五年的刻苦钻研,想尽了有可能解决问题的各种途径,终于克服了一个个局部的难点,最后才解决了国外数学家二三十年前提出的一些数学难题,发表了这方面的不少论文,并写成和出版了《带抛物退化线的椭圆型、双曲性和混合型复方程》的专著(英文,见[22],[23],[42]-[48])。关于高维区域中的退化混合型方程,这方面的问题也值得进一步研究。

8. 其他一些问题

闻国椿在 Clifford 分析的研究中也取得一些研究成果,河北师范大学的黄沙、乔玉英等研究得较多。他们合作撰写了一本专著,名为《实与复的 Clifford 分析》,已在 2006 年由德国 Springer 出版公司出版(英文,见[21])。虽然闻国椿已在 1999 年出版了一本中文的《非线性偏微分复方程》的著作(见[15])。但此后他又继续研究了有关非线性复分析及其应用的一些问题,撰写成一本名为《非线性复分析及其应用》的专著,已由科学出版社以英文形式出版(见[23])。

前面介绍了闻国椿科研成果的 8 个方面及其主要创新点,从中可以大略地了解他广泛的研究内容以及多种多样的解决问题方法。由英国 Longman 科技出版公司出版的专著(见[5])是闻国椿的代表作,在此书中除了少数的定理外,其余的定理都是闻国椿在研究中获得的新成果。德国柏林自由大学 H. Begehr 教授认为这些结果很好。德国亚琛工业大学 K. Habetha 教授在评论该书时指出:"该书具有丰富的内容,用复变方法讨论了一些广阔的椭圆型方程与方程组,证明了许多关于边值问题很一般的定理。"他还认为,此书是工作在该领域中研究人员不可缺少的工具。由新加坡世界科技出版公司出版的《带抛物退化线的椭圆型、双曲性和混合型复方程》(英文,见[22])也是闻国椿重要的著作之一。此书的简介中写道:这是一本数学专著,书中系统地介绍了作者提出的解决退化椭圆型、双曲型与混合型复方程的多种边值问题的新方法和新结果,其中也解决了美国科学院院士 L. Bers 于 50 年前提出的一直未被彻底解决的关于 Chaplygin 方程在多连通区域上的 Tricomi 问题和 Frankl 问题,以及 J. M. Rassias 教授在 1986 年提出的关于带非光滑退化线的 Chaplygin 方程的 Tricomi 问题解的存在性和正则性。我国武汉大学路见可教授在评审闻国椿的研究工作时写过"富有创见"的看法。中科院院士程民德教授则认为闻国椿在著作《非线性偏微分复方程》(见[15])中的研究成果"无疑是属于国际最先进的水平"。最近由我国科学出版社作为数学专著丛书第 12 卷出版的著作《非线性复分析及其应用》(英文,见[23])又是前述著作([11],[15],[16],[22])中研究成果的继续和进一步发展,也是作者在非线性复分析理论和应用研究上的最新进展,书中还把上述 Bers 和 Rassias 所提问题的解决推进到包含有非线性低阶项的混合型方程的一般斜微商边值问题上去。为了纪念闻国椿 75 岁生日,国际"复变与椭圆型方程"杂志出版了包括 25 篇论文的纪念文集,其中第一篇是 H. Begehr 教授等书写的题为"闻国椿教授的学术贡献"的论文,对闻国椿的研究成果给予了充分的肯定和高度的评价(见 Begehr H. et al, *Academic contributions of Professor Guo Chun Wen*, *Complex Variables and Elliptic Equations*, 51(2006), 731-743)。

四、工作作风和性格

闻国椿能写出有关解析函数、椭圆型、抛物型与混合型复方程及其应用如此多的论文与著作,并不是偶然的。祖国的需要,长期优良传统的教育,使他形成了以艰苦奋斗、开拓创新为核心的特殊性格、思想作风和工作作风。在长期的实践中,他深深地懂得,要完成一件有意义的工作,不付出辛勤的劳动是不可能取得成功的。因此,在科学研究的过程中,他珍惜一切可以利用的时间,不仅在白天抓得很紧,而且有时工作到深夜。他不只一次地对别人说:"我的脑子并不比一般人聪明,但苦干精神不亚于别人。"他不仅具有勤奋苦干的踏实作风,还有意识地在学习阶段去学习总结、归纳的本领,而且在长期的教学和科研工作中不断培养和提高。他认为写成一篇质量较高的论文是不容易的,总要经历一个艰苦思考、书写和修改、整理不断完善的过程,尤其要写出一本专门著作,更要经过多次的计划、归纳、总结、撰写和较长时间反复修改。因此,他撰写的一些专门著作内容都比较丰富,系统性强,包含自己的科研成果也比较多。庄圻泰、闵嗣鹤两位教授作为老师都给予了闻国椿很好的培养和训练,但他们毕竟不是搞偏微分方程函数论方法研究的,因此,闻国椿除了向系里有经验的老师请教外,更多的只能是依赖于有关的数学文献和自己的刻苦钻研,从中学思想、学方法,接受启发,再经过加工、深化和提高,以构成自己解决问题的新思想和新方法。通过较长时间的反复磨练和钻研,他逐渐掌握了科学研究方法的一些规律,增加了数学研究的敏感性,使得科学研究工作逐渐从被动转为主动,工作效率也大大提高了。理想总是促使闻国椿多完成任务,他的科研计划安排得很紧。一个科研工作将要完成,下一个科研工作的计划就订出来了,时时体现出他永无止境的进取精神。当然,他的科研工作也不是一帆风顺的,"山穷水尽疑无路,柳暗花明又一村"的感触在他的经历中不知出现过多少次。例如在解决带抛物退化线的混合型方程的一些边值问题时,他遇到的困难相当多,对于有些难点,他想尽了有可能克服困难的各种办法,仍然得不到解决,他常常因此而心情不舒畅。但他仍不放弃,经过较长时间反复的思考以及仔细的检查和推算,最终找出了克服困难的新途径。一个个难点都被克服了,整个问题也就得到完满的解决。正是由于闻国椿具有为发展我国社会主义科学事业和为国争光的崇高理想,具有广泛扎实的数学基础和善于总结归纳的本领,又始终保持着踏实苦干的作风和奋发进取的精神,因此,几十年来他取得了很多创造性的科研成果,例如他曾有 6 篇高水平的论文发表在我国著名的杂志《中国科学》上。

闻国椿还以勤奋、创新的治学精神,言传身教,培养了一批又一批的学生,并把提高分析问题和解决问题的能力作为培养学生的主要目标。他从 1979 年就开始指导研究生,为了把学生带到本学科的前沿,他先后开设过一系列有关椭圆型复方程及其应用的专门课程,介绍了自己的科研成果。还通过各种渠道搜集国内外最新资料,指导研究生阅读。他对学生的学习和科研要求十分严格,经常让学生反复修改和整理论文,以使论文的内容到书写格式都能够达到尽可能完美的地步。他在科研中的工作方法是"认真调研,大胆设想,仔细论证,反复审核"。他对学生也是这样要求的,甚至有时对学生的生活小事也要亲自过问。在有些学生的眼中,他既是严师,又是慈父,无论是做人还是做学问,他都为学生作出了很好的榜样。

二十多年来,他除了指导研究生进行科学研究外,还关心和帮助我国近十所高等学校的一些中年教师开展科学研究,有时还会举办一些全国性的讲习班,以帮助中青年教师更快成长和提高,以致在我国形成了偏微分方程的函数论方法及其应用方面一个较强的科研集体。他先后被聘为西南师范大学、四川师范大学、河北师范大学、北方交通大学和烟台大学数学系的兼职教授,为这些学校的学科建设和人才培养作出了贡献。

还应提到的是闻国椿做出如此多的研究成果,与他的夫人傅芳承担起大部分家务事包括料理两个女儿的生活是分不开的,使得他有更多的时间进行科学研究,因此闻国椿所作的贡献也有他的夫人的一份功劳。他的两个女儿,大女儿毕业于北京大学信息管理系,后又获得香港科技大学和美国马里兰大学信息系统方向的硕士学位,现在美国华盛顿工作。二女儿毕业于日本和洋女子大学,现在日本东京工作。

五、 在烟台大学的五年

1984年,北京大学和清华大学根据国家教委的指示分别派出骨干教师筹建一所山东省重点大学——烟台大学,闻国椿被派遣到该校担任数学系主任。在支援烟大的五年中,随着一幢幢设计新颖、造型别致的教学大楼、图书馆、实验楼、宿舍拔地而起,昔日荒凉的海滩已建成了一座为国家培养多种人才的综合性大学,其中也灌注着闻国椿大量的辛劳和汗水。

他对工作极端负责任,一心扑在教学、科研和行政等工作上,而自己对生活的要求却很低,一位老师去他的宿舍谈工作,曾看到他从点火做饭到吃完饭只用了十五分钟。他除了担任大量的行政和教学工作外,还承担繁重的科研任务。他知道,作为一所新建的大学,建立一支在教学、科研上具有较高素质的教师队伍特别重要。在他的积极支持和组织下,数学系教师举办了多种形式的学术讨论班,国内外一些专家来系访问、讲学,多名青年教师被送到国外攻读博士学位,还聘请了一些著名专家担任烟大数学系的名誉教授或兼职教授。

闻国椿在工作中注意调查研究,坚持实事求是。他认为,不符合客观发展规律的事情,即使暂时取得"成功",但终究经不起时间的考验。他注意发扬民主作风,贯彻群众路线,有事主动和大家商量,认真听取群众意见,并发挥系领导班子集体智慧,从不独断专行,不搞"一言堂"。他的民主作风、联系群众的作风,深受同志们的好评。他十分注意根据个人的特点调动和发挥大家的积极性,使得全系教职员都能心情舒畅地从事本职工作。他在教学和科研工作中也处处以身作则。他勇于批评和自我批评,对自己的缺点、错误毫不掩盖,对一些不正之风也敢于提出批评意见。他关心集体、关心全系师资队伍的培养和成长,为了丰富系里教职工特别是青年教师的文化生活,他自己先后拿出数百元订阅各种杂志和报纸等。他还十分重视基础课的教学,重视科学研究和对青年教师的培养,在这几方面烟大数学系都取得了显著的成绩,五年来全系教师共发表论文60多篇,出版专门著作9本。数学系第一届本科毕业生有22%考取了研究生,并获得了博士学位;在北京大学于1985—1987年为烟台大学数学系举办的研究生班的25名毕业生中,至今约有2/3获得了博士学位,如今他们正在国内外的经济建设战线和文化教育岗位上发挥积极的作用。而闻国椿本人在此期间发表的科研成果也于1987年获得山东省教委科技进步一等奖和国家教委科技进步二等奖。

闻国椿坚持原则、光明正大、克己奉公的优秀品质,相信群众、依靠群众,发扬民主的工作作风,谦虚谨慎、认真严肃、实事求是的科学态度,兢兢业业、努力拼搏、刻苦忘我的工作态度,为数学系教职工树立了一个好榜样,为建立良好的学风和系风作出了表率。为烟大的建设,为数学系的创建,他在各方面做了许多有成效的工作。现在烟台大学数学与信息科学学院已在函数论、微分方程、概率论、计算机和信息科学等方面形成了一支较好的教学和科研队伍,并取得了可喜的成绩,其中都渗透着闻国椿辛勤的汗水。鉴于他在烟台大学各方面工作所作出的贡献,山东省人民政府给他记功一次的奖励。

闻国椿年轻时一直担任北大基层的团支部和工会干部,热心地为大家服务。1983年,他加入了中国共产党。在烟大时他曾担任数学、物理两系的党总支书记,还曾担任过北大数学研究所党支部书记的工作,并担任过北大数学系工会主席、校工会常委,曾被评为北京市优秀工会工作者。除了前面所说在业务上和思想上对他的学生热心指导和帮助外,他还曾拿出近半年的工资资助高中同班毕业的一位经济较困难的同学。在建国初期,他还曾寄钱给一位高中同学作为从家乡到上海参加高考的路费,十年后在回家乡的路上偶然遇到那位同学,对方提到还钱,他却早已忘记了此事(注:那位同学就是曾担任温岭县农研所所长和县人大副主任的江梅生)。这不正是如他家的家训中所写的"我有德于人者,愿忘之"的具体体现吗?类似这样的例子还有一些。因此,闻国椿的有些同事称赞他是一名真正的共产党员。

尽管闻国椿现在已离开烟台大学数学系工作,但他仍一直关心着该校数学与信息科学学院和应用数学研究所的成长和发展。

六、退休后的科研工作

1997年,闻国椿教授快要退休时,一些大学曾计划邀请他去担任教学、行政工作,如宁波大学曾想请他去担任数学系主任。但他觉得,目前尚有许多科研课题正等待去解决,花全部时间于科学研究都不够,所以他没有接受上述工作。他认为,自己可以在退休后集中更多的时间和精力,更有条件为科学研究而努力工作,并把科学研究工作作为退休后自己生活中的主要任务。经过几十年的教学和科研,他在这些方面积累了丰富的经验,又有许多研究课题摆在面前,这样他便继续与国内外同行合作,积极开展关于非线性偏微分复方程理论及其应用与计算的研究。

1998年,北大百年校庆时,他大学时的同班同学共同聚会,各人都介绍了自己的情况。作为东道主,他主持了这次聚会,大家让他先介绍。他说:"北大在21世纪初叶要建成世界一流大学,作为北大一名教师,自己应作出什么贡献呢?"他提出了一个318计划,即到2000年前后,要达到如下的目标:共在北大培养18名获得硕士学位或博士学位的研究生,共在国内外杂志上发表180篇论文,共编辑出版18本专门著作(包括与别人合作的)。到2001年时,他已完成了这个计划。

他在退休前的科学研究内容主要集中在对于椭圆型方程与方程组的理论、应用和数值分析方面。而在退休后,他把科学研究的内容扩展到对抛物型、双曲型与混合型方程以及偏微分方程的反问题的研究上。在退休后的近12年中,闻国椿共发表了100多篇论文,编辑出版了12本专门著作(其中2本是参加主编的国际会议论文集)。正如前面所说,经过几十年的奋发努力,其间克服了无数的困难,他发表了大量论文,出版了较多专门著作,首先在国际上创建了非线性椭圆型、抛物型、双曲型与混合型方程及其应用方面较系统的理论,开拓了复分析研究的新领域,这也是对非线性复分析的一种创新,因此他数次获得了省部级科技进步奖。正因为他取得了较多的研究成果,国外不少同行都愿意请他去进行合作研究,而他和国内外一些同行建立了很好的合作关系,可以取长补短,互相学习,这又促使他获得更多的科研成果。他还被邀参加在1986年于美国加州大学Berkeley分校召开的国际数学家大会。还要提到的是,他的一些论著常常被国内外一些同行的论文和著作引用,据调查,由SCI收录的论文中引用他的论著共有60多次。

2007年,他应中国国际文艺出版社的邀请,为《我的岁月情怀》丛书撰写了一篇《艰苦奋斗,不断进取,为中华民族的复兴贡献一份力量》的文章,文中写道:"搞科学研究要有开拓创新、与时俱进的精神和为国争光、振兴中华的志向,也要有刻苦钻研、不怕困难、想尽办法去解决问题的坚强意志和态度,我想,搞任何其他工作也应该具有这种精神和态度。我现在已 77 岁，以后将以休息为主，但还准备抽点时间，完成尚未解决的科研问题，并指导研究生，继续为中华民族的复兴贡献一份力量。"这也是他今后的计划。

闻国椿编写出版的专门著作和主要论文如下

［1］ 准解析函数论，科学出版社 1964 年版（L. Bers 著，闻国椿译）。

［2］ 共形映射与边值问题，高等教育出版社 1985 年版。

［3］ 线性与非线性椭圆型复方程，上海科学技术出版社 1986 年版。

［4］ 广义解析函数及其拓广．河北教育出版社 1989 年版（和杨广武，黄沙等合作编著）。

［5］ Boundary Value Problems for Elliptic Equations and Systems, Pitman Monographs 46, Longman Scientific and Technical Company, Harlow, 1990 (with Begehr H.).

［6］ Integral Equations and Boundary Value Problems, World Scientific Publishing Co., Singapore, 1991 (Chief Editors, with Zhao Chen).

［7］ Conformal Mappings and Boundary Value Problems, Translations of Mathematical Monographs 106, Amer. Math. Soc., Providence RI. 1992.

［8］ Complex Analysis and Its Applications, Longman Scientific and Technical, Harlow, 1994 (Chief Editors, with Yang C. C., Li K. Y. and Chiang Y. M.).

［9］ 单复变函数中的几个论题，科学出版社 1995 年版（与庄圻泰、杨重骏、何育赞合著）。

［10］ 自由边界问题的函数论方法及其在力学中的应用，高等教育出版社 1996 年版（与戴中维、田茂英合作编著）。

［11］ Nonlinear Elliptic Boundary Value Problems and Their Applications, Pitman Monographs 80, Addison Wesley Longman, Harlow, 1996 (with Begehr H.).

［12］ Partial Differential and Integral Equations, Kluwer Academic Publishers, Dordrecht, 1998 (Chief Editors, with Begehr H. and Gilbert R. P.).

［13］ Approximate Methods and Numerical Analysis of Elliptic Complex Equations, Gordon and Breach, New York, 1999.

［14］ 复变函数的应用，首都师范大学出版社 1999 年版（与殷慰萍合作编著）。

［15］ 非线性偏微分复方程，科学出版社 1999 年版。

［16］ Linear and Nonlinear Parabolic Complex Equations, World Scientific Publishing Co., Singapore, 1999.

［17］ Boundary Value Problems, Integral Equations and Related Problems,

World Scientific Publishing Co. , Singapore,2000 (Chief Editors,with Lu Jian Ke).

[18] Linear and Quasilinear Complex Equations of Hyperbolic and Mixed Types, Gordon and Breach, New York, 2001.

[19] Initial - Boundary Value Problems for Nonlinear Parabolic Equations in Higher Dimensional Domains, Science Press, Beijing, 2001 (with Zou Ben Teng).

[20] Boundary Value Problems for Nonlinear Elliptic Equations in High Dimensional Domains, Research Information Rtd. UK, London, 2004 (with Xu Zuo Liang and Gao Hong Ya).

· [21] Real and Complex Clifford Analysis, Springer - Verlary, Berlin, 2006 (with Huang Sha and Qiao Yu Ying).

[22] Elliptic, Hyperbolic and Mixed Complex Equations with Parabolic Degeneracy, World Scientific Publishing Co. , Singapore, 2007.

[23] Nonlinear Complex Analysis and Its Applications, Science Press, Beijing, 2008 (with Chen De Chang and Xu Zuo Liang)

[24] A priori estimate for the discontinuous oblique derivative problem for elliptic systems,Math. Nachr. , 142(1989),307 - 336 (with Begehr H.).

[25] Some initial - boundary value problems for a nonlinear pseudo - parabolic system,Math. Nachr. , 163(1993),27 - 34 (with Gilbert R. P.).

[26] On general boundary value problems for nonlinear elliptic equations of second order in a multiply connected domain. Acta Applicable Mathematics, 1996, 169 - 189 (with Yang C. C.).

[27] An irregular oblique derivative problem for some nonlinear elliptic equations of second order, Acta Math. Sci. , 18(1998),271 - 277 (with Huang Sha).

[28] The oblique derivative problem for nonlinear elliptic equations of second order in infinite domains, Acta Mathematics Scientia, 22A (2002), 1 - 7 (with Huang Sha, Qiao Yu - ying and Li Yu - cheng).

[29] Discontuious irregular oblique derivative problem for nonlinear elliptic equations of second order,J. Anal. Appl. (ZAA) 27(2008),301 - 314.

[30] Free boundary problems occurring in planar fluid dynamics, Nonlinear Analysis,Theory,Methods and Applications, 13(1989), 285 - 303 (with Gilbert R. P.).

[31] Complex variable methods for the solution of some filtration problems with free boundaries, The Arabian Journal for Science and Engineering,17(1992), 4B:605 - 609 (with Chen Li - cheng).

[32] Two free boundary problems occurring in planar flitrations, Nonlinear Analysis, Theory, Methods and Applications, 21(1993), 859 - 868 (with Gilbert

R. P.).

[33] Numerical solutions of discontinuous boundary value problems for general elliptic complex equations of first order. Acta Mathematics Scientia, 2000, 162 – 168 (with Huang Sha).

[34] The variation – difference method of solving boundary value problems for elliptic complex equations, Progress in Natural Science 11(2001), 808 – 817 (with Xu Zuo – liang).

[35] Estimates of solutions of initial – irregular derivative problems for linear parabolic equations of second order with measurable coefficients, Sci. in China (Series A),41(1998),1163 – 1175 (with Zou Ben – teng).

[36] Initial – irregular oblique derivative problems for nonlinear parabolic equations of second order with measurable coefficients, Nonlinear Analysis, Theory, Methods and Applications, 39 (2000),937 – 953 (with Zou Ben – teng).

[37] Initial – oblique derivative problems for nonlinear parabolic systems of with measurable coefficients, Acta Math. Sci. , 23 (2003),B(1): 67 – 73 (with Xu Zuo – liang).

[38] The initial – oblique derivative problem for nonliner parabolic systems of second order equations in high dimensional domains, Comm. in Nonlinear Sci. Numer. Simu. 13 (2008),1272 – 1280 (with Chen De – chang and Cheng Xiu – zhen).

[39] Oblique derivative problems for linear mixed equations of second order, Sci. in China (Series A), 41 (1998),346 – 356.

[40] Oblique derivative problems for quasilinear equations of mixed type in general domains I, Progress in Natural Science,4(1999),no. 1, 88 – 95 (with Tain Mao – ying).

[41] A new approach to quasilinear equations of mixed type in general domains, Progress in Natural Science,9(1999), no. 8, 580 – 586.

[42] The exterior Tricomi problem for generalized mixed equations with parabolic degeneracy, Acta Mathematica Sinica,22(2006), 1358 – 1398.

[43] The mixed boundary value problem for second order elliptic equations with degenerate curve on the sides of angle,Math. Nachr. 279(2006),1602 – 1613.

[44] Solvability of the Tricomi problem for second order equations of mixed type with degenerate curve on the sides of an angle, Math. Nachr. 281 (2008),1047 – 1062.

[45] General Tricomi – Rassias problem and oblique derivative problem for generalized Chaplygin equations, J. Math. Anal. Appl. , 333 (2007), 679 – 694 (with Chen Dechang and Cheng Xiuzhen).

［46］ Oblique derivative problem for general Chaplygin – Rassias equations, Science in China, Series A, 51(2008),5 – 36.

［47］ Oblique derivative problem for second order nonlinear equations of mixed type with parabolic degeneracy, Acta Mathematics Scientia, 28B(2008), 604 – 612.

［48］ The Tricomi and Frankl problems for generalized Chaplygin equations in multiply connected domains, Acta Mathematica Sinica, 24(2008), 1759 – 1774.

［49］ Discontinuous irregular oblique derivative problem for nonlinear elliptic equations of second order, J. Anal. Appl. (ZAA) 27(2008), 301 – 314(with Xu Zuoliang).

［50］ The initial – oblique derivative problem for nonliner parabolic systems of second order equations in high dimensional domains, Comm. in Nonlinear Sci. \& Numer. Simu. 13(2008), 1272 – 1280(with Chen De – chang and Cheng Xiu – zhen).

以上[24]-[50]是近十多年来发表的且已由SCI收录的论文(包括和他人合作的)。

(本文的三位作者依次是河北科技大学、中国人民大学和四川师范大学的数学教授,后两位曾是闻国椿指导的研究生。)

第二章 求 学 篇

　　求学是为了使求学者在德、智、体、美等几方面得到全面的发展,为参加工作和参与社会各种实践活动提供必要条件和打下良好基础。每个人在求学阶段,不仅要在学业上了解和掌握一些必要的文化科学技术知识,还要培养自学能力、分析和解决问题的能力、实践能力、创新能力、社交能力等,更要逐渐确立今后的工作方向和奋斗目标,树立起为社会服务的远大理想。

　　下面是我在小学、初中、高中、部队、大学本科以及研究生阶段的求学经历(照片2.1)。

一、小 学 时 代

　　1934年前后,父亲为我的哥哥及当地一些少年办了一家私塾,我在5岁时也进入到这个私塾念书。因为当时我的年纪很小,所以老师给我们安排的功课并不多。父亲只叫老师给我们讲语文,不讲算术。我所用的课本不是《三字经》、《百家姓》,也不是四书五经和其他古文,而是当时新编的小学课程。我还记得当时语文第一课的内容:"小小猫,跳跳跳。小猫叫,小狗跳,小弟弟,哈哈笑。"这一篇的内容十分适合小学生的口味。另外一篇课文也写得很好,到现在我还能全部背下:"风和日暖春光好,弟弟妹妹起身早,旅行到郊外,郊外风景好。泉水清,山峰高,茅柴屋,石板桥,还有那,红的花儿绿的草,你看那大自然多美妙。"虽然那时我对语文的兴趣并不浓,但恰好遇上老师给我的哥哥们讲诗词,哥哥也让我们跟着他们一起念,因为诗词念起来音韵很美,于是渐渐增加了我的学习兴趣。

　　在我家的私塾里,我由小学一年级念至五年级。在五年级时,老师教我们唱岳飞写的《满江红》的歌曲,那优美的韵律及气壮山河的豪情令我至今记忆犹新。

　　在这阶段学习时,由于我的叔父早先从商务印书馆买来了一个书柜的小学生文库图书,其中有语文、算术、常识,还有白话文书写的文学小说,如《西游记》、《三国演义》、《水浒传》和《红楼梦》等,这给我们自学提供了极好的条件,但由于我没有养成看书的习惯,对书还没有产生兴趣,所以没有好好地去利用这个良好的条件。只有我的堂哥计春很喜欢看书,他经常看完这些书后给我们讲书中的故事。

抗日战争爆发后,日本军队占领了我国许多领土。1940年,野蛮残暴的敌人到达了浙江。4月16日,日本军队的两架飞机飞到我家附近的城镇新河上空,因为新河离我家不到3公里,飞机在新河上空盘旋时,我们都能看得一清二楚。经过几分钟盘旋,他们找好了目标,投下两颗炸弹,其中一颗投在育青中学新河分部的校园内,炸坏了一栋房子的屋角。于是新河城大乱,有一批土匪还趁机将存放在学校里的集体和私人财物洗劫一空,使这所中学损失惨重。这时,不少居民也都向县城及安全的地方逃难。

1941年,在我10岁时,为躲避土匪,我们家搬到温岭城里。我和国椿转至温岭城关的横湖小学读书。转学要参加入学考试,但由于我们在私塾里学的算术很少,所以一些复杂的乘除和应用题都不会做,我和国椿的算术成绩都很差,只好在五年级学习。横湖小学一切按照正规小学的课程内容进行,所以语文、算术、常识、体育、音乐等课程都得学,这弥补了在自家私塾里只注重语文学习的不足。这个学校很重视体育运动,几乎每天下午放学前学生都要到附近的体育场进行活动。

在这一年,我们碰到了一件不愉快的事情。有一天,我与国椿放学后正走在回家的路上,碰到了两名在温岭城关另外一所小学的个子比我们高得多的小学生,他们看到我和国椿两人长得都比较瘦小,就来欺侮我们,不是敲打我们的身体或脑袋,就是将我们的手撇到身后推着我们走。我和国椿无力还击,只好掉着眼泪,一边走,一边哭。当时我们心里在想,为什么会有这样不公道的和没有教养的学生呢?这种情况持续了多天以后,我们最终忍无可忍将这件事告诉了父亲和家人。有一天,正当他们一边欺负我们,一边在路上行走的时候,我父亲在家门口看到了这种情况,他气冲冲跑到我们跟前,抓住这两个小学生,责问他们:"你们为什么要欺侮弱小的孩子呢?"他们张口结舌没法回答。父亲就跟着跑到他们的家里,告诉他们的家长有关这两个孩子的不当行为:"如果再这样,就告诉你们的学校处分你们。"此后,这两个德行较差的孩子再也不敢欺侮我们了。如今的有些小学里,类似这种情况也时有发生,可见,学校对学生进行德育教育和素质教育显得十分重要。

从前面的几件事可看出,不管是小学、中学,还是大学,教育德智体全面发展,特别是对他们进行素质教育显得十分重要,这是关系到一个人能否成长为品德健全、学习优秀、身体健康的国家有用人才的重大问题。

除了学校应对学生进行德智体全面教育,家庭的教育也十分重要。我的父母亲及长辈时常教育我们,要勤奋学习、老老实实、不说谎话、诚恳待人。我家的家训中也特别提出:"爱祖国,孝父母,敬师长,亲兄弟,刻苦学习,精通业务,勤奋工作。……人有德于我者当报之,我有德于人者则忘之。此乃处事、成家、立业及力促家族兴旺发达之道也。"所以,我们从小就养成了这些良好的习惯。

还有一次上课之前,我无意中碰了一位同学的身体,这位同学就狠狠地回击了我一下。他打得很重,我马上就哭了,同学们都为我抱不平。老师来上课时,同学们都帮我说话,后来老师问我:"是你先碰他的,还是他先碰你的呢?"我当时没有说谎话,说:"是我先碰他的。"老师说:"那就好了,这里有你的过错,虽然你是无意的,但你没有向这位同学道歉,并未说明事情发生的原因,以后你们要吸取这一经验教训,要互谅互让。"

1942年,我们从温岭横湖小学转到新河镇中心小学(即以前的龙山小学)念书。在当时,小学每学年的学杂费是15市斤大米。我和国椿当时11岁,为了交学费,我们两人轮流挑担,将这30(市)斤大米从家中挑到约3公里远的新河镇中心小学。刚开始挑时并不觉得太重,但时间一长,便觉得越来越重,到最后几乎挑不动了,但我们还是下定决心,一定要坚持到底,最后终于挑到了学校。以后我们才体会到,这是父亲有意让我们进行锻炼的。

开学以后,我们在新河租了一间房子。这间房子离学校很近,因此我们放学后时常到校园里去活动,或跑步,或跳高,或爬山,或打球。一次学校举办体育运动会,在丙组跳高比赛中我得了第一名,学校奖给我一本学习英语的小册子。

由于我和国椿在私塾里学过的算术不多,因此在这里拼命补习。像什么"鸡兔同笼"、"甲乙竞走"等算术题,我俩都一一弄清楚了。一段时间后,我们的语文、算术、常识、体育和音乐成绩在班里都已经达到中等的水平。

特别是音乐,我还记得十分清楚。当时正值抗日战争时期,音乐老师教我们唱"黄河颂"、"松花江上"、"毕业歌"等歌曲。我对这些歌曲都十分感兴趣,虽然我没有音乐天赋,但直到现在,这些歌的歌词我都能背诵下来,还都能完整地唱这些歌曲。现在我还清楚记得"毕业歌"的歌词:

> 同学们,大家起来,担负起天下的兴亡!听吧,满耳是大众的嗟伤!看吧,一年年国土的沦丧!我们是要选择"战"还是"降"?我们要做主人去拼死在疆场,我们不愿做奴隶而青云直上!我们今天是桃李芬芳,明天是社会的栋梁;我们今天是弦歌在一堂,明天要掀起民族自救的巨浪!巨浪,巨浪,不断地增涨!同学们!同学们!快拿出力量,担负起天下的兴亡!

这些歌曲体现了我们中华民族的豪迈气魄和勇于斗争的革命精神,对我们是很好的爱国主义教育。

我们在这所小学里过得很愉快,并逐渐习惯了这种学习生活。在这里,我们除了对一些课程产生一定的兴趣外,学习的目的也渐渐明确起来,学习成绩也逐步得到了提高。但谁也没有想到在这时却发生了一件令人意想不到的事情。

学校的校长出于某种动机,请了一个戏班子,要求学校的每一个学生都要买一张戏票观看。我父亲是一个十分正直的人,他认为学校不应该做这一类事情。另外,他也知道这所学校的校长是通过不正当的手段当上校长的,十分清楚他请戏班子的动机,所以当学校要求每位学生都必须买一张戏票时,他没有让我们按照学校的要求去做。作为孩子的我只好听从家长的决定,既没有买戏票,也没去看戏。就这样,我惹怒了校长。当时我们只有不到半年就要从这所小学毕业了,校长想出了一个对付我们的办法:虽然你们不买戏票有你们的"自由",但你们家的两个孩子"毕业或不毕业"这个权力掌握在我校长手中,并且事先就计划,让你们家的两个孩子至少有一个孩子不能毕业。

在那个旧社会里,腐败现象相当严重,为了找份好工作,常常要向相关"领导"行贿。据传,这所小学的校长本来是位普通的小学教师,他为了能当上小学校长,给当时县里的有关"领导"送了一份大礼,并提出了希望到这所小学当校长的要求。由于这份礼物很丰厚,县"领导"就满足了他的要求。有人分析,为什么他在当上校长后要请一个戏班子来演戏,并要求每位学生买戏票呢?这可能是他要通过请戏班子演戏的办法,挣回给县"领导"送大礼的钱。在旧社会,这种黑暗的现象到处可见,一点也不奇怪。

毕业考试时,校长要求语文教师在阅卷时,要考虑到我们的语文成绩问题,因为语文考试中的作文成绩完全可以由老师的意见予以评定,没有严格的评分标准。于是这位语文教师严格执行校长的指示,在改卷评分时,故意地给我的语文成绩评为59分(60分算及格)。根据学校规定,一门课不及格就不能毕业。所以我是新河镇中心小学1943届学生中唯一没有毕业的学生。

学校宣布毕业成绩后,在回家的路上我一边走一边哭。到家后,家里的所有人,包括我的父亲都没有责备我,因为他们早已想到学校可能有这一动作。

因为我小学没有毕业,所以只好以同等学力的名义报考初中。我初中的入学考试成绩完全合格,还相当不错,因此被授智中学录取了。当时我高兴极了。后来我的堂哥荣春特意到授智中学去查询了我的入学考试成绩,他告诉我:"在近两百名考生中,你的初中入学考试成绩很不错,排在第33位。"这一查询结果直到现在还牢牢地印在我的脑子里,一辈子也不会忘记。因为这可以证明那所小学没有让我毕业完全是有意的。

小学时代对于一个孩子来说,是长身体、长知识、树品德的最关键时期,也是为今后进一步学习和工作打下良好基础的重要阶段。一个民族的精神面貌、身体素质和科学文化水平,要通过每一个成员体现,小学、中学和大学的教育是决定一个民族的综合素质高低的关键,家庭、学校、社会和政府都应十分重视。这种直接的和光荣的责任落在了我们每一位从事教育工作的教师的肩上。

二、初中时代

1943年9月,我进入了温岭市授智中学初中部学习。这所中学的所在地新河离我家长屿约3公里之遥,当时她是温岭东部地区仅有的一所中学。她的创立为当地学生提供了继续求学的方便条件,对推动温岭东部地区文化教育事业的发展起到了十分重要的作用。

授智中学(即现新河中学的前身)的创立和发展和我的家庭有着千丝万缕的联系。因为授智中学的创始人丁天杰、王英才、陈国威及主要教师王德称(耀南)、陈琴朋、毛莘等都曾就读于长屿闻家的一峰书院(或长峰书院),而且都是我父亲的学生。1950年至1951年,我的堂哥闻荣春曾是该校的校务委员会主任委员(相当于校长)。在此期间,学校更名为新河中学。经过他们的共同努力,学校增设了高中部,开始招收第一届高中学生,这为新河中学的进一步发展铺平了道路。

新中国成立之前,这所学校就教导学生要树立远大的理想,培养吃苦耐劳和为大众服务的精神,并制订了一套完整而严格的管理制度。我在这所学校就读的第一学年里,学习成绩并不理想,主要原因是不够努力,而不够努力的根源在于对学习还没有产生浓厚的兴趣,学习目的也还不完全清楚。到二、三年级时,由于学校管理相当严格,同时老师教学也很认真,并注意教学方法;再由于我对一些课程学习渐渐地产生了兴趣,也逐渐认识到学习对一个人来说十分重要,因此,我的学习成绩逐渐上升。三年级时,我的学习成绩已经达到了中上的水平。

对于学校的管理,我认为,虽然学生学习的好坏主要依靠自己的努力,但学校的严格管理也十分重要。学校进行严格管理可以促使学校建立起良好的学习制度,进而树立起优良的学风和校风。当时的授智中学由于管理严格,校风和学风在全县的几所学校中享有较高的声誉。时任教导主任的王德称先生是这项工作的主要负责人,他工作起来十分认真,要求也相当严格,对学校"端正学习风气、严明学校纪律、树立良好校风"等都起到了十分重要的作用。

这所学校管理制度的严格还体现在作息时间控制得很严。学校对早自习、晚自习、课外活动都安排得井然有序。因为课堂教学是学校教学过程中最重要的一个环节,能够直接影响学生的学习效果。当时学生上课几乎没有一个缺席的,也没有一个迟到早退的,上课时没有一个学生在课堂上讲话,每位学生都十分注意听讲,因而取得了良好的课堂效果。早上大家起床吃饭后,都要做早操,做完早操,如果有点空余时间,就抓紧时间背记英语单词。晚自习时除了少数同学轻轻的相互研究问题外,很少有人讲话,因此,学习效果十分理想。这样一个良好的学习环境为我学好功课提供了十分优越的条件,直到现在,我还是十分钦佩这所学校的管理制度。

在二、三年级,除了继续学好语文与英语外,还要学习代数、几何、化学、物理、地理和历史、英语和美术、音乐和体育等课程,不过当时最令我感兴趣的还是理科。在理科方面,代数、几何、物理和化学是最重要的,这些新课程只要一开始努力学习,就可以把它学好,再加上教这些课程的老师在教学过程中很注意教学方法,善于启发学生进行思考,常常要求学生上课后完成一定数量的课外作业,以消化课程的内容。此外,在学完一个章节后,教师还要进行一次测验。因此,我在初中二、三年级的各科学习中,均取得了良好的学习成绩,为我打下了坚实的学习基础,培养了良好的学习习惯。

我还清楚地记得当时任课教师的名字:语文教师陈旨扬、毛莘、王仲枚先生,英语教师袁绍唐先生,历史教师王英才先生,地理教师陈羽白先生,体育与音乐教师林大奎先生,化学、物理、几何和美术教师朱文邠先生,等等。在我学习的过程中,他们为我的学习和成长付出了很大心血,令我终生难忘。

在我初中学习阶段,朱文邠先生(照片2.2)曾担任我四门课的老师,化学、物理、几何和美术都是他教的。他讲授课程饶有风趣、深入浅出、重点突出,使学生们极易掌握书中的主要内容。有一次在他讲授几何学中的相似形时举了一个例子。他说,我们班里的两名同学闻邦椿和闻国椿是孪生兄弟,他们的容貌是何等相近,这可以作为相似形的很好例子。他的话引起了同学们的哄堂大笑,也加深了同学们对相似形的印象和深刻理解。班里的许多同学都对朱先生给我们讲的几何课十分感兴趣,有不少同学测验的成绩都是100分,我也有几次得满分。

在我看来,"鼓励"在教学过程中也是十分重要的。由于这些同学取得了好成绩,大家对这门功课的学习也就更加努力,这也是朱先生教学方法的特点之一。他还组织过物理课和化学课的学习竞赛,出一些思考题供大家来分析,给予成绩优秀的同学一定的奖励,用这种方法来鼓励同学学习也是一种好方法。总之,朱先生有许许多多的教学经验值得我们总结和学习。

朱先生在漫画上有很高的造诣。他是漫画大师丰子恺的学生,曾出版过漫画集。朱先生也是热心于社会活动的活跃分子,新中国成立后曾任市政协委员、市人大代表等。他还非常热心帮助他人,记得当我还在这所学校念书的时候,有位英语老师要上大学,为了资助这位老师学习,他资助给这位老师一笔不少的费用。

我们班级的学习成绩在全校是名列前茅的,这和朱先生及其他老师的认真和良好的教学有密切的联系。朱先生是在我一生中对我影响最大的老师之一。他所教的几门课程为我后来深入学习理科打好了良好的基础。是他引领我走上了勤奋学习的道路,因此,用"恩师"这两个字来称呼他一点也不过分。直至今日,我还时常思念朱老师。1992年,为了感谢他对我的教导,我特意写了一副对联送给他,这副对联是:

桃李满天下,功归育树人

2008年,当台州电视台邀我回家乡参加春节晚会预演时,我特地到他家拜访了他,希望他多保重身体。我回到沈阳后,开始写我的传记,并准备把朱先生对我的言传身教专门辟为一个章节,以表达我对朱先生的怀念。然而,正当我在撰写这本记述性个人史作的时候,一个不幸的消息突然传来,朱先生因脑部疾病出现了严重昏迷。本来我想等到我写完这本书的初稿时寄给他,请他提出修改和补充意见的。现在看来,恐怕是没有这个机会了。我马上打电话给王钦平校长,询问朱先生疾病的情况,虽然他已然是一位89岁高龄的老先生,但我还是希望他健康长寿。3月8日,王钦平校长又打来电话,悲痛地告诉我朱先生已经病故。这个消息犹如晴天霹雳,眼泪顿时止不住地流了下来。我马上写了一封唁电,表达我对朱先生逝世的哀悼及对朱先生家人的慰问。我又打电话给王校长,表达我对朱先生十分崇敬和万分感激的心情,还献上了向朱先生遗体告别的花圈。就这样,一位牢牢铭刻在我的记忆中的恩师永远离开了我们,我无时无刻不在怀念着他。

那时还有一位教历史的王英才先生,他在讲授历史课时常常会给同学们讲有趣的历史故事,激发大家的学习兴趣。陈羽白先生教我们地理时组成一些联句使我们便于记忆,在教我们学习中国的铁路线时,常会提出"从某一地方到另一个地方哪一条路线最短"等问题。教语文的毛莘先生和陈旨扬先生会教我们学习一些经典的和有代表性的古文。教英语的袁绍唐先生在授课时教我们多背记单词以及掌握语法和句法的两个关键问题。教体育和音乐的林大奎先生十分认真,教会我们学习抗日时期的一些革命歌曲和体育锻炼的一些常识等。这些老师教学都十分认真,给我留下十分深刻的印象,直到现在我还记忆犹新。

这所学校的老师们还时常会给学生介绍科学技术发明和发明家的故事,如"蒸汽机是怎样发明的,电是怎样发明的"这使我逐渐认识到发明家的伟大——没有发明,就没有人类的今天。在他们的激励下我开始学习发明家的创造精神,并亲自动手做些小实验。最初我是从修理家里的两只挂钟着手,这两只挂钟已经沉睡多年了,但我没有学习过修理钟表的技术,应该如何修理呢?这就需要依靠自己的思考来完成这项修理工作了。我首先打开挂钟的盖子,弄清楚挂钟运行的原理,即它是怎样行走的,然后把这两只挂钟拆开,用煤油对其零部件进行了清洗。这时我发现有一只挂钟的发条断了,于是我用铁丝给它连接起来了。这项修理对大人来说,应该说是比较简单的,但我过去根本不了解钟表的原理,又没有修理的经验,所以修理工作完全是靠自己来琢磨。最终,我将这两只挂钟修好了。因为这件事,我的父亲夸耀我能动脑筋,并鼓励我要好好学习文化科学技术知识,打好基础,为今后找出路。

后来,我还亲自制作了木制的蒸汽机模型,只要用嘴使劲吹气,活塞就会往返几个来回。我还曾想利用家乡的水力资源发电,等等。那时,我对数学、物理、化学等课程更加发生了兴趣,学习成绩也逐渐提高了。

应该说,初中是我一生中最重要的学习阶段,如果没有初中良好的基础,也就不可能有今天的成功。所以,我十分感激我的母校,十分感谢授课的老师。现在交通方便了,因此只要母校有事,我都会毫不犹豫地接受母校的邀请参加学校的活动。

1992年,潘连方校长邀我去母校访问时,我为母校题写了下面的题词:

教育楷模,育青洪炉

当时学校正在申报省级重点中学。在这以前,学校还请我为"授智楼"和"求是楼"题词。我欣然应允为全体同学作了题为"树雄心、立大志,为发展我国科技事业贡献力量"的报告。由于当时我是全国政协委员,又在上一年当选为中国科学院院士,学校敲锣打鼓十分热情地欢迎和欢送我,令我感到十分不好意思。

1997年,当母校60周年校庆时,潘德清校长邀我回母校,我欣然应允。为此我特地写了一首诗描述了母校的发展及为国家培养的大批优秀人才:

母校一别五十春,芬芳桃李势氤氲。
英才济济遍天下,直挂云帆勇创新。

在校庆纪念会上,我做了发言,一是感谢母校对我的培养,二是介绍了建校初期我所知道的学校的发展情况,三是表达看到近年学校的发展激动的心情,同时表达对学校的良好祝愿。

2007年,母校70华诞之前,我接到了校长王钦平的邀请。他向我提出了三点愿望:一是请领导和专家为乡村名校题词,二是聘请我担任名誉校长,三是要我在校庆会上发言,并给同学做一个学术报告。我一一地应允了,同时,我为母校题写了以下对联:

文笔塔塔笔为文倒写天下文章,
锦鸡山山鸡似锦高歌人间锦绣。

附注:在这座校园内有座古塔名为文笔塔;校园附近有座小山名为锦鸡山。

我按照校长意思,逐一完成了这三点要求。

这所学校从战时补习学校过渡至天台育青中学温岭分部,接着发展为授智中学,再更名为新河中学,从一个普通初级中学发展为高级中学,再成为省级重点中学,今天她已成为全国的乡村名校。特别是在几年前,这里又建设了美丽的新校园,修筑了宽敞的教学大楼,创造了良好的教学环境,为青年学生提供了极其良好的学习条件,真不愧为冠有"省级重点"头衔的乡村名校(照片2.3)。为此,我又写了一首诗,来描述母校的发展:

再访新中新校园,锦鸡山下明珠灿,

芬芳桃李香天下,再绘绝幅映九天。

如今,她已培育出了成千上万优秀的国家建设人才。为创造这一光辉的历程,不知道有多少人为她付出了辛勤的劳动。今天她已开出了美丽的花朵,结出了丰硕的果实,可想而知,参与建设和创业的人如果看到了目前学校的巨大变化,一定会感到格外的欣喜和极大的安慰。

三、高中时代

1946年夏,我从温岭新河的授智中学初中部毕业。当时我一共报考了三所中学的高中部:一所是黄岩县立中学,一所是温岭县立中学,还有一所是省立台州中学,结果这三所中学都录取了我。国椿考取了黄岩县立中学和温岭县立中学。因为省立中学学费较低,知名度却更高,所以我就选择了被当地称为"最高学府"的浙江省立台州中学。

据统计,在这所中学的毕业生中一共出了7位中国科学院与中国工程院院士(照片2.4),其中有罗宗洛先生、朱洗先生、冯德培先生、吴全德先生等。还有的做了国家领导人,如中共中央前任政治局常委、中纪委书记尉健行是我高中一年级时的同班同学。

台州中学和我的家庭也有着不可分割的联系,我的叔叔、哥哥、姐姐等都曾在这所学校读过书。小时候我曾看到过该校校长萧卫(仲勖)先生任职时编写的《六年来的台中》校史纪念册。萧先生是温岭人,离我家不远,是我父亲的好友。小时候,我曾见到萧先生到我家来做客。

有不少知名学者曾在台中教过书,朱自清先生就曾在这所中学担任过语文教师。朱先生曾写过脍炙人口的《荷塘月色》、《背影》等著名散文,是我国家喻户晓的文学家。

在我高中学习阶段,学校曾三次搬迁。第一学年,我们学习的地点是临海张家渡显恩寺。一年后搬到海门(即现在的椒江)。1940年前后,为躲避日本的侵略,学校从海门迁到仙居广度寺;1945年日本投降后,因为椒江的校舍全部被日本侵略者破坏,直到1947年在修复部分损坏校舍之后,才重新搬回椒江;1949年家乡解放,学校再由椒江搬至台州专区所在地临海。

在一年级开学时,我和比我高一年的堂哥闻计春一起去那里上学。当时的交通十分不便,从我家至张家渡约100公里,路上就要花费两天时间。我们先从长屿坐船至椒江,再由椒江坐船至临海,在临海住一宿后,第二天再徒步至张家渡。因为张家渡的校舍比较简陋,学习条件也不甚理想,但这所学校仍保留着以往的优良传统:管理严格、学风正派、教学严谨、师资雄厚,教学质量保持上乘。

校长傅荣恩先生十分重视学校管理,教务主任沈敦伍先生也有丰富的教学经验,他过去曾是宁波高级工业专科学校的校长。此外,还有许多著名的教师,如物理教师吴文珩先生是北京大学物理系的毕业生。

一年之后,即 1947 年,学校从张家渡迁回椒江。到椒江后,当我们看到有几百亩地的台州中学老校园的凄凉景象,不禁感慨万分。当时校园内一片废墟,到处是断墙残壁、乱石碎瓦,这种惨状真是无法用语言来形容。当时台中校园的破坏情况与英法联军火烧圆明园之后的凄凉景象不相上下,那么,当时我在思索,为什么敌人要对一所美丽的校园进行如此严重的破坏?这使我更加深刻地了解了日本军国主义的侵略本性及其野蛮残暴的本质!

由于新教室是在原有破坏的校舍的基础上修复的,所以教室和宿舍都很不正规,但同学们学习的积极性并没有减弱。似乎大家都在思考:我们应该以更顽强的精神学习文化知识和科学技术,并在今后的工作中运用这些知识增强我国的经济实力和军事力量,以抵抗外来的侵略。

高中时的学习生活是令人难以忘怀的。学校迁回椒江后,学校离我家有 60 余里。为节省路费,每次回家返校,无论是烈日当空,还是风雨交加,我都要长途跋涉一整天。这种艰苦的环境和条件,既锻炼了我的意志,又增长了我的知识。

这段学习生活虽然很美好,但也有至今使我深感遗憾的地方。由于我在小学读私塾时,老师教古文的方式主要是死记硬背,因此我的语文基础并不怎么好。在以后的工作实践中,我深深地体会到,学好语文对于一个搞自然科学的人是十分重要的,它可以使我们深刻理解问题,同时准确地表述问题。在以后的工作中,我加强了这方面的学习,并取得了明显的进步。

对于其他课程的学习,特别是有关理科方面的学习,如化学、物理和数学,像在初中时一样,我在学习时还是带着浓厚的兴趣,特别是对几何的学习,当时我们班的许多名同学在教师还没有讲每一节课的内容前,就提前学习了这些内容,甚至提前做完了习题,这种主动式的学习方法,使我们取得了较好的学习效果。

家乡得到解放后,学校从椒江迁到台州专区所在地临海。当时的校长是陈康白先生,教导主任是苏滋录先生。他们早期都曾参加革命工作,也曾被国民党抓去坐过牢。1949 年 10 月,由于部队战士提高文化科学技术知识的需要,我响应了政府的号召,与同班的 30 名同学一起,参加了中国人民解放军 21 军文化干部训练班,直到 1950 年 12 月我因淋巴结核复发而复员回乡。

1951 年 2 月,因身体情况有些好转,我决定重新回到台中继续学习第五学期的课程。由于当时家乡解放不久,社会秩序尚不十分安定,所以学校的保卫是一项重要的工作。因为我在军队里生活了一年多,所以学校让我担任护校队队长,负责校门口的值班和站岗人员的安排,我毫不犹豫地担负起这项任务。

除了这项工作,我在学习上也十分刻苦,所以在班里学习成绩总是名列前茅。由于解放战争取得胜利后,国家工作的重心转移到经济建设上来,需要大量的建设人才。可是据当时统计,应届高中毕业生的人数远远不能满足国家建设的需要,于是国家作出决定,学完高中第五学期的学生,可以提前以同等学力资格报考大学。这一消息发布之后,我立即决定在当年暑假报考大学,后来顺利被录取到东北工学院机械系。在本科、研究生和工作期间,一方面因身在东北,另一方面学习、工作也很紧张,所以很少与母校台州中学取得联系。直到20世纪80年代以后,我才和同班同学取得了密切的联系(照片2.5)。

1983年以来,我过去的同班同学至今还在台中任数学教师的葛吕富、任语文教师的沈启伦、校后勤办公室的许良嗣等都和我有经常性的联系。我还多次参加1949年级的同学会。

在我当选为中国科学院院士后,学校和我的联系更多了。1993年,学校邀请我参加母校90周年校庆,此前要求我为学校的科学馆题词;2003年母校再邀我参加建校100周年校庆,我都一一地应允了。当时我在母校的科学馆作了题为"科学技术的近期发展及展望"的学术报告。前来参加校庆的我当年同班的10名老同学也都来聆听我的报告。我当时还参加了台州中学新校址的奠基仪式。2005年,当我去临海访问的时候,顺便参观了新校址。那宽阔而美丽的校园、明亮的教学大楼、高耸的学生宿舍,还有造型别致的办公楼和体育馆,给台州中学增添了新的风采,也给新来台州中学学习的学子们创造了十分优越的学习环境和生活条件。我相信他们一定会好好利用这些良好的学习条件,掌握好科学文化知识,长大后为我国经济发展和科学技术腾飞贡献力量。

四、在部队中

在我读到高三上学期时,解放战争取得了决定性的胜利,中国发生了翻天覆地的变化。1949年5月,我的家乡解放了。1949年10月,我响应政府的号召,参加了中国人民解放军,被分配到陆军第21军。

参军后,我开始学习革命理论,课程包括社会发展史、政治经济学、新民主主义论、中国共产党党史等,学习的内容和当时军政大学的学习内容基本一致。

开始时,我们的驻地在浙江临海,当时我被分到了训练班的五队。军队里的要求十分严格,每天早上5点30分必须起床,接着就是跑步,这相当于早操。上午和下午或进行军事训练,或听领导和教师讲课。晚上9点30分就寝。军训的内容基本上同目前大学生的军训类似,而讲课的内容是按照上级的规定有计划地进行的,听报告时要做笔记,报告后要进行讨论,学习一个阶段后要进行总结。通过军训和政治理论学习,我逐渐习惯了军队的生活。

由于各个训练班的学员分别住在一个驻地的院子里,晚上我们全队的学员要轮流值班。即在院子的门口站岗,要拿着步枪,装上子弹,每次两人轮流值班两个钟头。

军队里十分重视士兵的文化生活,除了唱歌以外,还会有一些文艺表演。在这期间,我们学会了许多革命歌曲。那时军队还要求每位学员站到队伍前面打拍子指挥唱歌。由于我缺乏音乐天赋,直到学习结束我都没有学会指挥唱歌,实在有些遗憾。

在部队,我们在听领导或教师报告前,各队都要先唱一首拿手的歌曲,然后再大喊:"××队,来一个!××队,来一个!"把开会前的场面烘托得十分热烈。

后来,我们的驻地改至浙江奉化。从浙江临海至奉化路程,约150公里。当时没有汽车运送,完全靠我们徒步行走,而且还要背着背包,这是军人的最基本训练,也是我第一次体验部队行军的辛苦。从临海到奉化我们一共步行了3天。在步行到象山港附近时,天上突然飞来两架国民党的飞机,我们在领导的指挥下,停止了行进,敌机在离我们很远的地方用机枪向地面扫射。每天行军结束后,我们的脚底下都会磨出水泡,有的同志脚底还磨出了血。根据部队行军的经验,在结束行军时,都要用热水来泡脚,这样可以保证第二天继续行走。到达奉化后我们被安排在郊区山上的一所寺庙里居住。

有一次,我们队里发生了一件不幸的事情。一天傍晚,天空正下着小雨,一位老兵接到家中一封来信,于是他急急忙忙地打开信封去看,不巧突然一声雷响,电线被打断了。这位老兵急于了解家中的情况,在潮湿的空气中想用手把被打断的电线接起来,结果触电身亡。他由于缺乏关于电的科学知识,白白地牺牲了宝贵的生命。由此可见,在当时军队中学习文化知识之重要。

学习结束时,21军文化干部训练班要进行学习总结,并评定学习模范。大家可自愿报名,然后根据学习期间的表现在13人(照片2.6)的一个班里评出两人,学习模范限定为三等和四等。最终,副班长邹容珍同志被评为三等学习模范(她是无锡江南大学纺织专业的大学生)。我被评为四等学习模范。由于我在学习过程中很努力,并在思想上积极要求进步,经申请我加入了新民主主义青年团。

后来我被分配到21军62师186团参谋处担任见习书记职务,当时部队的驻地是现在浙江台州椒江附近的洪家场。在那里我为队列参谋杨英杰同志做一些服务性的文书工作,这项工作有紧有松,所以一有时间我就抓紧学习政治理论,包括列宁和毛主席的著作等。

在这所革命的大学校里,我经受了革命的洗礼,接受了严格的训练。这段经历不仅使我养成了快捷、严格的作风,更重要的是使我初步了解了人生的价值与意义,我懂得了应该把个人的前途与国家的命运联系起来。在部队里,每个人都要经受多种考验。在思想上要过几个大关,即生死关、家庭关、婚姻关和生活关。要在关键时刻,能正确处理好个人与国家、个人与集体的关系,在国家利益与个人利益发生矛盾的关键时刻,要能牺牲个人利益。在这几个关键问题上我都经受住了考验。因此,在以后的几十年里,每到关键时刻,我都能将国家利益放在首要位置。一年多的短暂的军队生活,给我打上了一生难忘的而且对今后工作和学习有重要影响的烙印。

在这个纪律严明、重视思想教育的集体里,在这个具有相同的价值观念、处处讲整齐划一的特殊群体里,我受到了良好的锻炼,养成了严肃的工作作风、质朴的生活方式和严格的时间观念。这段生活经历,为我积累了宝贵的精神财富。从此以后,无论遇到什么样的困难,我都没有退缩过,无论遇到什么样的坎坷,我都有一种一定要战胜它的勇气。

一年以后,我颈部的淋巴结核复发了,由于当时还没有治疗结核病的特效药,我国每年都有许多人因结核病而丧生。部队领导十分关心我,送我去战地医院治疗,因为那里没有适用的药品,我只好呆在这个医院里观察病情的发展。一两个月以后,我的病情没有明显的好转,而这种疾病具有传染性,所以若继续留在军队里显然是不合适的。正好在这个时候我国的解放战争取得了全面的胜利,国家重心要由战争时期转入和平建设时期,部队领导研究决定,让有一些特殊情况的士兵复员回乡,参加当地的经济建设。于是,我被确定为复员对象,当时我感到十分惋惜,但由于身体患有这种难以治疗并有一定传染性的疾病,我便服从了部队领导的决定。

上级部门对于复员工作十分重视,在复员前,我们先进行了集中学习,这个学习使我们充分了解复员的意义,激励我们回乡后积极参加经济建设。领导部门还提供给每位复员军人能生活6至8个月的粮食及做衣服用的布匹。在我们回乡的路上,地方还设立了接待站,使每位复员军人及社会各界了解和认识到复员是国家建设的需要,是一项光荣的任务。

一年多的军旅生涯使我受到很大的教育和锻炼,对我来说,与其说是参军,不如说是学习。军队是一所革命的大学校。这个集体管理严格、纪律严明、思想统一、行动一致、作风快捷、生活俭朴。因此可以说,在我的人生道路上,这样一段十分难得的经历使我获得了在其他的社会经历中难以得到的宝贵精神财富,这也是我取之不尽、用之不竭的力量源泉。

五、大学时代

1951年,我们一家三兄弟一同报考大学。我与五弟伍椿在杭州参加全国高等学校统一考试,而我的孪生弟弟国椿则在他的工作地北京参加统考。当时我的情况比较特殊,正如前面所写,由于国家经济建设迫切要求培养更多的建设人才,为了弥补生源的不足,国家考试委员会作出决定,学完高中第五学期允许参加高考。因此,我学完高中第五学期后,以同等学力资格参加了当年的高考。新中国的成立为我们三兄弟同时报考大学和进入大学学习创造了条件。最后,国椿被北京大学数学系录取,伍椿被浙江大学物理系录取,而我则被东北工学院机械系录取。

考入东北工学院机械系后,我们华东地区的学生都集中到了上海。学校租用了一列火车运送我们前往长春。因为当时有些地区发生了水灾,火车绕道行走了三天三夜,我们才从上海到达长春。东北工学院的本部在沈阳,一年级时,我们被安排到东北工学院长春分院学习。东北和南方的情况完全不一样,这里的主食主要是高粱米和苞米面。由于当时有些南方学生不习惯这里的伙食,学校还专门安排一些专家作报告,说明高粱米和苞米面的营养不亚于大米。因为我在军队里生活了一年多,已初步养成了不怕苦的习惯,对于这种情况,我一点也没有感觉到有什么不适应。

一年级时,我们学习物理、化学、数学、俄语、机械制图、体育等各门课程。俄语由一位来自俄罗斯的女教师任教。微积分和大学物理的概念比较抽象,学起来不太容易,惟有机械制图的选修课——画法几何,我学起来十分轻松,一点困难也没有,但是很多同学觉得画法几何太难了。这是因为我在中学时有较好的几何基础,并且在这一方面具有较好的抽象思维能力。

东北地区的大学是最早向苏联学习教学的,不仅要求学生学习俄语,甚至采用的教材,讲课和课堂上记笔记,考试4级分制,认识实习、生产实习和毕业实习以及所有的教学计划和教学大纲等都要全面学习苏联。

大学一、二年级时,我曾担任班级的团干部。当时政治运动比较频繁,每次搞运动时我都要学习、讨论、参加各种活动,这些活动耗费了我相当大的精力。再加上当地气候干冷,我本来体质比较虚弱,这时我的淋巴结核病复发了。虽然疾病的折磨使我的学习和工作受到影响,但我下决心一定要完成好学习任务。于是我凭借坚强的毅力,付出了比别人更多的代价。学校卫生所给我使用了在当时非常珍贵的链霉素,治愈了我的病。这件事让我领悟到,一种新药可以治好一种顽症,可以给人的肌体注入新的活力,而新的科学技术可以对整个社会进步增加推动力。科学技术是"历史的有力的杠杆","是最高意义上的革命力量"(马克思语)。从此我更加坚定了献身科学、造福人类的决心和信心(照片2.7)。

我们那个年代,上课时几乎没有一个学生缺课,也几乎没有迟到早退的现象。因为缺一次课就要花多节课的时间才能补上,我们在上课时记笔记十分用心,一边听,一边想,一边记录,听课效果非常好。

为了全面向苏联学习,我对俄语的学习十分用功。每逢假期,我都会突击背记俄语单词。平时则会对俄语的语法和句法反复分析,反复运用,为我以后参加研究生的学习和研究打好了基础。

我们不仅有很好的老师,还有很好的学习条件和实习场所。教授我们技术基础课的教师,如理论力学老师是中国科学院院士张嗣瀛教授,材料力学是陶学文教授,机械原理是王铭勋教授,机械零件是徐灏教授,热工学、液压传动和机械动力学是成心德教授;所学的专业课教师,如选矿机械是宫荣章老师,采矿机械是靖德权老师,提升机械是张维屏老师,运输机械是李建成老师,流体机械是步天浚老师。就矿山机械专业而言,像苏联专家所说的,因为这个专业的基础知识和专业知识既有广度,又有深度,该专业毕业的学生适应性很强,到哪里工作都可以发挥他们的积极作用。

在这些老师中特别值得一提的是成心德教授。他教我们三门课:热工学、液压传动和矿山机械动力学。因为他是学航空专业的,所以有很好的数学和力学基础。成老师讲课时深入浅出、重点突出、思路清晰,使听课者易于理解和掌握课程内容。他十分关心青年人的成长,是一位十分受人尊敬的师长。现在他虽已逾90高龄,但他仍然孜孜不倦撰写教材和专著,以供后人学习和使用。他不愧为一位德高望重的长者,是我们后人学习的榜样。

在学习过程中,我们特别重视教学与实际的联系,除认识实习和生产实习外,还有毕业实习,这使得我们能够充分了解企业生产的实际情况。在工厂实习期间,老师还会给我们提出一些实际问题,以启发我们去思考,例如关于皮带机托辊阻力系数的测量方法的讨论,当时我们纷纷提出各种测量方法,并进行试验。我们毕业设计的题目,也都是根据企业的实际需求确定的。

在科学上是没有平坦大道可走的,但是在科学大道上可以寻找"捷径",也就是找出科学的学习方法,分析和发现事物在发展过程中的内在规律和矛盾,根据事物存在的矛盾和内在规律寻找解决问题的方法。战国时的韩非曾说过"事以微巧成,以疏拙败"。人们在探索科学的奥妙时可以找到事半功倍的方法,少走一些弯路。我在自己的人生道路上努力实践着这一点。比如,大学往往会开设几十门课程,怎样才能掌握住这些浩如烟海的知识呢?我的方法是努力分析和研究各门学科的内在规律和联系,通过掌握学科间的"规律"和"联系"来把握这些知识。为此,我自学了逻辑学,运用逻辑学中的分析和综合、原因和结果、内涵和外延、分类和比较等规则,找到了本质内容和一般内容的关系,理清了每一学科的内在结构和各学科之间的联系及其区别,从整体上掌握了知识体系。此外,我学完每一章节后,都要进行归纳与总结,认清本质,找出规律,抓住重点以及上下左右的联系。最后,我以较优异的成绩完成了大学四年的学习。这为我研究生的学习打好了基础。

大学阶段是一个十分重要的学习阶段,不仅要学习和掌握一些基础知识和专业知识,还要掌握科学的方法。根本的目的是要培养自学能力、分析能力,解决问题的能力、实践的能力、创新的能力等。掌握了这些能力,再加上科学的方法,任何工作都能很好地去完成。

六、研究生阶段

在我大学本科即将毕业的时候,我校来了一位从事矿山机械教学和科研的苏联专家格·依·索苏诺夫教授,他是莫斯科矿业学院的副院长。据说是位车工出身,他是来到我国的第二位矿山机械苏联专家。在他以前,还有一位在北京矿业学院工作的苏联矿山机械专家达维道夫教授,他是苏联科学院通信院士,为我国培养了十多名研究生,在学校讲授多门矿山机械新课程。他在工作中表现出了很高的教学水平和科学研究能力,对我国这一行业的发展产生了积极的影响。

苏联专家来到学校后,首先在我们班80多名学生中选留了8名研究生(照片2.8,照片2.9)。因为我在大学阶段对俄语很感兴趣,花的功夫也比较多,而且我其他课程的学习成绩也还不错,并且学习勤奋、刻苦钻研,所以我被选中了。正在这时,我的孪生弟弟国椿也留在北京大学继续从事研究生的学习和研究工作,可以说是双喜临门。

1955年9月,我进入东北工学院机械系研究生班学习。在索苏诺夫教授的指导下学习。我们首先要制订出学习和研究计划,依照苏联的研究生制度,要在两年后取得"副博士"学位。过了一年,有关方面提出,向"副博士"进军是修正主义倾向,于是我们取消了原来的计划,也不再提出两年后获取"副博士"学位的要求。这减轻了我们学习和研究的压力,但实际上起到了一种消极的作用并产生了负面效应。做出这样的决定或许是一种偏激的主张,它对科学技术的发展会产生消极的影响。如果能够提前20年实现学位制度,也许我国的科学技术和经济发展会有另外一种面貌。

进入正常的研究生学习阶段后,导师会和每位研究生讨论,以确定两年中的研究课题。根据当时国内的情况,我确定了国家急需的"振动机械的理论及应用"这个课题作为自己的研究方向。由于"振动"在20世纪50年代以前一直被认为是一大公害,如机床的振动会影响加工精度,地壳振动(即地震)会给人民生命财产带来巨大损失,因此,世界各国的科技工作者都十分重视对有害振动的研究,设法消除那些有害的振动。20世纪50年代以后,人们开始把注意力转移到如何利用有益的振动,并产生了"振动利用"这门机械学与振动学相结合的交叉学科。这时,世界上还没有一套完整的振动机械的设计理论,在我国也有许多理论和实际问题需要解决,于是我就把国家的需要作为自己的研究方向,决心研究振动利用学科的有关理论,研制和开发新的利用振动原理的机器,以满足企业和生产的需要。

苏联专家除了热情指导我们学习外,还经常用历史名言来鼓励大家,如"不想当将军的士兵不是好士兵","好的研究生要把科学院院士对人类的贡献作为自己的奋斗目标",等等。当时我认为,成为一位院士是非常遥远的目标,但我还是想在科学研究的道路上不断进取、不断创造、不断积累,取得优异的成绩,为国家作出有益的贡献,同时努力一步一步地接近苏联专家所提出的、要求我们去争取的奋斗目标。35年以后的1991年,我终于把苏联专家对我们的希望变成了现实,但此时,这位专家已经离开了人世。如果他还活着并且知道我已实现了他对我的希望,他一定会欣喜万分的。

为了掌握最新的科学知识,为以后的研究打好基础,我自学了数学物理方程、高等代数、机械振动学、非线性振动、电磁学、德语等十多门课程,广泛阅读了国内外有关的技术文献,同时结合企业提出的实际问题展开科学研究。

在研究过程中,我首先对现有的振动机械的类型进行了分类,找出当时还没有得到解决的理论问题。接着研究有关振动机械的工艺理论及振动系统的动力学理论,包括振动系统的非线性动力学理论。我先研究了在椭圆振动机上物料运动的理论和在振动离心机中物料运动的理论,撰写了学术论文。在这些振动机械理论方面的学术论文中,《椭圆振动机上物料运动的理论》和《振动离心机中物料运动的理论》两篇论文的结果都是在国内外最先提出的,对设计制造振动机械有较大的参考价值。苏联专家对我取得的成绩给予了较高的评价。当苏联专家的评价在东北工学院校报上刊登后,引起了全校师生强烈的反响和轰动。

不久,又有一件事引起校内师生较大的反响。我通过理论分析与实验,发现苏联出版的《选矿机械》、《铸造机械》等几本教科书所叙述的苏联列文松教授关于振动筛动力学计算的一个基本公式有错误。我发现在计算式中,他忽略了振动质体的惯性力,把它当作静力学问题来考虑。当时,有的人提醒我应该"虚心一点",还有的人批评我"狂妄自大"。我经过再三考虑,觉得这并不是"虚心和不虚心"的问题,更谈不上"狂妄自大",因为科学的真理是客观存在的。我也无意要挑剔苏联教授撰写的教科书中的毛病,从事实来看,这样做是在思想上和学术上不迷信书本,不迷信权威。但在当时要指出这种错误,确实需要有很大的勇气,因为这客观上是在向一个著名的苏联专家挑战。此外,我还要在政治上承担风险。众所周知,20世纪50年代,我们国家是"以苏联为首的社会主义阵营"的一员,在外交上是"一边倒",在技术上也全面学习苏联。正在我犹豫不决的时候,我发现国内一篇关于振动球磨机的论文引用了列文松教授的公式,这时我意识到如果不指出这个公式的错误,就会给我国科学技术与生产的发展带来严重影响。于是,我撰写了一篇论文,勇敢地指出列文松教授公式的错误。不久,国内外陆续有人也通过研究发现了这个公式的错误。后来,苏联的教材对这个公式作了修正。

通过这一事件,我认识到科学的怀疑与批判本身就是创造,我们不能仅从教科书上去认识自然规律,教科书只能为我们认识自然规律提供一个窗口、一个台阶、一把进门的钥匙。在学习过程中,我们还应提出自己的新的见解,通过分析、研究与试验来进一步完善和发展已有的理论,科学研究的目的就在于此。

苏联专家十分重视理论与实际的联系。1957年5月,索苏诺夫亲自领我们到鸡西煤矿实习,还同我们一样穿上工作服下矿井、钻煤洞。虽然他高大的身躯在通过煤洞时十分困难,但他丝毫没有犹豫,依然到矿井下指导我们实习,了解煤矿生产一线的情况。他朴实的工作作风和认真的教学态度在我们心中留下了十分深刻的印象。

研究生毕业考试时五门功课我都得到了优秀的成绩,因此,我被留在了学校做了一名教师,继续为教学和研究做工作。

从我研究生阶段的工作和学习经历看出,为了做好工作,一是要确定明确的研究方向和奋斗目标,二是要打好基础及了解和掌握国内外的发展趋向,三是结合国家需要找出目前该学术方向上没有解决的和需要研究的问题,四是要以百倍的努力、开动脑筋去完成提出的研究任务。

此外,对于一位有志于从事科学技术工作的人来说,研究生阶段的学习和研究至关重要,因为这个阶段能够为今后的研究工作打下良好的基础,并培养他们学习、研究和工作的能力。这将对今后的工作产生直接的重要影响。

七、人生体悟

少年、青年时代的学习,加上人民解放军这一革命大熔炉的锤炼,我树立起了献身于祖国科学技术事业的决心和为我国建设事业奋斗终生的理想,也培养了我勤俭节约、谦虚朴实、诚恳待人、诚信处事,团结奋进、艰苦创业的品德。这对于任何人来说,都是十分重要的。我从奋斗的经历中总结出了一些如何在德、智、体、美等几个方面得到全面发展的体会。

1. 对德智体美全面发展的看法

德智体美全面发展既是国家和社会的要求,也是个人在奋斗的道路上取得成功的必要因素。

(1) 德育教育。德育教育主要表现在以下三方面:一是社会公德教育,二是家庭美德教育,三是职业道德教育。要建立一个和谐的社会、和睦的家庭、和平的世界,这三个方面的内容是缺一不可的。

社会公德的内涵十分广泛,过去一度提倡过的"五讲"、"四美"是不可缺少的,"诚实"和"诚信"也是十分重要的。当今社会上出现的某些不法行为都是与没有做到上面几点有关。

美德不仅体现在一个家庭之内,也体现在邻里之间的关系上。

职业道德体现在每个人的工作中,表现在个人对于事业的责任感和对工作的奋斗精神。要树立起集体主义思想和团队精神、严谨求实的学习风气、实事求是的工作作风和诚信诚实的崇高品德等。

品德与素质教育是关系到国家发展和社会稳定的重大问题,必须引起全社会广泛的重视。

(2)智育教育。一个人的智育包括三个方面:一是科学文化知识,二是掌握科学的方法和了解创造性思维的一般规律,三是自学能力、实践能力及分析问题和解决问题的能力。

在做任何工作前,必须先要掌握与工作相关的基本知识和一般科学技术的基础知识,如果没有这些基础知识,工作将难以很好地展开。

对每个人来说,要做好工作必须要有科学的工作方法和创造性的思维,也就是说要有辩证唯物主义的哲学思想和观点。科学方法的特点包括实践性和各种事物的规律性。创新的思维是建立在对客观事物内在规律的了解,即对事物存在的各种矛盾的具体分析上面,根据这些矛盾要找出解决事物矛盾的最理想的方法。

有了扎实的基础知识、科学的方法和创造性的思维,再通过自己的不断学习,不断的亲身实践,去分析和了解事物的内在矛盾和规律,找出解决问题的最理想的方法,如此,处事者的自学能力、实践能力及分析和解决问题的能力将会不断得到提高。

智育具体地体现在这些方面,因此智育教育应从这几个方面着手。各级学校的教育也应集中于这三个方面。

但是智育教育的效果往往依赖于教学过程中产生的兴趣及对学习目的和意义的了解。浓厚的兴趣和明确的学习目的,将会在智育教育中取得更好的效果。这一点已明显体现在我的学习过程中。

(3)体育教育。我们国家十分重视体育运动的开展。要激发每个人参加体育运动的自觉性和积极性。一方面需要个人对体育活动引起足够的重视,使他产生从事体育活动的兴趣,另一方面必须由有关单位组织(正常性)经常的群众体育活动,进而不断增强人民的体质和提高体育活动的素质。我在求学阶段中,一贯十分重视体育运动,经常参加各种体育活动,这也练就了我有良好的身体素质。

(4)美育教育。美育教育与德育教育有着不可分割的联系,这不仅体现在"外表美、思想美、语言美、行为美"等方面,还体现在要详细了解实现"美"的目的和"美"的内涵,以及如何实现"美",欣赏"美"。也就是说,要明了"美化"的目的是什么,"美"的具体内容包括哪些以及用什么样的方法去实现"美"。

2. 如何取得良好的学习效果

(1)主观因素。毛主席在《矛盾论》中说:"内因是变化的根据,外因是变化的条件,外因通过内因而起作用。"所以学习效果好坏首先决定于学习者本人,取决于他对实现个人理想的决心,或取决于他对学习所产生的浓厚兴趣。"兴趣"来自对所实现宏伟目标的深刻认识,对实现美好未来的坚定信心。在前进道路上取得了一些好成绩往往会增加参与实践的兴趣,对于孩子们来说,学习过程中的"鼓励"常常是十分重要的,这可以增强学习者对学习的积极性。

(2)客观条件。客观条件对学习效果也会产生重要的影响,如学校的管理、任课教师的教学水平以及教学环境和条件等。

学校管理:我在个人的求学的经历中体会到,严格的管理对于提高教学质量和学习效果有十分重要的作用。特别是在中小学时期,当学生的学习自觉性还没完全建立起来的时候,严格管理对于提高教学质量至关重要。在初中学习阶段,由于学校管理严格,加上教师教学认真,我的学习有了明显的进步。如果没有严格管理,我也许不会有今天的成就。

任课教师:在这20年的学生生涯中,应该说我的任课教师的教学水平是上乘的。绝大多数老师都十分认真,善于采用启发式的教学方式让学生们学习与掌握科学文化知识。如果没有这些老师良好的教育,我在学业上取得这么快的进步简直是难以想象的。

学习条件:从总体上看,在我求学的20年中,学习条件还是比较理想的。不论是小学还是中学,不论是在大学本科学习阶段还是研究生阶段,我都能较好地完成各个阶段课程的学习任务,这与良好的学习环境有密切的联系。特别是在解放军的大学校里学习的那个时期,我获得了在其他学习场所难以获得的知识和锻炼。

总之,我在求学阶段所打下的基础,为我今后在人生奋斗的道路上取得一定的成功创造了良好的和十分重要的条件。在求学过程中,我初步确立了实现远大理想的决心和为实现目标所产生的兴趣,坚持了德、智、体、美几个方面的全面发展,既掌握了文化和科学技术知识,也为自己培养了今后工作必需的各种能力。这些成绩是与各级学校的严格管理、老师们的较高教学水平和良好的学习条件分不开的。

青少年时期是每个人一生中最重要和最宝贵的时期。多数青少年能牢牢地把握和利用这一阶段宝贵的时间,他们十分珍惜自己宝贵的青春岁月,"勤奋和刻苦"在他们身上得到了充分的体现,他们的不懈努力为自己在德、智、体、美等方面的全面发展打下了良好的基础;在这期间,他们也学习到了大量的文化科学技术知识,培养了自己各方面的能力,并初步确立起奋斗的目标和为社会贡献一份力量的远大理想。

也有一些立志较晚的青少年,在宝贵的青年阶段,不勤奋学习,不刻苦钻研,不重视德、智、体、美等方面的全面发展,浪费了珍贵的时光,虚度了青春年华。这时,社会就应该通过对青少年进行不断的启发和教育,使这些立志较晚的青少年的思想逐步转变到正轨上来,这也是现今社会赋予教育工作者的光荣职责。

我们应该认真贯彻党和国家制定的科教兴国及教育必须为社会主义建设服务、教育必须与生产劳动相结合等有关方针,同心同德,求真务实,顽强拼搏,为培养德、智、体、美全面发展的社会主义建设者和接班人作出我们应有的贡献。

第三章 创 业 篇

　　创业的过程是一个不断实践、不断进取、不断创造、不断积累、不断总结的过程。在这个过程中,谁能坚持科学发展,充分发挥创造性的思维和有效运用创造性的技巧,在艰难曲折的道路上以坚忍不拔的毅力和不屈不挠的精神,去战胜各种困难,谁就能取得较大的成绩。

　　自我完成了研究生学业留校任教至今,已经过去50多年了,我经历了人生奋斗和事业发展的几个阶段,完成了各个阶段的各项平凡工作和各种教学科研任务。在完成各项具体工作过程中,坚持了"实践"和"创新"两条基本原则,确立了较明确的工作目标,规划了较具体的工作内容和采用了较有效的工作方法,克服了许多困难,取得了一些成绩。

一、创业的初始阶段

　　留校任教后,我一直在思考应该怎样去做好教师的工作。人们常说"万事开头难",还说"千里之行,始于足下"。也就是说,无论做什么工作,一定要走好第一步。有人还说"良好的开端是事情成功的一半",尽管我觉得说得有些过头,但它也是在说,做事的开始时刻是十分重要的。之所以要在工作之前做好规划,就是要让我们仔细去考虑为什么要做,做什么和怎样去做这三个大问题。外国人做事往往也从这三个方面来考虑,"Why? What? How?"即处事的三要素:目标、内容与方法,这就是两个"W"加一个"H"。此外,还有六个"W"加一个"H",还要加上 Who? When? Where? Which(condition)? 其中的 Who,即主观的或内部的因素,思想素质(德育)、知识与能力(智育)、身体条件(体育)和奋斗精神(顽强的毅力)。后三者即客观的或外部的三因素:时间、地点和条件,换句话说,在做任何事时要唱好做事的目的、内容和方法"三部曲",有时候,还必须要考虑时间、地点和条件,以及是谁来完成工作,完成任务的人的自身情况如何,他在德智体方面的情况及工作毅力如何等。对于创业者来说,最重要的是首先要确定好奋斗的目标,树立起远大的理想,因为"崇高的理想"是人生奋斗的原动力,是"开拓创新"的力量源泉。

　　为此,我重新审视了自己的奋斗目标。这个目标早已在研究生学习和工作时期就确定下来了,即在工作中,"要不断进取、不断创造、不断积累,以便在教学和科学技术领域为国家作出有益的贡献,同时也要逐步接近苏联专家提出的

'院士对人类作出重大贡献的奋斗目标'"。具体的工作内容是"要做好教学工作和科学研究工作"。具体的方法是"要抓紧一切时间,脚踏实地去工作"。说得更具体一点,就是"在各项工作中,要发挥个人的创造性思维和采用科学的工作方法"。

在教学方面,当时教研组确定要编写一本《选矿机械》教材,课题组组长宫荣章老师叫我负责编写这本教材的组织工作。也就是将各章各节的编写任务分配到每个教师手中,并让大家按照编写大纲的要求在一定时间内完成,之后进行交换审稿。编写这本约60多万字教材的工作量很大,总共花费了大家将近一年的时间。后来这本教材由冶金工业出版社出版,成为当时这一领域最重要的教科书和教学参考书,对发展我国选矿机械事业发挥了积极的作用。编完这部教材后,宫荣章老师曾在一次会上对我的工作进行了表扬。他说:"编写这部教材时,不仅组织工作做得很好,闻邦椿负责编写的《概论》一章,概括了全书的主要内容,思路清晰,叙述系统,使人极易了解和掌握选矿机械的概貌,闻邦椿同志具有很强的组织课程内容的能力,是一位很有发展前途的年轻教师。"关于这一席话,他不只一次在会上向别人介绍。这是对我极大的鼓励和鞭策,但这仅仅是一个开始,还有更多的工作任务在等待着我。

我每年都要指导多名学生进行毕业设计。关于毕业设计,选题是一项十分重要的工作,我们要到附近企业去了解生产中的问题,再经过提炼,确定学生毕业设计的题目,因此,学生的毕业设计对企业有重要的参考价值。例如,我指导学生刘凤翘做题为《振动离心机动力学分析及其设计》的论文,既结合了当时一些企业的工作需要,又在理论方面进行了详细探讨,具有十分重要的参考价值。后来这位学生被分配到北京起重运输机械研究所工作,在工作期间,他的表现一直十分出色,为发展我国振动机械的事业作出了重要贡献。

此外,在这一时期,除了校内的教学任务外,我还负责多个函授站教学的任务。我曾十余次到黑龙江省的鹤岗、双鸭山,辽宁省的抚顺、阜新,吉林省的辽源等函授站讲授选煤机械课程,并且指导毕业班学生的毕业设计。

通过这些教学工作,我不仅较好地完成了教学任务,还逐步掌握了各个环节的教学方法,提高了教学工作的能力。

在科学研究方面,我主要针对振动利用方面的理论与实际问题开展相应的研究工作。

我首先对物料筛分过程的概率理论、分段线性的非线性共振筛的动力学理论、惯性圆锥破碎机的动力学理论等问题进行了相关研究。在研究理论问题时,我始终坚持理论与实际相联系的原则,获得了很多具有较高价值的研究成果。

在结合企业实际进行毕业设计的过程中,我通过论文分析,发现在煤泥或细粒煤脱水的沉降式离心机的工作过程中,存在着比电动机功率大几倍的环流功率。这一问题与行星机构中的环流功率相类似。于是,我针对这种情况写了一篇学术论文并在东北工学院的学报上发表。这说明要在经常性的工作中努力去发现问题、分析问题和解决所提出的问题。

在研究这些新机器时,我一方面进行设计计算,研究其工作原理,另一方面进行新机器的研制,并进行相关试验。在此基础上,我们撰写了多篇有关共振筛和振动破碎机的学术论文,并发表在相关的杂志上。

二、奋斗在坎坷曲折的道路上

在人生奋斗的道路上,一帆风顺的人为数极少。大多数人总是会遇到各种各样的困难,碰到这样或那样的挫折。我认为,遇到困难和挫折,既是坏事,又是好事,应该把它当做好事来对待,因为可以从中吸取经验和教训,可以进一步加强向困难作斗争的意志和增强实现远大理想的决心,有利于今后更好地开展工作。

马克思曾说过,在科学上是没有平坦的大道可走的,只有在崎岖的小路上攀登不畏劳苦的人,才有希望到达光辉的顶点。所以在人生的奋斗进程中,遇到挫折并不奇怪,问题是如何发挥个人的主观能动性,将损失减到最小,甚至把这种消极的因素转化为积极因素。

1. 思想压力

在留校后的十多年中,我所走的道路十分曲折坎坷。一是思想上存在着很大的压力,二是生活上承受着极大的负担,三是在科学研究上存在着很大的困难。但这些挫折和困难都被我一一克服了,最终取得了成功。

新中国成立后,由于我潜心钻研业务,再加上我的家庭出身不好(因祖父艰苦创业所遗留给我家的几十亩田地和十来间房屋所致),所以在六七十年代的几次政治运动中,我由学生时代的"革命动力"慢慢地变成"革命对象",给我安的"罪名"是"走白专道路"。

1960年,和我一起毕业的同学都由助教提升为讲师了,唯独我不仅没有被提为讲师,还因为所谓的"白专"问题,被送到校农场去接受劳动锻炼。这时我的思想压力是一般人难以承受的,在这种情况下甚至有少数人走向绝境。但我是一位心态比较好的人,我经认真仔细思考,认为自己应该正视现实和不足,但在思想上为祖国的科学事业而奋斗的决心丝毫不能动摇。在我受到不公平待遇的时间里,只要有空余时间,我就开始思索正待研究和需要解决的问题,在这个时候我已对所研究的问题产生了浓厚的兴趣。

1964年,我患了骨结核,尽管身体不好,但还得接受批判,一些人准备从我指导的学生的毕业设计中找出毛病,作为批判我的靶子。这一次我被激怒了,我拍案而起说:"如果按照学生毕业设计中的错误多少对教师进行批判的话,应该把所有的毕业设计都拿出来,如果我指导的毕业设计毛病最多,我心甘情愿受批判。"那些人惧怕了,因为他们知道,我指导的毕业设计的质量是上等的。

1966年开始的那场史无前例的"文化大革命"令大学遭到浩劫。教室里的桌椅七零八落,实验室里的仪器残缺不全,校园里掉落的大字报被风吹得到处乱滚,以往树荫下朗朗的读书声已变成此起彼伏的政治辩论声,这一切在今天看来都是令人难以置信的。

"文革"一开始,许多单位开始时都将矛头指向知识分子"臭老九",但由于这不是最高领导层发动"文化大革命"的主要意图,所以人们后来又把矛头指向"走资派"。在这个时候,我们教研室发生了一件很大的政治事件:"文革"之前,有位教师从家里回到学校,对人讲"某位大人物去世了"。而且后来还有人反映,这位老师说这番话的时候我也在场。因为我对这种小道消息从来是不会相信的,也许在当时我可能说过"这是不可能的"的话。再由于我对这类问题的敏感性很差,我也相信这位老师说这样的话不会是有意的,不可能给他扣上"憎恨领导的大帽子",更不能给这位老师加上"反革命"的罪名。我并不认为这是一件多么严重的问题,所以时间一久,我就把它丢到脑子后面去了,但这类问题对于当时的一些积极分子而言,是一个特大的政治问题,必须向领导及时汇报。所以,"文革"到来之后,一些"积极分子"就一而再、再而三地找我谈话,并认为我是那位说"某大人物去世了"的老师小圈子里的人,要我交待问题。因为这件事在我脑子里一点印象都没有了,我也根本不了解这些"积极分子"的意图。因此过了一两个星期,我也交待不出问题来,而那位老师早已被看管起来,成为专政对象。我虽然不是专政对象,但也被那些"积极分子"看做是与这些专政对象有联系的人,因为这件事,我当时承受着沉重的思想压力。

在那种社会环境下,有的人热心于运动不搞学问了,有的人不热心运动也不搞学问了。但我始终认为搞学问是有用的,继续研究以前没有得到解决的问题。有位好心人来劝我别再搞学问了,也别再写文章了。当时我就回答说:"我们中国要振兴,要发展就需要科学技术,如果一个民族没有科学技术是不能生存发展的。我要把过去有关振动利用的研究成果总结出来,相信这些总有一天会派上用场。"

2. 生活上的不幸遭遇

除了政治上的压力,家庭生活上的困难也沉重地压在我的身上。1962年我结婚时,我爱人在远离市区约30余里的苏家屯工作,婚后一直两地分居。有一次,我在食堂吃饭,无意中听到一位同志对别人说,家庭出身好的人可以考虑解决两地分居问题。我想,自己家庭出身不好,解决两地分居问题估计是想也不要想了。所以我从来没有向组织提出过给爱人调动工作问题。起初,我还能乘通勤火车早出晚归。可是,没过多久,上边又规定像我这样户口在沈阳,妻子在郊区工作的同志不能再买通勤火车票了。在这种情况下,尽管我当时经济上十分拮据,仍然凑了70多元钱,到寄卖店买了辆旧自行车,从1965年开始骑自行车上下班,这种情况一直到1978年才告结束。

1966年5月,我的两个孩子患上了小儿麻痹症。这一结果如晴天霹雳,给我们家带来了难以承受的打击。两个小孩患病之后,正如我在家乡家庭篇中所说,因为治疗及时,到一岁时,他们都能自己行走了。这一结果比我们事先预想的好得多,我们也都比较满意。现在他们都已建立了美满的家庭。

由此可见,在遇到挫折时,必须采取积极的有效的措施,将不幸的事件转变为较为理想的情况,使损失减到最小。

3. 研究工作中的困难

1967年至1975年的八年里,为了验证我所做的一些研究结果,我常常自己动手制作试验模型。有时跑到旧物市场买些小零件、小工具,亲自动手在车床上加工轴类零件,用电焊机焊接构件。由于我的电焊技术并不高,我的眼睛总是会被电焊弧光刺伤,到深夜的时候眼睛往往疼痛异常。我还用漆包线缠绕电磁铁,做出了共振筛和电磁振动给料机的试验模型。

尽管在这十多年时间里,我在政治上承受着很大的压力,在生活上又遇到了不幸的遭遇,在科学研究上也遇到了相当大的困难,但这些困难都被我一个一个地克服了,并在奋斗的道路上,迎来了胜利的曙光。

三、坚持教学、科研和生产相结合

10年多的教学和科研实践让我体会到,想要进一步提高教学效果,并在科学研究上取得有实用价值的成果,必须坚持教学、科研和生产相结合。

1970年至1975年,我参加了北京起重运输机械研究所组织的我国电磁振动给料机的系列化的工作。由于可控硅技术的飞速发展,利用可控硅来调节给料机的产量十分方便,用这种给料机来代替结构笨重的板式给料机,优越性是十分明显的。这种技术不但大大减轻了机器的重量,降低了建设的成本,而且操作又十分方便,是一种高技术含量的设备,应大力推广应用。在这时,我结合这一设备的系列化工作,进行了理论分析与大量试验,除多次在学术会议上作报告外,还围绕这一科研课题写出了十多篇学术论文在起重运输机械杂志上发表。这一课题体现了理论与实际的联系,教学、科研和生产相结合。

1975年,我带领几名学生两次到北京铁矿选矿厂进行毕业实习和毕业设计。北京铁矿选矿厂用的振动输送机是关键设备,可是由于当时该矿输送机密封不好,容易引起厂房地基振动,工作环境粉尘飞扬,极大危害了工人的身体健康,有关部门改造了几次都没有解决问题。见此情况,我接受了这个任务。矿里提出要把振动输送机放到五楼,而且要求传给基础的振动要很小,以免把楼震坏了。当时有不少人议论,这样老大难的问题,大设计院都没有解决,一名讲师带几名大学未毕业的学生能解决这个问题吗?

面对各种质疑的声音,我们丝毫没有退缩。为了做好这项工作,我们首先做了大量调查研究工作。第一年的毕业设计由几位同学经过详细的分析与讨论,确定了平衡加隔振可以显著减少传给基础动载荷的方案,接着进行方案设计,计算了该振动输送机的运动学和动力学参数和关键零部件的强度,最后绘制出了全部图纸,并投入生产制造。由于每一届的同学毕业设计是有时间限制的,所以第二年同学的毕业设计要在第一年毕业设计的基础上,再接着完成尚未完成的任务。

1976年,我又带领几名学生到北京铁矿选矿厂进行毕业实习和毕业设计。内容基本和前一届同学一样,先做调查研究。按照惯例,我们要到唐山、南京、上海、北京附近的企业去调研。我们原本计划先去唐山,后去南京,但后来我们调整了调研计划,改为先去南京、上海,后去唐山。我们到达南京的那天晚上,天气十分闷热,天空下着小雨,我躺在床上翻来覆去睡不着。第二天起床以后,我们听到了新闻广播:唐山发生了7.8级大地震,伤亡惨重。震惊之余,我们的同学和老师都为调整了调研计划而感到庆幸,如果没有调整计划,也许那时我们都已在瓦砾堆里了。回到北京铁矿后,矿领导要我们不要再住在大楼里,于是,我们搭好了地震棚,晚上在地震棚里住宿。

由于振动输送机的结构很特殊,所以其加工和制造过程全部由北京铁矿的机修厂来完成,全体同学都参与到零部件的加工和制造过程中。大家穿起工作服,吃、住在矿里,全身心地投入到工作中去。大家从调查研究入手,经过方案讨论、模型试验、图纸设计、制造安装和调试等,认真地进行研究与设计。整整花一年多的时间,长度为20多米的四条振动输送机终于研制成功了,性能完全达到要求,单位领导、技术人员和工人给予了高度评价。我还带领学生进行理论上的提高工作,在国内有关杂志上发表了6篇学术论文。该项目通过了国家鉴定,还荣获冶金工业部科技进步奖。

1977年,我带领学生与机械部第一砂轮厂的同志一起研制成功了自同步概率筛。这个筛子单位面积产量较其他同类的振动筛提高5倍,这个项目填补了国内的空白,被评为辽宁省科技成果奖,还被拍成了科教片。

1978年,我带领几名学生到北京石灰石厂进行毕业实习和毕业设计,帮助厂方进行振动输送机的改造任务。尽管该厂输送的物料温度较高,给机器的设计带来了一定的困难,但我们最终还是取得了成功。

数年来,我去过多个企业,进行了多种振动机械产品的研究、开发和设计工作,这些设计工作都是在教学、科研和生产相结合下完成的。同学们在这种三结合的条件下,经过亲身的参与研究、制造和使用的实践,不仅增长了知识,积累了实际工作经验,更重要的是提高了自己的实际工作能力,这些能力对他们日后参加实际工作是十分有帮助的。

20世纪70年代,我根据自己多年科研和教学的积累,开始著述《振动机械的理论与应用》一书。在编写过程中,我反复推导与验证每一个公式、每一个理论,前后共花费了7年时间,几易其稿,所用的草稿纸可以装满一麻袋。最后终于写成了这部长达60万字的专著,该书于1982年由中国机械工业出版社出版。20多位专家在审阅后认为这本书"内容丰富,有创造性和较强的实用性,对科研、设计和生产有重要指导意义"。书中提出的上百个理论计算公式现已被国内不少科研、设计和生产部门采用。这一专著为我国建立"振动利用工程"这一新分支和奠定这一学科的理论基础作出了贡献。1983年,此书荣获全国优秀图书二等奖,并在莫斯科国际图书博览会上展出。

1978年粉碎"四人帮"后,学校恢复了正常的教学,招收了"文革"后的第一届大学生。按照考试成绩录取新生,废除了一切不正常的教学制度。当时还开展了"实践是检验真理的唯一标准"的大讨论。对于这一名言,我在自己以往的工作中有着深刻的体会。

同年,学校开展教师的职称评定工作,由于在"文革"后期,我坚定地认为科学技术是促进生产和经济发展的动力,并且坚决地执行了教学、科研和生产相结合的方针,发表了通过实践总结出的30余篇学术论文,这样,在同一届毕业同学中,我最先晋升为副教授。东北工学院院报头版头条以"闻邦椿副教授是怎样成长起来的"为题,长篇报道了我的成长过程,还专门写了短评:"闻邦椿所走过的是又红又专的道路,是在教学、科研实践中提高的道路,他正确处理了教学与科研、工作与提高、理论与实践的关系。"这一报道彻底否定了1960年前后对我所下的"白专"的结论。当时我的心情是难以用语言来表达的。我知道这是领导对我的鼓励和鞭策,更是对我过去十多年的艰苦努力、执著研究的肯定,这使我感到无限的欣慰,更加增强了自己献身于科学研究事业的决心。1981年我又晋升为当时东北工学院最年轻的正教授。

粉碎"四人帮"以后,党的知识分子政策得到贯彻,我爱人调进了沈阳市内,16年的两地生活终于得到了解决,我的全家终于团圆了。

四、在科研中充分发挥个人的聪明才智

粉碎"四人帮"后,国内形势发生了很大的变化,戴在知识分子头上的"臭老九"的帽子被摘掉了,发挥每一个人的聪明才智的"春天"到来了。当时我的内心十分激动,于是给学校党委和学院领导写了一封信,表达了自己要为祖国建设事业奋斗的决心。

在多年时间里,我和科研组的同志们努力奋斗在振动机械和工程机械的教学和科研的领域内,应用新理论成功地研制了十多种新机器,为冶金、铁道、煤炭、电力、机械等部门解决了多个关键技术问题,产生了巨大的经济效益,为国家创造了巨大的社会财富。

我们研制的工程机械,有的是几十吨重的庞然大物,一台机器的价格就达几十万元。由于这类机械直接应用于生产,因此在设计时容不得半点马虎,一旦出了问题,不但要在技术上承担责任,还会给国家造成巨大的损失。

1981年,我们根据首都钢铁公司的要求,开始研制大型冷烧结矿振动筛。在研制过程中我们应用了自己以前提出的偏转式激振器自同步振动机的理论。由于激振器偏转式自同步振动机的新原理在国际上首先是由我们提出,所以要承担的风险很大。不过,由于其原理已经过实验室试验,所以我有充足的信心,相信这一新原理和新机构是可以研制成功的。这个振动筛第一次要生产6台,每台重约40吨,分别由洛阳矿山机械厂和衡阳冶金机械修造厂各生产3台。当时每台机器的价格约50万元。如果制造不成功,将会造成几百万元的损失。

1983年农历正月初六,洛阳矿山机械厂给我们打来了电话,这三台大型振动筛已制造完毕,经初步试验,振动参数达不到要求,叫我们赶快去处理问题。当时我感到十分奇怪,为什么经过试验的结果和实际机器不符合呢?虽然当时还是正月初六,但遇到了这样严重的问题,如果不马上去处理,将会造成极恶劣的影响,于是,我和纪盛青、林向阳等老师马上乘火车奔赴洛阳。

赶到洛阳后,我的老同学王峰等到车站来接我们。他悄悄地告诉我,你最好不要去现场,由他们去处理好了。你去了之后,假如出现这样或那样的问题,恐怕你会下不了台,因为你是教授。

我并没有听从他的意见。我们到住宿的地方休息片刻后,便直接到车间去看已做成的机器。我们看到大的筛体由隔振弹簧和二次隔振架支承,耸立在车间的中央。我叫操作人员开车让我们先观察一下机器运转情况。开车以后,我看到了不应该振动的隔振架振动得很厉害,筛机的运动轨迹和振幅极不正常,还发现筛机振动系统的实际固有频率与设计的固有频率差得很多。

停车后,我测量了一下隔振弹簧的静变形只有10个毫米左右,而我在设计时的隔振动弹簧静变形为20毫米左右,可见问题就出在隔振弹簧上。我们在找到原因后,马上吩咐工作人员把筛箱吊起,每组取下两个隔振弹簧,将筛体放下后,再进行试车,这时筛机的运转情况较以前好多了——筛机出现不正常运转的原因找到了!我们又测量一下橡胶弹簧的肖氏硬度,原本设计的是45°,而制造出来的却是55°,差得太多了,这说明橡胶弹簧制造厂没有按照我们的要求去做。随后,我再叫他们每组拆去两个弹簧,再将筛体放下,开动电动机,这时筛机机体上的振幅和运动轨迹完全正常。我的心情无比激动,这说明我们的创新设计取得了圆满成功。

当时来车间看热闹的人不下百余人,大家无不热烈鼓掌祝贺。机器工作时的噪声只有78分贝,一些了解情况的同行及相关工作人员给这项研究工作给予了很高的评价,有的说,这台机器噪声小,结构特殊,根据运转情况可以工作10年以上。这一科学研究成果解决了冶金工业行业中的一个多年未能解决的难题。

从这一科学研究实例可以看出,科学研究的道路是曲折的,出现各种各样的问题也是正常的,问题是要找出解决问题的方法与手段。这项研究既没有丢掉"教授"的面子,也没有给国家造成重大的损失,恰恰相反,我们创造出了一种成功的新机型。

目前这种机器已在我国十多个钢铁企业中推广应用,总数达200多台,约占全国使用的冷矿振动筛的2/3。此筛机已在首都钢铁公司使用达十年之久,现在仍在使用,而我国另一钢铁公司从日本引进的冷烧结矿振动筛,仅使用一年半,筛箱横梁便出现了裂纹。我们这项研究成果在技术上超过了美国与英国,其技术含量高于英美的两项专利,且较这两项专利更全面,并有具体的计算公式。这项成果在推广应用后,其经济效益十分可观。从日本引进的筛机每台价格为30~40万美元,而我国自己生产的只需30~40万元人民币。200多台冷矿筛可为国家节省下巨额财富。这项成果在1985年获得国家科技进步三等奖。

1983年,我们应首都钢铁公司之约,研制高炉下的筛机。当时我们提出了新型惯性共振式概率筛的方案。此筛应用了我们所研究的概率筛分原理和非线性近共振的理论,将惯性共振原理与概率筛分原理有机结合起来,这也是一种新原理和新机构。

新机器投产后经常会出现一些问题。这种新机器共有22台,8台用于筛分焦炭,14台用于筛分烧结矿。在这些机器安装好以后,试运行时,由于来的物料小于20毫米的过多,于是出现了始料未及的严重问题。按照原先给出的数据,粗物料占70%,而实际来的料是细物料占70%,与原先给出的数据完全不同。当初按照概率原理设计筛机时,筛孔的尺寸可以取分离粒度的5倍,因此,当加入物料后,所有细粒物料通过筛孔流出,并堵积在排料口处,使得筛机难以实现正常运行。因为炼铁作业是连续性的作业,一个小小的环节都不能出现问题,一道工序出现问题将会影响整个系统的生产。

在筛分过程出现问题后,领导要求我们必须要在24小时之内解决问题。当时我们先暂时用一块旧皮带的橡胶板来代替给料处的筛板,等到筛机检修时再更换成筛孔尺寸较小的筛板,就这样我们解决了这批筛机投产时出现的重大问题。

这类问题的出现主要是原始数据不准确造成的。即使这个问题的出现来自别人,但反映在这个机器的工作过程中,也必须由这台机器的设计者来解决,不能推脱责任。所以任何创新都不是件容易的事情,时常会遇到各种问题,这些问题得到了解决,研究就会取得成功。

此筛机可以在同一机上同时实现筛分、给料和托料三重功能,该种新筛机实现了自动化,具有启动快、停车迅速、噪声小、防尘好、能耗低、一机两用等优点,完全适用于电子计算机自动控制,是国内外振动机械领域内首创的一种新设备。

现在已应用于工业部门中的有 200 多台,技术性能已达到国际先进水平。例如,在首钢 2 号高炉投产使用,创造了当时全国高炉技术指标的最高纪录。此筛于 1985 年获国家发明三等奖,1987 年获比利时布鲁塞尔国际发明博览会"尤里卡"金奖。

1984 年初,呼和浩特铁路局急需一种新型的清理路基石料的清筛机。原有的清筛机效率低,而且清理后含土量超过标准 10%(要求 3% 以下),如此,既浪费资金,修后的路基又缺少弹性,影响路轨及机车寿命。我和科研组的同事接受了这项任务后,深入到铁路工地,认真调查研究,苦心钻研设计,最后吸取了瑞典人发明的概率筛的优点和法国人研制的等厚筛的长处,研制出一种新型筛机——大揭盖清筛机。此筛机前段用概率分层和筛分,后段采用等厚筛分,两台筛机平行工作。

此筛投产运行后,由于筛机最下端倾角过大,物料到下部末端时有堆积现象发生,为此,我们做过一次改正,将最下端的倾角略微变小后,筛机便能实现正常运行了。筛机投产后产量每小时超过 2 200 吨,筛下物料含土量降低到 3% 以下,完全达到要求。仅这项研究成果一年就为呼和浩特铁路局节约 200 万元人民币,之后该成果很快又在全国 11 个铁路局推广使用。

1992 年,根据辽宁省地震局的要求,我们设计了一种超低频率可控振源采油设备,此机重约 100 吨。由于原单位不是专门从事机械产品设计工作的,所以,他们自己设计的这种机器工作一段时间后,各焊接点及一些薄弱部分出现裂纹,因此提出由我们帮助他们设计。我们对这种机器的结构进行了一些改进,加强了一些薄弱环节,经过使用,工作效果达到了预定的要求。

1995 年,徐州工程机械有限公司要求我们为他们培养一批硕士研究生,并结合振动压路机、摊铺机和惯性式振动沉拔桩机等多种振动机械开展一系列的研究工作。这些研究中涉及振动对降低压实阻力所起的作用、压实过程的分段和多参数慢变的非线性动力学理论、振动压路机最佳和次佳振动频率的理论与技术,我们将其应用于产品设计中。

2003 年,我去香港访问,香港华建公司要求我们为该公司设计振动沉拔桩机。由于香港人口密度较大、土地较少,高层建筑是该地区建设的主导方向。他们盖房子的沉桩方式是用桩机将板桩沉入地层中,楼层越高,桩入地层中的深度也越深,最深的可达 80 米,而所需的沉桩的作用力需达 1 200 吨。在这种情况下,采用静压桩机时其机器质量可达 1 200 吨。如果采用振动桩机,机器质量可减少 50%,即机重大约为 750~800 吨,机重减轻约 400 吨。这不仅可降低机器 50% 的制造成本,而且还大大地方便了运输成本;不仅提高了工作效率,而且具有重大的经济意义。

我们采用特殊的方案设计出了液压驱动的振动沉拔桩机,并申请了发明专利。

我们研制的新型振动机械的许多成果获奖,其中获国际发明博览会"尤里卡"金奖一项,国家发明奖和国家科技进步奖共四项,"六五"攻关"三委一部奖"一项,省、部级奖8项,国家专利6项。国际发明博览会还授予我最高奖——个人发明骑士勋章。我的简历载入《中国发明家大辞典》,少年时的梦想在45年以后得到了初步的实现。

五、加深课题研究,扩展研究领域

根据我国科学技术的发展和经济建设的需要,除了加深对原有学术方向的研究外,我所领导的科研团队,还必须进一步扩大学术研究方向。在1984年我校领导班子换届的时候,上级领导找我谈话:学校中层干部和教授民意测验,我的得票率很高,希望我能在学校领导班子换届时担任学校的领导。我听到这一消息时,一再表示我没有能力担任学校的领导工作,拒绝了行政工作。但我也表示,十分感谢大家对我的信任。接着,我便进一步加深以往的学术课题的研究,并在原有基础上进一步扩展研究领域。

1. 有关振动机械的工作理论及振动利用工程的研究

我在所发表的论文与著作中,取得了以下创造性成果:

(1)在振动机械工艺过程理论的研究中,系统地阐述了椭圆运动平面上的物料滑行运动与抛掷运动的理论,以及作纵向振动的锥体中的物料滑行运动理论,并用于椭圆振动筛和振动离心脱水机的计算中。上述理论的研究在20世纪50年代末属国际领先,至60年代,苏联与西德学者才公开发表。此外,系统地研究了概率筛分的理论,在此基础上,研究并提出了一种新的筛分方法——概率等厚筛分法,将其用于大揭盖清筛机的研究工作中,取得了良好的运行效果。

(2)率先较系统地提出了振动机械系统的结合质量、当量阻尼及等效刚度的计算方法,给出了振动机械工作点的选择原则与方法,详细分析了二次隔振的理论。

(3)研究了多种非线性振动机的振动系统的动力学特性,提出了这些振动机动力学参数的计算方法。例如,研究了具有非线性特性的惯性振动机、在近共振情况下工作的弹性连杆式振动机和电磁式振动机的动力学理论,特别是较详细地研究了电磁力为非线性时电磁式振动机的非线性理论。

(4)对大长度振动机的多种工况进行了模态分析,提出了预防这类振动机弯曲振动的方法,这些方法曾得到了日本专家的高度评价。

(5)创建了"振动利用工程"新学科,并不断开辟该研究领域的新方向。在近期发表的《振动利用工程的近期发展与展望》及《波及波能利用技术的最新发展》两篇论文中,我结合40多年来的研究,对振动利用工程的发展作了较全面的回顾与展望,提出了振动利用工程几个重要的研究方向,指出应大力加强对波及波能的利用、社会经济领域和自然界振动现象的规律及应用等方面的研究。

在我发表的数十篇学术论文及《振动机械的理论及应用》和《振动机械的理论与动态设计》两本专著中,对振动机械的理论进行较系统和全面的叙述,为振动利用工程学科奠定了理论基础,对该学科的发展作出了自己的贡献。

2. 有关非线性振动理论及分岔与混沌的研究

(1) 率先提出了惯性力项为非线性的振动系统的计算理论与方法,研究了具有分段非线性惯性力和摩擦力的非线性振动系统的计算理论与方法,并将其应用于工程实际。

(2) 提出了带有间隙和滞回恢复力的非线性系统的力学模型及其计算方法;从惯性振动破碎机的实际工况出发,抽象出了一种带有间隙和具有非线性恢复力的非线性振动系统的力学模型,并进行了分析计算;从振动压实的实际工况出发,提出了具有不对称滞回恢复力的非线性振动系统的力学模型,并进行了分析和研究。

(3) 分析研究了具有冲击的非线性振动系统和分段线性的非线性系统的动力学特性,指出了在某些带有冲击的非线性系统中存在负阻尼的特殊情况。

(4) 提出了分段慢变和多慢变参数的非线性振动的理论与计算方法。在工程实际中,常常会遇到分段慢变的过程以及多个慢变参数同时存在的情况。为此,我提出并研究了分段慢变的理论与计算方法和具有多个慢变参数同时存在的非线性振动系统的理论与计算方法,并将该法用于智能结构慢变过程及多慢变参数转子系统的非线性动力学特性的研究。

(5) 与课题组的同事们一起用胞映射法研究了某些非线性系统的全局稳定性,提出了胞映射——点映射综合法。用胞映射方法研究了不对称分段线性的非线性系统的全局稳定性,提出了应用胞映射方法时节省计算机内存与机时的方法,提出了用胞映射——点映射综合法来研究复杂非线性系统。该法可以避免吸引子在计算过程中的遗漏与丢失,已在研究 Van der Pol 方程时取得了良好的效果。

(6) 揭示了某些工程非线性系统工作过程中的分岔与混沌行为。曾指导多名博士生完成了在某些参数条件下列车通过桥梁时所出现的混沌行为、具有振动边界的轧机转子系统的分岔与混沌行为、振动压路机压实土壤过程中的分岔与混沌、具有间隙和滞回恢复力的非线性系统的分岔和混沌等问题的研究。

3. 有关机械系统振动同步与控制同步的研究

在工业生产中,两个或多个转子系统随处可见。随着科学技术的发展,古老的机械传动已逐渐被更先进的传动方式取代。振动同步、控制同步及复合同步是近十多年来发展起来的新技术。20多年来,我在这一领域进行了大量的研究工作,发表了数十篇学术论文,取得了一些创造性的研究成果:

(1) 率先研究了在非线性机械系统中两个惯性激振器的高次谐波同步问

题,提出了它们的同步性判据与同步状态的稳定性判据,还研究了平面与空间自同步振动机、非共振和近共振振动机的两个偏心转子的同步理论及其实现的条件。在国际上,率先提出了带偏转式激振器的非线性振动机的同步性判据与同步状态的稳定性判据,并给出了这类振动机的计算方法。

(2) 研究了在一个电机停电的情况下两个偏心转子的同步理论,并把这种传动命名为振动同步传动。在《机械工程学报》上发表了名为《振动同步传动的理论及其工业应用》的学术论文。在论文中提出了振动同步传动条件下的同步性判据和同步状态的稳定性判据,还介绍了两感应电机交替供电的控制系统,并亲手设计与安装了实现交替供电的控制装置。

(3) 研究了控制同步的理论及其控制系统。利用变结构控制的理论与方法实现同步,还将这一理论推广到定速比的传动系统中,同时在研究过程中,将传统的控制方式改变为智能控制方式。

(4) 在多个电机驱动的情况下,为了使控制系统较为简单,研究出了复合同步的理论及方法。这个系统既采用振动原理,又采用控制同步技术,我把这种同步命名为复合同步。

(5) 提出了广义同步的概念,即把同步理论推广为力同步、相位同步及速度同步等多个方面。

4. 有关机械故障诊断理论与方法及转子系统故障动力学的研究

(1) 我和我的研究生段志善提出了用时间序列方法中的判别函数的特性来判定机械设备故障的类型,同时还研究了时间序列 AR 模型结构的判定方法。在《时间序列方法及其应用》一书及有关文献中得到引用。

(2) 最先提出了用灰色系统理论对设备故障进行诊断的方法。我和我的研究生段志善一起率先将灰色系统理论应用于机械设备故障诊断的研究,提出了机械设备状态的灰色预测法和机械故障的灰色诊断法。

(3) 详细分析了具有横向裂纹转子的动力学特性及其相应的计算方法,提出了用二次谐波分量来识别某些转子裂纹的方法,研究了裂纹转子的稳定性以及裂纹转子运转过程中出现的分岔和混沌。

(4) 研究了转子系统在非线性力作用下碰擦过程所出现的分岔与混沌,提出在两种或两种以上故障同时存在的情况下出现的复杂动力学行为(其中包括混沌运动)。

(5) 提出用模糊控制的方法通过改变支承刚度来减小振动的方法和控制过程中慢变的理论。

5. 有关机械产品设计方法研究

在长期从事机械产品设计积累了大量经验的基础上,我认为产品设计对提高产品质量、降低产品成本、缩短产品生产周期、改善产品的绿色保护及售后服务等都有重要的影响。近年来,我深入地研究了产品的设计理论与方法,提出了一种产品综合设计理论与方法的新体系。该体系可以通过以下几点加以描述：

（1）三段设计模型。即产品的7D总体规划模型，1+3+X综合设计新模型和产品设计质量检验与评估模型；

（2）产品设计总体规划模型。包括设计思想、设计环境、设计过程、设计目标、设计内容、设计方法及设计质量检验7个子模型；

（3）1+3+X综合设计新模型。其中"1"为产品主辅功能优化设计，"3"为将产品结构性能及动态优化设计、产品使用性能及智能优化设计、产品制造性能及可视优化设计融合在一起的三化综合设计，"X"为满足产品特殊要求的特殊设计方法。

（4）产品设计质量检验与评估模型。提出了通过理论方法评估，通过试验进行评估以及通过用户使用进行评估的综合评估模型。

6. 潜心于工程应用方面的研究

我和课题组同志运用所提出的理论，研制成功十多种新型振动机械，其中有12项成果通过部级和省级技术鉴定，获得6项国家专利。研制成功的新型机器有：惯性共振式概率筛、大型冷烧结矿振动筛、长距离振动输送机、大型振动放矿机、大揭盖清筛机、自同步概率筛、概率等厚筛、自同步直线振动筛、高中频振动细筛等。这些机械已成功应用于机械、电力、建筑、铁道、化工、煤炭、冶金等工业部门（照片3.1，照片3.2，照片3.3）。

荣获国家科技进步奖的大型冷烧结矿振动筛应用了我在国际上首次提出的偏转式激振器自同步振动机的理论，以及得到的同步性判据与同步状态的稳定性判据和二次隔振的理论。目前该项成果已在我国十多个钢铁企业中得到推广应用，总计约200台。该成果早于英国和美国1982年和1984年的两项专利。它的推广应用替代了从国外引进的同类产品，取得了显著的经济效益。

荣获国家发明奖和比利时布鲁塞尔国际发明博览会"尤里卡"金奖的惯性共振式概率筛，运用了我所研究的概率筛分理论和非线性近共振机械的理论，将惯性共振原理与概率筛分原理有机结合起来，在同一机器上同时实现筛分、给料和托料三重功能，是国内外振动机械领域内首创的一种新设备，现在已有100多台成功应用于冶金、煤炭和电力等部门。

为呼和浩特铁路局研制的大揭盖清筛机，是我们提出的概率——等厚筛分法的具体应用，该型筛机具有产量大、体积小、长度短等诸多优点，获得了铁道部的奖励，并在一些铁路局得到推广应用。

时任科技日报记者的李北斗和张飙曾特地采访过我，并于1993年3月19日刊登了一篇题为《追求毕生》的报道，在该篇报道中他们还创作了一首《醉花阴》的词来鼓励我。

六、在学院学科建设方面所作出的努力

对于一个学校来说,学科建设是头等大事。东北大学机械工程与自动化学院机械设计及理论学科是国家重点学科,于 2004 年进入了国家"985"工程建设序列。我们的任务是建设"重大机械装备设计与制造关键共性理论与技术"创新平台。该平台下面共设六个子平台:

1. 重大机械装备的动力学与动态设计

以提高机器结构性能为主要目标,研究方向为:

(1) 振动利用工程。

创新点:

a. 建立振动利用工程学的理论框架和初步理论基础;

b. 扩展振动利用工程学研究领域并将研究结果应用于实际。

(2) 机械系统中的非线性动力学问题。

创新点:

a. 建立多个非线性动力学的新模型;研究了典型机械系统的慢变与突变过程;

b. 研究混沌的识别、利用与控制。

(3) 现代机械的综合设计理论与方法及动态优化设计。

创新点:

a. 构建综合设计法的理论框架;

b. 建立以非线性动力学为基础的动态优化理论与方法,并将动态优化设计理论扩展到振动利用工程领域。

设计研究对象为重大机械装备,例如大型离心压缩机、核电站主泵、燃气轮机、高档数控机床、重型机器人、大型工程机械、大型冶金机械等。

2. 机械设备的智能控制与优化

以提高机器工作性能为主要目标,研究方向为:

(1) 机械设备智能机器人化。

(2) 大型机械设备的智能操作与控制。

(3) 过程装备及工艺过程的智能控制研究。

研究对象为重大机械装备,例如导弹制造机器人、基于人体生理信号的人机交互智能控制及优化、超大功率液压伺服比例系统及智能控制和过程装备与材料超常特性的研究与控制等。

创新点:以非线性理论为基础的工作过程在线检测,在线推理与在线决策人机结合的智能控制系统。

3. 重大机械装备的可视优化设计

以提高机器工艺性能及综合性能为目标,研究方向为:

(1)典型机器零部件制造与装配过程的可视优化。

(2)重大机械装备运动过程与动力学过程的可视化。

(3)重大机械装备工艺过程和控制过程的可视优化。

(4)机械设备零件材料的图像分析技术。

研究对象为重大机械装备,例如大型离心压缩机、燃气轮机、高档数控机床、机器人、大型液压装备、重型车辆、大型工程机械和冶金机械等。

创新点:面向产品的综合性能,并以获得产品设计的正确性、合理性和有效性的反馈信息为目标的设计法。

4．机械装备可靠性设计与质量评估

研究方向:

(1)大型机械装备与复杂系统的可靠性与概率风险评估,包括虚拟实验无损检测、寿命预测、可靠性。

(2)新材料(复合材料、生物工程材料、梯度功能材料)与新型结构(铝材摩擦点焊结构)疲劳断裂与结构完整性设计与预测。

(3)产品设计过程中的质量评估。

特色与创新:

(1)系统可靠性建模的独立失效假设与信息遗失问题。

(2)系统可靠性试验信息的充分性问题及相应的判据。

(3)复杂载荷条件下的疲劳可靠性模型。

5．重大机械装备数字化制造

以构建新的制造模式和系统为主要目标,研究方向为:

(1)建设重大机械装备网络化制造实验研究系统平台。

创新点:

a．提出虚拟企业建模和敏捷调度的一般方法和模型框架;

b．开发面向企业和集团的装备制造企业网络化制造平台。

(2)建设重大机械装备虚拟制造与快速成型实验研究系统平台。

创新点:

a．机械装备的虚拟制造过程与工厂虚拟设计与生产;

b．提出 RPM 技术与 CT 结合快速成型的技术方法。

(3)制造模式与制造工程质量控制。

创新点:

a．构建支持集成设计、异地协同机制的产品快速开发系统;

b．制造误差分离与可视化在线监测与预报技术。

研究对象为重大机械装备,例如大型双进双出磨煤机、离心压缩机、高档数控机床、重型机器人等的网络化、制造与虚拟制造及质量控制。

6. 磨削、表面工程与高档数控机床

以磨削、表面工程及高档数控机床核心理论与技术为主要目标,学术研究方向为:

(1) 磨削与精密加工。

创新点:

a. 研究超高速磨削工艺理论与技术;

b. 精密光整复合工艺研究。

(2) 高档数控机床。

创新点:

a. 提出少自由度并联机构设计理论;

b. 建立混联高速五面五轴加工中心实验研究系统。

(3) 表面工程技术研究。

创新点:

a. 新型低温气相沉积技术及装备研究;

b. 开发金刚石、类金刚石薄膜涂层技术。

研究对象为重大机械装备的工艺理论与技术方法,例如以大批量生产的高表面质量要求的汽车零件、高档数控机床产品、特殊功能要求表面制造工艺与技术方法。

学校领导聘任我为这一创新平台建设的首席教授,令我深感这一任务责任之重大。为了做好这项工作,我们从以下几个方面着手开展工作:一是在原有基础上确定好建设目标与基本内容,即以重大机械装备为研究对象,以建立"设计制造共性关键理论与技术"为目标和内容;二是分解为六个建设方向,确定其创新内容(已在前面作了介绍);三是结合具体任务完成既定的科研任务,并提出相应的创新成果;四是完成具有代表性建设成果,包括论文、著作、科研获奖、专利和人才培养,特别要注意每一方向的标志性成果等。

从目前的情况看,该项工作进展情况良好。

七、学院良好的客观环境和条件

任何创业者都必须要有相应的创业环境和条件,有了良好的创业环境和条件,创业者才易于取得成功(照片3.4,照片3.5)。

我在东北大学50多年的工作时间里,总的感觉这里条件是比较理想的,为我搭建了一个发展的平台。

第一,所在单位有良好的科研团队和科研集体;第二,学校有坚强的领导班子和正确的思想作指导;第三,学校有良好的校风和严谨的学风;第四,这所学校是一所教学和科研并重的学校,为我们保证了充裕的教学和科研工作的时间;

第五,有较好的科研条件和环境,如较齐全的试验设备和仪器等;第六,有较充足的研究经费;等等。

良好的科研团队及科研集体是事业取得成功的重要条件。从我进入东北工学院(后复名为东北大学)以来,我所在的研究室最初的名称是矿山机械教研室,不久又改为采选机械教研室,后来,又陆续改为工程机械研究室和机械电子研究所。目前我的研究所的名称是机械设计与理论研究所。

早期的矿山机械教研室和采选机械研究室是学习苏联的教学模式而定名的。这个教研室的成员一向十分团结,成果也较出色,在国内高校矿山机械专业中一直名列前茅。这个教研室这一时期的主要成员有靖德权、宫荣章、张维屏、成心德、李富成、聂能光、步天俊、彭兆行、李建成、宁恩渐、佟杰新、叶成学、李玉娟、关立章、杨恒、丁耀武、赵昱东、闻邦椿、李圣一、王久聪、于忠升、张国忠、任立义等。在这个先进、团结的集体的熏陶和感染下,我工作异常努力,作出了一些自己应该做的奉献(照片3.6)。

20世纪80年代以来,研究所虽几次易名,但却一直朝气蓬勃,充满着生机和活力,在很多工作中都取得了出色的成绩。这一时期的主要成员有:刘杰、柳洪义、张天侠、纪盛青、刘树英、张义民、韩清凯、宋伟刚、李东升、赵春雨、宫照民、任朝晖、李鹤、李小彭、孙伟、马辉等。这样一个优秀的群体,为做好教学、科研工作和取得新的成绩创造了十分有利的条件(照片3.7)。

八、人生体悟

从我的整个创业过程看,走向成功之路的"秘诀"就是在"实践"中"创新"。我在创新过程中提出了8个方面的新问题,即"新工艺、新机构、新模型、新理论、新方法、新技术、新机器、新学科"。对于这些问题,不能只停留在口头上,而是要把提出的"新观念、新模型、新理论、新方法"转化为"新工艺、新机构、新技术、新机器",并成功地应用于实践,使它变为现实的生产力。

1. 要善于规划自己的人生

要做好规划,即确立好人生奋斗的目标、内容和方法的规划。首先要有明确的目标。在人生的道路上,奋斗的目标即是要实现的理想,正如前面所说"崇高的理想"是人生奋斗的力量源,是在奋斗过程中"开拓创新"的原动力。

有了目标,还要有具体的工作内容和科学的工作方法。目标、内容和方法是实现完美人生的三部曲。目标、内容和方法三者缺一不可,没有明确目标的人生是盲目的和糊涂的人生。没有完成具体工作或对社会、人类没有贡献的人生是空虚和毫无实际价值的人生,没有科学方法指导的人生,其人生的道路是难以预知的。

规划并不是一成不变的,在实施一个阶段后可以根据具体条件的变化进行适当调整。

2. 要经受住坎坷和曲折的考验

在人生奋斗的道路上,确实是没有平坦大道可走的,总是会遇到曲折和坎坷。有政治上的,有思想上的,有生活方面的,也有工作上的,这些困难我在创业过程中都曾遇到过。在完成每一项科研课题的过程中,我时常会遇到各种各样的问题,有的是自己的原因造成的,有的困难则来自外部。无论困难来自内部或来自外部,我们都要想办法去解决。意志薄弱者在遇到这些曲折和困难时,往往没有充分的思想准备,因此在思想上难以承受巨大的打击和压力,甚至想走上绝路。这些人在人生奋斗道路上是很难取得成功的。

每个人都应该有可能遭遇各种不利情况的思想准备,要在脑子里随时存有忧患意识,不要把事情看得太容易了。一帆风顺的事往往是极少数的,必须要有克服各种困难的准备。遇到曲折和坎坷,要尽量想办法加以克服,使困难对工作的影响减少到最小的程度。要准备一而再、再而三地去克服各种不同困难的决心。只有在不断克服各种困难和扫除各种障碍以后,才有可能达到最终的理想目的地。记得俄国作家普希金有一句名言:"大石拦路,强者视为前进的阶梯,弱者视为前进的障碍。"由于我正是把困难和困境视为前进道路上的阶梯,才能够一步一步地向成功的顶峰攀登。

3. 必须要正视现实和看到自己的不足

在遇到困难时,不要过多地强调客观对自己的影响,我们更应该从自身的角度去找原因。要正视现实,要看到自己的不足,并要自己努力克服工作中的不足,找出解决问题的理想措施和方法。在这个过程中,要检查自己前进道路上所确定的目标、内容和方法有何不当之处,进而改正之前规划的目标、内容和方法,并不断进行探索和实践,最终找到解决问题的最佳方案。

4. 要坚持正确的科学研究方向

正确的和有实际价值的科研方向需要经过调查和分析才能确定下来。每一个时期都有每一个时期工作的重点和科研方向。科研方向的选择应该是在国际上,至少在国内该学术方向发展的初始阶段或发展的上升阶段,再要根据国家或地区的实际需要予以确定,不符合上述条件的发展方向往往是没有意义的,或者是缺乏重要实际意义的。

5. 应该充分地利用创业环境和条件

任何创业过程都必须面对相应的创业环境和条件。虽然我在前进的道路上经受过不少艰难和曲折,但总的来说,创业的环境和条件是良好的。东北大学的领导给予我很多支持和关怀,有些支持是无形的,这也是学校的地位所决定的。例如,我成为研究生,从而在专业领域有所作为是通过领导的安排才最后决定的。"文化大革命"结束后,学校对我一直十分支持。每次参加国际、国内学术活动,学校都给予大力支持,学校的许多工作人员也都为我做了大量的服务性工作,使我在前进道路上毫无阻拦,勇往直前。

6. 不断实践、不断创造、不断前进

成果是在不断实践和不断创新过程中取得的。在前面我已提到,"实践"和"创造"是通向成功的必由之路。"实践"是实现"创造"的核心和前提,"创新"体现在完成每一件事的过程中。也就是说,在人生奋斗的万里征途中,走完了第一步,还会有第二步、第三步。要不断前进,不断创新,不断积累,最后才能达到最终目的地。

从前面介绍的科研工作的每一事例都包含了创新的内容。那么,如何去创新呢?创新要具备以下几个条件:

(1) 要充分了解所要创新的事件的重要性和必要性,以及环境对它需求的情况与发展远景;

(2) 在主观上对所研究事件要确立强烈的创新愿望和浓厚的创新意识;

(3) 要学习与掌握与创新相关的知识;

(4) 要了解创新的基本规律,如有关"创新"的书籍中所介绍的一般创新规则;

(5) 要争取优良的实践条件;

(6) 要使创新的具体内容在事件中得到具体的实现。

学习和掌握与创新事件相关书籍中的内容及其实际经验,系统地了解与创新事件相关的现有理论与方法,将有利于创新相关工作的开展,进而顺利完成创新工作。

创新是一个人、一个企业、一个民族、一个国家的灵魂。有了创新,才会有发展,事业才会取得成功。因此,创新是人生奋斗取得成功的核心内容,或者说是走向成功的必由之路。

在这里,我还是要重复马克思说过的一句话:"在科学上面,是没有一条平坦的大道可走的,只有那在崎岖小路的攀登上,不畏劳苦的人,才有希望达到光辉的顶点。"

本章附录

附录 3.1

闻邦椿副教授是怎样成长起来的

(原载东北工学院院刊,1979年11月30日)

机械系教师闻邦椿1955年毕业于我院矿机专业,1957年毕业于我院矿机专业研究生班。

20多年来,闻邦椿同志一直坚持在教学和科研第一线,先后讲授了大学本科"选矿机械"、"振动机械"等课程,指导过十六届本校学生的毕业设计;包括二三十种选矿机械和振动机械的总体设计,其中有十一种机械在诸多厂矿已投产使用或即将投产使用。他带领学生和苏家屯第一砂轮厂共同研制的自同步概率筛是我国第一台概率筛,现已使用一年半之久,其单位面积产量为普通筛的五到十倍,占地面积为普通筛的三分之一,重量与金属消耗也大大降低。这项研究成果荣获辽宁省1979年重大科研项目二等奖。

闻邦椿同志结合教学和科研,自1958年以来先后在国内十多种杂志上发表了四十多篇文章,参加编写出版了《选矿机械》等教材。最近他和他的学生刘凤翘一起完成了《振动机械理论与计算》一书,已作为专著列入机械工业出版社1980年出版计划。

由于闻邦椿同志在教学和科研中取得了较显著的成绩,1978年被破格提升为副教授,被群众选为采选机械教研室副主任,院、系学术委员会委员,并被评为1978年度院模范教师,参加了辽宁省教师代表大会。

闻邦椿同志为什么在20多年里取得了这么大的成绩?他是怎样成长起来的呢?

学术方向明确,坚持进行研究

早在1956年跟苏联专家当研究生学习时,闻邦椿同志的毕业设计题目就是"振动筛",当时正是振动机械的大发展时期,国外先后出现了一些新型的振动机械,国内也迫切需要这些新机器、新设备,但在这方面还没有完整的科学的理论指导。因此他从1957年开始,就确定以振动机械作为自己的学术方向,开始了振动机械有关理论和实践的研究。他在科研和指导学生毕业设计中,选的题目多数是振动方面的课题,如弹簧隔振双管振动输送机、惯性共振式给料机、自同步概率筛、复合式共振振动筛、耐热式双管振动输送机、惯性共振式振动输送机、惯性共振式概率筛等,并把这些机械在我们国内第一次设计和试制出来。在实践的基础上,他注意进行理论上的提高。虽然实验条件差,但这并没有难倒他;他同实验室同志一起,亲自动手,制作一些简单的设备,取得了一些必要的实验数据。

闻邦椿同志二十多年坚持研究振动这个方向不动摇,一个问题一个问题地抓,一届一届毕业生接着搞。基础理论不够就补学,实验条件没有就自己动手创造,实在不行,就到厂矿去,长期坚持,结果对振动的研究步步加深。《振动机械理论与计算》一书,是他用了七年的时间写成的,该书是他20年来坚持振动研究成果的总结。最近在机械工业出版社和我院共同主持下,邀请科研设计、高等院校、生产厂矿等12个单位共26名同志参加审查这本书。大家对该书给予高度评价,认为"该书吸收和反映了国内外在振动机械领域内的新发展和新技术,并在自同步理论、概率筛分理论、物料运动理论、非线性与近共振式振动机械的动力学理论、电磁振动机械理论及强度与刚度计算等方面有所发展和创新"。与会者同时还指出,"全书内容丰富,实用性很强,对于振动机械的科研、设计和调试有很大的指导意义,是当前迫切需要的理论书籍"。

理论联系实际,敢于提出新观点

闻邦椿同志在谈到自己的成长时说:"我们读书,不能局限于书本上已有的结论,要敢于提出问题,提出自己的看法,不能照抄照搬,只有这样才能学得扎实,也才能有所发现。"他在1956年当研究生时,发现苏联教授列文松在阐述振动机械时忽略了动力学中惯性力这一最重要的因素,认为略去惯性力对振动系统是不合适的。为了证明自己的想法,他认真学习了有关数学和机械振动学的内容,并进行了必要的试验,这样既充实了自己的观点,又扩充了基础理论知识。

闻邦椿同志坚持把科研实践上升到一定理论,高度地进行总结和概括,先后写出了四十多篇学术文章,对非线性振动机械动力学理论、近共振机械的动力学理论、自同步振动机的振动理论、概率筛分理论、物料运动理论、电磁式振动机械的理论以及振动输送机的刚度理论等都提出了自己的看法。比如,在1958年《沈阳机械》第一期刊登他的关于椭圆振动机的物料运动理论和1959年《矿山机电》上发表的《新型振动离心机工作参数的合理选择》的文章中,他所提出的振动离心机的物料运动理论在当时国内外尚未有前人提出来,一直到1963年苏联别列哈曼所写的《振动位移》一书中,才提出了上述理论和有关机械的计算方法。1958年,在《共振筛的构造及其理论的若干问题》一文中,他提出了带气隙弹簧共振筛的动力学理论,提供了计算共振筛工作点与动力学参数的计算公式,直到1964年苏联的包屠拉耶夫写的《振动输送机》一书,才对这个问题进行了较为详细的叙述。

闻邦椿同志坚持理论联系实际,特别是1972年以后更加自觉实践,不仅研究的课题来源于生产实际,而且在解决问题的过程中,既注意理论上的分析,又注意实验数据的归纳,进而上升为理论,来指导实践。最近他与关立章老师一起提出了自同步振动机的同步理论,就是他们从生产实际出发,考虑了阻尼对振动机实际存在的影响,提出了在近共振条件下,可以实现同步运转的新观点,并用实验证实了这一结论。而美、日和西德等国学者发表的文章均略去了阻尼,认为在共振情况下不能实现同步。

正确处理各种关系,努力搞好教学

闻邦椿同志为革命钻研业务,曾被人指责为"只专不红"、"个人名利",同时他两个孩子患病,爱人身体不好。但所有这些都没有动摇他搞好教学和科研的决心。二十多年来,对于领导交给他的各项教学、科研任务,他总是努力完成,取得了比较显著的成绩。

他较好地处理了教学和科研的关系。他认为,作为一名教师脱离教学工作是不合适的,因而他长期以来始终承担教学任务,并结合教学中的问题进行科学研究,用科研成果充实教学内容。比如他在讲授"选矿机械"有关旋回运动这一难点时,他进行了旋回运动效应及其应用的研究,并在院第五届学术报告会上提出了报告,从而进一步充实了教学内容。他把自己研究的物料运动理论应用在1958年指导学生搞的振动离心机的毕业设计中,并在任务完成后,于1959年在《矿山机电》杂志上发表了《新型振动离心机工作参数的合理选择》一文。他历年都有毕业设计的指导任务,并自觉地把毕业设计作为他教学和科研的结合点,而且一届一届地接下去,这届学生完成的设计任务就由下一届同学进行调试,在调试的基础上再进一步进行理论研究,提出新的看法。所以,教学过程既是他科研成果的积累,又是他科研成果发展的过程;最近他完成的《振动机械理论与计算》一书,就是他把教学和科研结合起来的产物,也是他和他的学生共同劳动的结晶。

他较好地处理了工作和提高的关系。二十多年来,他从没有机会脱产进修过,但他学术水平的提高却是比较快的。他始终坚持在教学和科研的实践中提高。他根据不同阶段的不同任务,围绕自己的学术方向,能动地安排自己的提高。如在1960年到1966年期间,他的教学任务比较重,毕业设计的课题不少来自现场,面较广,大部分又属于他过去没有搞过的,有的还与他的学术方向不一致。在这种情况下,他从大局出发,坚持以工作为重,采取边学边带边扩大知识面的办法,一面完成教学任务,一面利用学校业余进修班的机会,采取自学和听课相结合的办法,学习了德语,复习了英语,并逐步学习了"数学物理方程"、"高等代数"、"振动理论"、"非线性振动"等基础理论。这些知识既帮助他完成了当时的教学任务,又为他以后的科学研究作了理论上和外语上的准备。

他较好地处理了解决现场实际问题和进行理论研究的关系。他总结了20世纪50年代自己一度对现场实际问题注意不够的教训,在60年代,尤其在70年代,他比较自觉地注意处理解决生产实际问题和理论研究的关系。他根据自己的学术方向,有选择地解决生产实际问题。如1975年北京铁矿提出振动输送机经常损坏,影响生产任务的完成。闻邦椿听到这个情况后,欣然接受了任务,带领几名学生到现场进行设计、试制成弹簧隔振双管振动输送机。目前已有八台投产使用,隔振效果比奥地利进口的设备还要好。投产三年多,使北京铁矿选矿厂作业率由50%提高到90%以上。同时,他还就这方面的研究,写出了比较有水平的论文。

目前,闻邦椿同志除了承担大学本科班的毕业设计指导任务外,还开始指导两届三名研究生的学习。他准备在振动利用方面作进一步研究,向更高的领域前进!

短评:走工作中提高的道路

机械系闻邦椿同志走过的路,是广大教师熟知的在教学科研实践中提高的道路。

闻邦椿同志的成长过程,给人们提供了有益的启示,至少以下几点值得大家借鉴。

其一,作为高等学校教师应该对红专问题有正确的认识和理解,脚踏实地实现又红又专。闻邦椿同志热心教学,刻苦钻研业务,既为社会主义事业培养了人才,又为国家提供了科研成果,为社会主义事业作出了很大贡献,他走的是又红又专的道路。

其二,作为高等学校的教师,必须处理好教学与科研、工作与提高的关系。教学与科研,工作与提高,本来是辩证统一的关系,处理得好,就可以取得相辅相成,互相促进的结果。但是,有些同志常常把教学与科研、工作与提高的关系对立起来,认为搞教学就搞不了科研,要提高就得脱产进修。显然,这样的认识是片面的。闻邦椿同志正确处理好了教学与科研,工作与提高的关系,提供了很好的经验。他坚持在工作中提高,这是正确的道路。

其三,要搞好教学和科研,提高业务水平和工作能力,还必须正确处理理论和实践的关系。闻邦椿同志既重视理论上的研究,也重视实际问题的探讨,把理论和实践有机地结合起来,不仅提高得快,而且取得的成果显著。对于基础理论,他不是盲目地学,而是根据教学和科研实际需要去学习。这样目的性明确,效果好。

从闻邦椿同志的事迹中还可以看出,要想提高得快,一方面要善于继承前人的成果,另一方面又要敢于创新,勇于提出新的学术观点。

闻邦椿同志的成长不是三年两载取得的,而是长期坚持、持之以恒的结果。他明确学术方向之后,便全力投进去,刻苦钻研,既不东张西望,也不见异思迁,这种精神对每个希望在事业上有所建树的人,都是值得学习的。

愿更多的同志能像闻邦椿副教授那样尽快成长起来,为社会主义现代化事业,为把学校办成两个中心作出更大的贡献。

附录3.2

创造者的人生
—— 记东北工学院机械二系系主任闻邦椿

韩 靖

(引自《沈城精英》,沈阳日报编辑部、沈阳市总工会合编,1986年5月)

引　子

此刻,东北工学院机械二系系主任办公室里,评定教授、副教授职称晋级会正在紧张进行。

"系里把这次晋为副教授的同志名单按顺序排列如下:一、×××;二、×××;……;十、闻邦椿。"系主任清晰的男低音在屋里回旋。

"闻邦椿排第十?"

如同一石激水……

"闻邦椿老师不应排在第十!"

"这些年,他的成果突出,应该提前晋升副教授。"

"应该让闻邦椿先晋。"

是啊,多年了,闻邦椿的一言一行都映在大家的眼里。闻邦椿的一举一动都记在大家的心里……

"低能儿"挺身否权威

1957 年,东北工学院机械系分来了一名青年教师。个子不高,身材瘦削,说话满口江南味。他就是该院研究生班毕业的闻邦椿。

这位新教师,开始没有引起任何人的注意,甚至有的同学也没把他放在眼里。

他开始给同学们上课。当他站在讲台上,绘声绘色把那枯燥的机械振动原理讲得妙趣横生时,同学们被吸引了。接着,他连连向学生提问:"你是怎么理解这个原理的?"

"你有什么不同的看法?"

"除了这种计算方法,还有别的计算方法吗?"

"你再提出一种新方案?"

一声高一声的提问,一步跟一步的紧逼,引起学生的思考……

于是出现了关于他的传说——

"念书时他是学院连续三年的优秀生。"

"他是苏联莫斯科矿业学院副院长、著名专家索苏诺夫的研究生。"

"听说他还否定过苏联著名教授的什么公式。"

是的。这一幕幕的画面,在教过闻邦椿的老师和他同窗学友的脑海中,至今仍记忆犹新。一次,老师讲到苏联著名教授列文松关于振动筛动力学参数计算公式,闻邦椿自己重新进行推算,结果发现这个公式有错误。

他大胆陈述了自己的观点,在全系里引起了风波。

"狂妄自大。"有人这样说他了。

"不知天高地厚。"有人这样批评他了。

"科学的东西来不得半点虚假,教授也是人,也会有错误。"他据理力争,接着发表文章,对列文松教授的公式提出了异议。

于是,一些人奉送给他一顶顶桂冠:"白专典型"、"玩数学游戏"。

二十六七岁的青年,面对迎面吹来的阵阵冷风,他在想啥?

他想起了一位老师,一位启迪他心灵的老师。

闻邦椿出生在浙江一个小农村里,父亲是一个大地测量工程师,叔叔是留法物理学博士。也许父亲和叔叔都是读书人的缘故,希望他也念书,有出息。可他偏偏不争气,小学几年,数学经常考得很差,爸爸常为他叹息,就连他叔叔也认定他是个"低能儿"。

上中学了,教物理课的老师说要给大家讲个故事。闻邦椿最爱听故事啦,他用手托着小脸蛋,睁圆两只大眼睛。

老师讲的是:瓦特发明了蒸汽机;爱迪生发明了电。

听着,听着,闻邦椿入迷了,他心中在想:"我也要当发明家!"他暗地里下了决心,我首先要学好功课,打好基础。

打这以后,奇迹真的出现了。

期末,闻邦椿的数学竟得了98分的高分,名列全班前茅。

此时,少年的闻邦椿信心大增,他想出个雄心勃勃的计划,要为家乡发电。虽然这未变为现实,然而他对机械、对发明,却着了迷。他把家里停摆多年的老钟搬出来,拆拆装装,钟居然报时了。

他喜悦,兴奋,就在那时,心中萌发的理想更坚定了:"要像瓦特那样,当发明家,为社会作贡献。"

也许是少年时的这种大胆"狂想",上大学他选择了机械系。当研究生时,他选取"振动的利用"这门科学新分支。

"振动"被世界列为一大公害。以往世界各国都研究怎样消除振动,直到20世纪50年代,世界上"振动的利用"这门边缘学科才有了新发展,世界各国开始纷纷研究如何利用其所长振动原理为国民经济服务。在我国这门新科学从理论到社会实践还是一片空白。闻邦椿立志为这一新学科铺块砖。

终于,他胜利了。

几年之后,很多国家都对苏联著名教授列文松的"振动筛动力学参数计算公式"给予修正。

闻邦椿的传闻就这样不胫而走,同行们对他刮目相看了,学生们对他肃然起敬了。大家发现,在这个个子不高、瘦弱的青年教师身躯里面蕴藏着一种极大的热情和创造力。他是创造型的,他要求所教的学生都是创造型人才。在以后的几十年教学中,他都是这样。他教的学生,70%的毕业设计都选取真刀真枪的设计题目。他带的研究生,很多人在国内外杂志上发表论文,成为硕士、博士。而他,正充实着那创造的人生。

辛勤的汗水换来国家级奖励

时光像飞旋的车轮,一晃进入了60年代。

闻邦椿望着校园里一片葱葱绿树出神。那树是刚进校园时自己亲手载的。十年啦,小树成材了,自己呢?从青年步入中年,孔子曰"三十而立",自己有何建树?

一个大胆的设想在他心中酝酿:"编写一本《振动机械的理论及应用》专著。"

当他把所有资料、数据收集齐全,中国那场政治风暴开始了。

造反,写大字报,批判会接连不断。

闻邦椿,这个新中国培养起来的大学生,他虔诚地爱着科学——国家富强靠科学。开批判会,人去会场心里构思着他的《振动机械的理论及应用》。

这时的闻邦椿已有了家,他的妻子是沈阳郊区的一名中学教员。闻邦椿的家庭出身是"地主",在"文革"时期,出身不好的人很难解决夫妻两地分居的问题,于是他们成了"牛郎织女"。

闻邦椿没有怨言,他反而庆幸:"这样会有更多的时间来思考那本书。"他每星期通勤回家两次。

校园里一片萧条冷落,昔日斑驳树影下的读书声没了。

代之而起的是"斗!斗!斗!"的声浪。

有些好心人来劝告他了:"你还写书,没挨够批呀!"

是啊,他忘不了,自己曾被当过"白专"典型批判过。闻邦椿现出苦笑,脸上的肌肉有些抽搐,看得出,他的内心是痛苦的,可很快他又恢复了平静。

不久,一些人翻出他指导学生搞的设计挑毛病,要进行批判。

这下可惹怒了闻邦椿。一向老实得连话都不多说的闻邦椿,像一头十二条缰绳都拉不回来的犟牛,他冲着那些要批判他的人说:"既然这样,那就把所有指导学生搞的毕业设计都找出来,如果我的毛病最多,我甘愿受罚。"他自信自己指导学生搞的设计决不是最糟的。那些人退却了。他们心里明白,平时闻邦椿的工作是最认真的,指导学生设计做的是最好的……

闻邦椿又为写书赢得了时间,他高兴得像个孩子,泪水在两个深凹的眼眶里溢满。

不知怎么,命运总是捉弄他。有关部门决定:"铁路通勤紧张,户口在沈阳的职工一律取消通勤票。"

就这样,闻邦椿自己花钱买通勤票的待遇也没有了。

没办法,闻邦椿只好节衣缩食,攒了70元钱,到寄卖商店买了一台旧自行车骑,来回通勤。清晨,东方还没露白,他上路了,夜晚满天星星上齐了,他才到家。妻子怀疑了他,"莫非他被专政啦?"一天,当他的前脚刚跨进家门,妻子劈头就问:"你为什么天天回来这么晚?"

闻邦椿不知如何回答是好,支吾半天。

他不愿意把那种种苦衷告诉妻子。

那辆破旧自行车,一路上稀里哗啦响,不时抛锚。他是研究机械振动的,可他没时间来研究怎样清除这辆自行车的振动,要知道,那样的大拆大卸修理,起码需要半天甚至更多的时间,他舍不得宝贵的黄金时光啊。每天上班,他都把修车工具装在书包里,哪儿出了故障,下车敲敲拧拧,然后骑上再走。有一次刹车失灵,他竟摔进了深沟……

吞吞吐吐的回答,加重了妻子的疑虑,她满脸怒气,跑到桌前,把闻邦椿编写的厚厚一摞草稿掼到地上:"你是吃一百个豆也不嫌腥啊。"

"你,你……"闻邦椿觉得心里一阵剧痛。

他猛扑过去,拣起那一张张散落的沾上了泥水的草稿,大颗大颗的泪珠顺着脸颊滚落下来……

妻子惊呆了。

这么些年,他们政治上受歧视,生活上又不宽裕,就是两个爱子身患重病欠债三千元的时候,丈夫也没皱一下眉头,叹一声气,可今天……

当妻子的是最了解丈夫的。她知道这一摞草稿在他心中的位置,那是他的心,他的汗,他的事业,是他的生命啊。

她不知是委屈,还是忏悔,心里酸、甜、苦、辣、咸五味俱全,嘤嘤地哭了起来。

闻邦椿走到她的身边,见她刚才的满脸怒气全消了,仍是平时那副温和的笑脸。他对妻子说:"放心吧,国家一定会好起来的,我写的这些东西,总有一天对国家有用。"

一晃就是七年。闻邦椿为写这本书查资料的准备时间不算,光写就用了七年,这期间数易其稿,用去的草稿纸就装了一麻袋。书中提出的上百个理论计算公式,他都亲自做了验证。

7年!2550个日日夜夜,闻邦椿都是在紧张、劳累中度过的,那60万字的《振动机械的理论及应用》一书来之不易啊!

1979年,在由20多位专家组成的审稿会上,专家们对这本书给予高度评价:"该书内容丰富,有一定的创造性和较强的实用性。它对科研、设计、生产有着重要指导意义。"

1982年,这本书由机械工业出版社出版。

1983年,这本书被确认"完善了振动利用这一学科新分支的理论,发展了振动机械的工作理论"。荣获全国优秀科技图书二等奖。

同年,该书在莫斯科举行的国际图书博览会上展出。

闻邦椿又一次胜利啦!

幸运喜欢照顾勇敢的人

有人说:"闻邦椿真幸运。"可达尔文说:"幸运喜欢照顾勇敢的人。"

幸运之神来了。

校领导找到他:首钢二号高炉急需一种大型振动筛,这种筛国内没有,国外也找不到合适的型号,难度很大,你去怎样?

闻邦椿那颗善于思索的大脑急速地转着,"教学与科研相结合,教学、科研为生产实践服务",这是他一贯的主张,他干脆地回答:"行!"

大年初六,闻邦椿踏上了征途。

列车在沈山铁路线上飞驶。

他用嘴巴朝结了霜花的车窗呵着热气,透过融化的小孔,他看见了外面纷纷飘着白雪。树木、房屋、大地连成一条银色的缎带,啊!那多像一条银色的河。此时,他想起了一首居里夫人最喜欢的克拉考夫民歌,那是一首咏唱维斯杜拉河的歌曲:"这条波兰的河流,自身有一种魔力,那些被它迷住的人们,至死还爱着它!"他的耳边又响起了妻子、儿女的声音:"你整天匆匆忙忙,图啥?"

是啊,"我到底图啥?"闻邦椿问自己。

"为了给祖国作点贡献!"正是这一股魔力迷住了他,使他舍弃了小家和个人的安逸。

北京,首钢二号高炉,挺着巨人一样的身躯迎接勇敢前来的闻邦椿。

高炉前,闻邦椿和设计组的同志在徘徊,国内没有先例,国外没有资料,困难如山啊!

设计方案一个又一个被推翻。

一个接一个又拿出来。

设计室—高炉—图书馆,闻邦椿每天都重复着这枯燥的三点一线。

冬去了,春来了。

花落了,又迎来了大雪飘舞的冬天。

经过上百次的修改、补充、完善。"大型惯性共振式概率筛"问世了!

经试验,性能良好,下一步要在生产实践中检验。

闻邦椿要回沈阳了。首钢设计院的领导、工程技术人员赶来送行。问他:"有什么事要办?"

"没有。没有。"闻邦椿摇着头。

当他坐上火车,习惯地闭起眼睛,把右腿架在左腿上轻轻颤动,突然想起妻子来信让他买条裤子,女儿捎信让他带条围脖。

不久,首钢二号高炉传来喜讯:"高炉出铁量创国内先进水平。"

实践证明:大型惯性共振式概率筛具有启动快,停车迅速,筛料精确,并适合于电子计算机控制等优点。

冶金部鉴定认为:"该筛具有创造性,是国内外较先进的一种新型概率筛,它填补了筛分机械的一项空白。为首钢二号高炉创国内先进水平立了功。"

冶金部为这项设计向国家科委申报发明家奖。

幸运又一次光顾了闻邦椿。

"大型惯性共振式概率筛"荣获了国家发明三等奖!

与此同时,闻邦椿又一次创造了奇迹!

他为首钢设计的大型冷矿筛,填补了我国冷矿筛的空白。机械性能达到国家科学技术进步三等奖。

名声享受纸糊的立柜

闻邦椿真忙。

几年之间,他频频飞往大西洋彼岸,多次参加国际学术会议。在国际、国内各种杂志上发表论文五十多篇。

20多年来,他的足迹遍布了大半个中国,为无数厂家解决了各种各样的生产难题。

在一份材料上这样记载:

1977年,他和第一砂轮厂共同研制出我国第一台自同步概率筛,荣获省科技成果二等奖。

1982年,他为磨料行业研制成功新型筛网振动筛,荣获省科技成果奖。

同年,他为北京铁矿选矿厂研制出一种新型输送设备,获冶金部科技成果奖。

1983年,为发电厂大型概率筛进行振动同步新原理应用试验成功,获水电部科技成果奖。

至于三项国家级奖,更是众所周知。

闻邦椿以他的实践探索出一条把教学、科研、生产紧密结合在一起,为国家建设服务的良好途径。

闻邦椿以他对科学事业的执著追求,赢得了荣誉。

他不仅在国内机械振动学界享有盛名,而且赢得了国际有关专家的尊敬。

一次,一位日本学者来到东北工学院,非要见见闻邦椿。他说:"闻邦椿。了不起。"接着讲了一个故事。

一次,日本近畿株式会社给马来西亚生产的振动机质量出了问题,找不到原因,在那里进修的一位沈阳工程师给他们解决了问题,并当场讲了一大套理论。一位总工程师听了非常惊讶,连声惊呼:"不简单!不简单!"当他得知这套理论是东北工学院闻邦椿老师讲的,就在心里记下了这位中国振动机械权威的名字。这次借来中国访问之机,专程拜访闻邦椿。

又一次,国内准备派一名学者去澳大利亚墨尔本大学攻读博士学位。对方说:"要是闻邦椿送来的,我们就要,在这儿的花销,我们通过奖学金的形式包了。"

闻邦椿出名了。

可是,他是如何对待名的呢?

一次,与外单位搞合作,出了成果。可对方在报设计者时抹去了他的名字。系里的同志气愤了:"不行,告他们去。"

"算啦,算啦。"闻邦椿坦然地说:"有和他们打官司的时间,我们又搞出几项新的科研成果啦。只要是为四化作贡献,有名没名都没关系。"

闻邦椿不吸烟,不喝酒,不饮茶,对生活要求极低。他妻子说:"他这个人哪,白来了世上一回,不知道什么是享受,什么也没享受着。"

出外搞协作,当日票售完,买预约票,三天后才能走。

"不行,不行。"闻邦椿头又摇起来。

买站台票上车,没座位,站着。

没有卧铺,坐着。

闻邦椿的同事们都说:"跟老闻出差,吃苦、受累。"

这就是闻邦椿的人生!对社会索取极少,而奉献甚多……

他搞了那么多发明,使人不能不联想起他搞的另一项"特殊发明"。

秘密是这样被揭开的:

过了17年牛郎织女生活的闻邦椿,终于与妻子团聚啦。组织上把他的妻子调进了沈阳。

搬家那天,学校来了不少人。

突然一个人惊呼:"啊!纸糊的立柜!纸糊的立柜!"

爱洁静这是知识分子的癖性,可闻邦椿没有时间和精力经营自己的安乐窝。立柜打好就撂下了,妻子只好用牛皮纸糊上。

大家围起来,用充满敬意的目光看着闻邦椿。

不知谁说了一句:"老闻啊,你这项创造也可以申报一个发明奖。"

"哈哈!""哈哈!"

屋里撒下一串笑声。

尾　声

当大家回顾了闻邦椿这些年走过的路,觉得晋升副教授给闻邦椿排第十位太不公正,于是在群众的一致呼吁下,闻邦椿从第十位跃居第二位。

他破格第一批晋升为副教授,第二年晋升为教授,接着担任机械二系系主任。

以后多次蝉联学院模范教师、先进工作者,并光荣加入中国共产党。1983年被选为全国第六届政协委员。

1984年,国务院学位委员会批准他为博士研究生导师。

同年,又荣获沈阳市特等劳动模范和辽宁省劳动模范的光荣称号。

1985年,他又被选为国务院学位委员会机械工程学科评议组成员。

当我结束这篇报告文学时,闻邦椿又收到了中国科学家大辞典编辑委员会来函,征集他的作品、简历。

很多人都在探索人生的价值,那么就让我们看看闻邦椿所走过的人生吧。

附录3.3

"发明骑士"——闻邦椿

刘伟男

(部分内容刊登在中国科学院院刊1998年13卷1期《让振动造福社会》)

闻邦椿,机械动力学和工程机械专家。原籍浙江温岭,1930年9月生。1955年毕业于东北工学院机电系,1957年毕业于该院机械系研究生班。教授、东北大学工程机械研究所所长、中国科学院院士。系统地研究和发展了振动学与机械学相结合的新学科"振动利用工程学"。还研究了转子动力学、机械系统非线性振动理论及应用、机械故障的振动诊断及工程机械的某些理论问题。曾研制成功10多种新型振动机械和工程机械,所研制的"惯性共振式概率筛"与"激振器偏转式大型冷矿振动筛"达到了国际先进水平。

1987年,在比利时布鲁塞尔国际发明博览会上,闻邦椿研制的"惯性共振式概率筛"获得"尤里卡"金奖,他本人还荣获了个人发明"骑士"勋章一枚。"骑士",是活跃在中世纪欧洲的一种侠肝义胆、英勇无畏的人被冠以的称号,我们不必去深究细问。但是,闻邦椿和他的同事们,在国民经济建设的战场上,在振动机械和工程机械领域内,艰苦拼搏,大展拳脚,先后研制成功十多种新型机器,为国家节省了大量外汇,创造了巨额经济效益。在这个意义上,闻邦椿倒像个"发明骑士"。

一、脚踏实地 以勤补拙

1946年,闻邦椿从浙江省温岭市的一所中学——新河中学初中毕业,他同时报考了当地仅有的三所中学,结果都被录取了。他选择了被称为当地"最高学府"的台州中学,就读于高中部。台州中学是一所学风正派、教学严谨、师资雄厚的学校。毕业生中有7位中国科学院与中国工程院院士,还有的曾是国家领导人。

　　高中时的学习生活,对闻邦椿来说是难以忘怀的。这所学校离闻邦椿家约60余里,为节省路费,每次回家返校,无论是烈日当空,还是风雨交加,都要长途跋涉一整天。这种艰苦环境,使闻邦椿既锻炼了意志又学习到了知识。

　　台州中学这段学习生活,也有至今还使闻邦椿耿耿于怀和深感遗憾的地方,那就是尽管台中有写过脍炙人口的《荷塘月色》、《背影》等著名文章的大散文家朱自清先生担任语文教师,可由于闻邦椿在读私塾时语文基础打得不好,因此对语文兴趣不大。闻邦椿通过以后的工作实践深深地体会到,学好语文,对于一个搞自然科学的人是十分重要的。它可以使人能深刻理解问题,准确地表述问题。19世纪俄国著名小说家契诃夫说过:"如果一个人知道血液循环学说,他就是富有的。如果他又学会宗教历史,那他就不是更穷,而是更富有了。因此,我们只需要加法,各种才能之间是不会打架的,在歌德身上诗人与自然科学家相处很和睦。"闻邦椿认为,这是一句至理名言。事实上,有许多科学家在自然科学领域卓有成就,在文学上也很有造诣。中国科学院院士、数学家王湘浩写出的研究《红楼梦》的著作,竟让许多知名红学家赞叹不已。近代科学史上,许多科学家的理论被人接受,取得成功,是得益于他们的语言文字的表达能力。言而无文,行之不远。自然科学和社会科学虽属两个不同领域,但它们确是相通和相辅相成的。正是基于这一点,闻邦椿在以后的工作实践中加强了这方面的学习,并取得明显的长进。

　　在闻邦椿读到高中三年上学期时,中国的历史发生了翻天覆地的变化,解放战争取得了决定性的胜利,1949年7月,闻邦椿的家乡解放了,南下的胜利之师急需补充大量有文化的知识青年。闻邦椿和同班的30多名同学于10月投身到了解放军这所大学校里。闻邦椿参加了中国人民解放军第二十一军,担任团参谋处见习书记。一年以后由于患上淋巴结核,闻邦椿不得不复员回乡。部队生活虽然只有一年多,可是,在这个纪律严明、重视思想教育的集体里,在这个具有相同的价值观念、处处讲整齐划一的特殊群体里,闻邦椿受到了良好的锻炼,养成了严肃快捷的工作作风、质朴的生活方式和严格的时间观念,这段生活经历,为闻邦椿积累了宝贵的精神财富。以后,闻邦椿无论遇到什么样的困难,他都没有却步过,无论遇到什么样的坎坷,都有一种一定要战胜它的气势。

　　1951年,成立才两年的共和国,一方面在冰天雪地的朝鲜半岛与当时世界上头号帝国主义国家展开了殊死的战斗,另一方面开始着手制定第一个五年计划。成千上万的干部准备抖掉身上的征尘,从硝烟弥漫的战场走向和平建设的广阔天地。在这种形势下,闻邦椿在复员回家补习完高中课程后,考入了当时以培养冶金工业方面人才为主的东北工学院的机械系。

大学时代,闻邦椿担任班级的团干部。当时政治运动比较频繁,"三反"、"五反"、知识分子思想改造,批判"武训传"……,每次运动都学习、讨论、表态,这耗去了他相当大的精力,再加上他从莺飞草长的江南来到经常是干冷天气的沈阳,体质本来就虚弱的闻邦椿淋巴结核病复发了。疾病的折磨也使闻邦椿的学习和工作受到了影响。闻邦椿清醒地知道,在这种情况下要完成好学习任务就要拿出坚强的毅力,要付出比别人更多的时间。闻邦椿一面抓紧学习和作好团支部工作,一面积极治疗。共和国对自己培养的大学生倾注了深沉的爱,学校为闻邦椿使用了现在是非常普通的而在当时是非常珍贵的链霉素,闻邦椿的病治愈了。闻邦椿是爱思考的人,他在对学校充满了感激之情之余,也从一种新药可以治好一种顽症,可以给人的肌体注入新的活力这个事实中,直接领悟到:科学技术是伟大的,它可以做到人们希望做到的事。其实,马克思早就指出,科学技术是"历史有力的杠杆","是最高意义上的革命力量"。毛泽东同志在延安时期就曾经告诫其长子毛岸英,"只有科学技术是真学问,将来用之无穷",当然闻邦椿在当时的认识远没有达到这些先驱者的思想高度,但闻邦椿这种发自内心的、朴素的认识使他更坚定了献身科学、造福人类的决心。

在科学上是没有平坦大道可走的,但是,在科学大道上可以寻找捷径的。战国时的韩非曾说过,"事以微巧成,以疏拙败"。"微巧"即巧妙也。人们在探索科学的奥妙时可以找到事半功倍的方法,可以找到少走一些弯路的途径,闻邦椿坚信这一点,并努力付诸学习的实践中。大学开设了几十门课程,怎样才能掌握住这些浩如烟海的知识?闻邦椿采用的方法是努力分析和研究各门学科的内在规律和各学科之间的内在联系,通过掌握"规律"和"联系"来把握这些知识。为此,闻邦椿自学了逻辑学,运用逻辑学中分析的方法,如原因和结果、内涵和外延、分类和比较等规则,找到本质内容和一般内容的关系,理清了每一学科的内在结构和各学科之间既有联系又有区别的地方,从整体上掌握了知识体系。同时,闻邦椿每学习一个章节,都自己进行归纳。归纳,不是简单的综合,不是简单的加法,而是从纷纭繁杂的知识中抽出本质,找出规律,抓住重点以及上下左右的联系,以加深理解和认识。这样,闻邦椿以较优异的成绩完成了大学四年的学习,当时在全班80多名学生中学校选留了8名研究生,闻邦椿是其中之一。

1955年,闻邦椿进入东北工学院机械系研究生班,在苏联专家、莫斯科矿业学院副院长索苏诺夫指导下,他选择了当时国家急需的"振动机械"这个课题作为自己的研究方向。"振动"在20世纪50年代一直被列为一大公害,机床的振动影响加工精度;地壳振动(即地震),会给人民生命财产带来无法估量的损失。因此,世界各国都在研究如何消除振动,50年代以后,人们开始把注意力转移到如何利用振动,并产生了"振动利用"这门机械学与振动学相结合的交叉学科。50年代中期,世界上还没有一套完整的振动机械的理论,在我国也有许多理论和实际问题需要解决。闻邦椿把国家的需要作为自己选择专业的唯一依据,决心研究振动利用学科的有关理论,并研制出利用振动原理的机器,这些机械,主要是用于煤炭和矿石的筛选、输送以及铁路路碴含土的清除等。苏联专家索苏诺夫除了热情指导他们学习外,还用历史名言来鼓励大家:"不想当将军的士兵不是好士兵","好的研究生要把科学院院士对人类的贡献作为自己的奋斗目标"。36年过去了,闻邦椿把苏联专家的鼓励变为了现实,可是在当时,闻邦椿却感到成为一位院士是非常遥远的目标。尽管遥远,闻邦椿还是想一步一步接近这个奋斗目标,还是想当成为将军的好士兵。

为了迅速掌握这门新的学科,实现崇高的理想,闻邦椿自学了数学物理方程、高等代数、机械振动学、非线性振动、电磁学、德语等十多门课程,广泛阅读了有关的国内外技术文献,并结合自己的实验研究,连续在全国性杂志上发表了多篇振动机械理论方面的学术论文。其中《椭圆振动机上物料运动的理论》和《振动离心机中物料运动的理论》两篇论文中的结果在国内外都是最先提出的,而且它对设计制造振动机械有较大的参考价值。一位在学的研究生就取得如此的成绩,苏联专家给予了较高评价,当苏联专家的评价在东北工学院校报上刊登后,在师生中引起很大反响。

不久,闻邦椿又有惊人之举在全校引起了反响。闻邦椿通过理论分析与实验,发现苏联出版的《选矿机械》、《铸造机械》等几本教科书所叙述的苏联列文松教授关于振动筛动力学计算的一个基本公式有错误,在计算式中忽略了振动质体的惯性力,把它当做静力学问题来考虑。可是在当时要指出这个错误是需要巨大的勇气的,闻邦椿清楚地知道,自己仅仅是一名研究生,这是在向一个著名的苏联专家挑战。这不仅要求闻邦椿在思想上和学术上不迷信书本,不迷信权威,还需要在政治上敢于担风险。在20世纪50年代,我们国家是"以苏联为首的社会主义阵营"的一员,在外交上是"一边倒",在技术上全面学习苏联。那个时候,"是不是有利于巩固和加强这个阵营的团结"是辨别你的言行是香花还是毒草的一条标准。如果是对西方一个教授的观点,是可以任意批判的。但是如果对苏联教授批评错了,就会被戴上一顶什么"分子"的帽子,在政治上就会被打入另册。就在闻邦椿犹豫的时候,他发现国内一篇关于振动球磨机的论文中引用了列文松教授的公式,闻邦椿意识到,不指出这个公式的错误,就会给我国科学技术与生产的发展带来严重影响,于是,闻邦椿撰写了一篇论文,勇敢地指出列文松教授公式的错误。果然,闻邦椿的举动引起了非议,有人说,一个研究生竟敢批评苏联教授,太狂妄了。但是,在科学面前毕竟是没有什么东西万古不变的。在科学面前也没有特权。不久,国内外先后有人通过研究也发现了这个公式的错误,苏联的教材对这个公式作了修正,由此证明了闻邦椿的见解是正确的。

闻邦椿胜利了。他进一步认识到,科学的怀疑与批判本身就是创造精神。我们不能仅仅从教科书上去认识自然规律,教科书只能为我们认识自然规律提供一个窗口,一个台阶,一把进门的钥匙。

闻邦椿从研究生班毕业了,但他清楚地记得家乡一所学校毕业典礼时的一幅对联,其中下联是:"毕业业何能毕,望同学齐心努力,更成伟业震天。"闻邦椿清醒地认识到,学无止境,学海无涯,走上工作岗位,仍需在学海里以苦作舟,在学业上以勤补拙,这样才能在科学技术的领域里建功立业。

二、蹉跎岁月　锲而不舍

1957年,闻邦椿从东北学院机械系研究生毕业后留校任助教,正当他准备在振动利用工程的领域里做一番事业时,中国大地开展了一系列铺天盖地的政治运动:1957年的反右斗争,1958年庐山会议批判彭德怀,1962年的北戴河会议重提以阶级斗争为纲,1966年开始了史无前例的"文化大革命"。中国共产党在探索建设社会主义的道路上出现了令人痛心的失误。

闻邦椿潜心钻研业务,再加上家庭出身是地主,所以几乎每次运动他都要受到冲击,已由学生时代的"革命动力"变成"革命对象"。"罪名"是"白专道路"。1960年,一起毕业的同学都由助教提升为讲师了,惟独闻邦椿不仅没有提讲师,还因为所谓"白专",被送到校农场去接受劳动锻炼,尽管无论是教学和科研,他都是出类拔萃的。但他一直正视着自己的现实,并为祖国的科学事业而奋斗的决心依旧没有动摇。在闻邦椿受批判的岁月里,一有空余时间,他就在思索着正待研究和需要解决的问题。

1964年,闻邦椿患了骨结核,尽管他重病缠身,可他还得接受批判,一些人准备从闻邦椿指导的学生的毕业设计中找出毛病作为批判的靶子,这一次把闻邦椿激怒了,他拍案而起说:"如果按照学生毕业设计中的错误多少对教师进行批判的话,应该把所有的毕业设计都找出来,看谁指导的学生的毕业设计毛病多,如果我指导的毕业设计毛病最多,我心甘情愿受批判。"那些人退却了,因为他们知道,闻邦椿在这一方面是很严谨的。

1966年开始的"文化大革命",大学更是遭到一场浩劫。教室里的桌椅七零八落,实验室里的仪器残缺不全,校园里掉落的大字报被风吹得到处乱滚,以往树荫下朗朗的读书声已销声匿迹,这在今天看来是难以令人置信的一幕景象,却是昨天的真实。在当时,有的人热心于运动而不搞学问了,有的人既不热心运动也不搞学问了。有位好心人来劝闻邦椿,知识越多越倒霉,你还没挨够批判啊,别再搞学问了!也别再写文章了,批判你还没有挨够吗?闻邦椿坚定地说,一个民族没有科学技术是不能生存发展的,中国还是需要科学技术的,搞学问还是有用的。尽管还是被批判的"白专典型",但他仍然不改其志。论文不能发表,他照样写,他知道总结出来写出来,就是积累资料。闻邦椿要把过去有关"振动利用"的研究成果总结出来,相信这些结果总有一天会派上用场。在这期间,一些研究的结果需要实验验证,闻邦椿就自己动手制作试验模型。教学不让抓,科研课题不让搞,他就暗自练兵。闻邦椿跑到旧物市场,买些零件、工具,亲自动手在车床上加工轴类零件,用电焊机焊接构件,用漆包线缠绕电磁铁,做出了共振筛和电磁振动给料机的试验模型,通过试验验证了某些理论研究得出的结果。

除了政治上的压力,家庭生活上的困难也沉重地压在闻邦椿的身上,1962年,闻邦椿结婚了,他的爱人在远离市区约30余里的苏家屯工作,婚后一直两地分居。有一次,闻邦椿在食堂吃饭,无意中听到一位同志对别人说,家庭出身好的人可以考虑解决两地分居问题。闻邦椿想,自己家庭出身不好,就别想给解决两地分居问题了,所以闻邦椿从来没有提出过给爱人调动工作的问题。起初,闻邦椿是早起晚归乘火车通勤。可是,没过多久,又有规定像闻邦椿这样户口在沈阳,妻子在郊区工作的同志不再卖给通勤火车票了。闻邦椿连坐火车通勤的待遇也没有了。

火车坐不了,就骑自行车。他凑了70多元钱,到寄卖店买了辆旧自行车。闻邦椿从1965年开始骑自行车上下班,一直到1978年他爱人调进沈阳市内才结束通勤生活。十三年,每星期往返多次,每次往返70里,路上就要用去三个小时,无论是严冬还是酷暑,无论是刮风还是下雨,天一放白就得上路,很晚才能回到家。为了防备路上车子坏了,闻邦椿还得带上修车工具。

有一次,由于车子刹车失灵,闻邦椿掉进了路旁的沟里,脸和手都摔破了。半夜才回到了家,爱人还以为被"专政"了。

十三个年头,四千多个白天黑夜,按里程计算,闻邦椿绕地球转了一圈半。

"四人帮"被粉碎以后,党的知识分子政策得到贯彻,闻邦椿爱人调进了沈阳市内,家人终于团圆了。搬家那天,同志们都赶来帮着抬家具,大家都愣了,原来是一个只有框架而四面是用牛皮纸糊的立柜!在生活上,闻邦椿几乎无所求,他把全部心思都用在了事业上。

政治上的压力,家庭的困难都没有压倒闻邦椿献身事业的决心。就在今天批,明天斗,今天重新划线,明天重新站队的"文化大革命"中,从1972年开始,闻邦椿根据自己多年科研和教学的积累,开始著述《振动机械的理论与应用》一书,在编写过程中,闻邦椿反复推导每一个公式,每一个理论。没有试验样机和仪器,就自己动手做,剪板下料,在车床上车削主轴,用电焊机焊接构件,他先后制造了共振筛、电磁振动给料机模型,并通过试验取得了必要的数据。这样前后共花费了7年时间,几易其稿,所用的草稿纸可以装一麻袋,终于写成了这部长达60万字的专著,并于1982年由中国机械工业出版社出版。经过20多位专家的审阅,认为这本书"内容丰富,有创造性和较强的实用性,它对科研、设计和生产有重要指导意义"。该书中提出的上百个理论计算公式现已被国内不少科研、设计和生产部门采用。这一专著为我国建立"振动利用工程"这一新分支和奠定这一学科的理论基础作出了贡献。目前,该书是这一领域内的一部主要参考书。1983年,该书荣获全国优秀图书二等奖,并在莫斯科国际图书博览会上展出。

1975年,闻邦椿带领几名学生到北京铁矿毕业实习,北京铁矿选矿厂用的振动输送机是关键设备。可是当时该矿生产的输送机密封不好,引起地基振动严重,工作时粉尘飞扬,极大危害了工人的身体健康,有关部门改造了三次都没有解决问题。闻邦椿决心帮助该厂改变这种情况,他迎着时间紧准备少的困难而上。厂里提出要把振动输送机放到五层楼上,而且要求传给基础的振动要很小,以防止把楼振坏了。当时有人议论:"这样老大难的问题,大设计院都没有解决,凭一名讲师带几名大学未毕业的学生,能解决这个问题吗?"面对这种情况,闻邦椿和学生们穿起工作服,吃、住在厂里,全身心地投入到工作中,从调查研究入手,经过方案讨论、模型试验、图纸设计、制造安装和调试等,并认真地听取工人们的意见,进行研究与设计,采用了平衡加隔振动的原理,先利用废旧钢材,制作了一台2米长的实验样机,经过运行观察和改进之后,长度为20多米的四条振动输送机终于研制成功了。机器安装在五层楼上,经试车一次成功,不仅没有飞扬的粉尘,地基也没有一点振动。而且在技术上还有许多独到的地方,如它是采用共振原理的振动输送机,解决了长距离输送过程中由于振动体易弯曲变形问题。这些机器运转半年,就完成了全年的任务。厂领导、工人和技术人员给予高度评价。闻邦椿还带领学生进行理论上的提高工作,写出了6篇学术论文,并在国内有关杂志上发表。该项目通过了国家鉴定,还荣获冶金工业部科技进步奖。

在命运多舛的日子里,闻邦椿始终是"穷且益坚,不坠青云志",在重重的困难面前,闻邦椿始终是坚定不移地向着自己选择的目标前进!

鲁迅先生说,牛吃的是草,挤出来的是奶!

闻邦椿用自己的言行努力实践着这句名言!

1978年,在同一届毕业的同学中,闻邦椿最先被提升为副教授。东北工学院校刊上头版头条以"闻邦椿副教授是怎样成长起来的"为题的长篇报导刊登了闻邦椿的成长过程,还专门写了短评。短评说:"闻邦椿所走过的是又红又专的道路,是在教学、科研实践中提高的道路,他正确处理了教学与科研、工作与提高、理论与实践的关系。"闻邦椿知道这是对自己的鼓励和鞭策,更是对自己过去二十多年的艰苦努力执著研究的肯定。这使他感到无限的欣慰,更加增强了他献身于科学研究事业的决心。

1989年,化学工业出版社出版了闻邦椿的第二部专著《振动筛、振动给料机、振动输送机的设计与调试》,在此期间,闻邦椿和他的学生们还撰写了百余篇学术论文发表在国内外的刊物上,从而进一步完善了"振动利用工程"这一新学科的理论。闻邦椿以"坚定信念、开拓前进"为座右铭,迎接着最严峻的挑战,终于战胜了前进中的各种困难,取得了一系列的研究成果,为发展"振动利用工程"新学科作出了自己的贡献。

三、勇于实践 敢于创新

1976年,"文化大革命"终于结束了,中国的科学事业又开始了第二个春天。闻邦椿和科研组的同志们一起,以百倍的热情,继续发扬锲而不舍的精神,辛勤耕耘在振动利用工程这个领域,并取得了丰硕的成果。1987年获得比利时布鲁塞尔国际发明博览会授予的"个人发明骑士勋章"一枚,"尤里卡"金奖一项,1986年获国家发明三等奖一项,1985年获国家科技进步奖各一项,1986年获"六五"攻关三委一部奖一项,1983年获全国优秀科技图书奖一项,1980年至1989年,获省、部级奖8项,国家专利6项。闻邦椿的简历已载入《中国发明家大辞典》中,他少年时的梦想在45年以后的今天得到了实现。

闻邦椿的成功之道在于他善于创新。广义的"创新",就是毛泽东同志所说的"有所发现,有所发明,有所创造,有所前进"。创新又有狭义的理解——"技术创新",通常的说法是把一种或若干种新设想(或新概念)发展到实际应用阶段。它不仅表现在技术的创造性和技术进步上,更表现在技术的运用。在经济活动中的应用,即技术创新要以产品创新、工艺过程创新,能解决生产中的瓶颈问题,以获取较高的效益。

创新,不仅仅是提出一种新的理论、新的概念,更重要的是要把这种理论、观念拿到实践中成功地应用!

创新是一个民族的灵魂,是国家兴旺发达的不竭动力。

闻邦椿和他的合作者,就是在振动机械和工程机械的领域里,先后提出了一些全新的理论和制成十多种几百台新机器,为冶金、煤炭、电力、机械等部门解决了多个关键技术问题,为国家创造了巨大的经济效益和社会效益。

闻邦椿研制的机器都是工程机械,它要求一种机器有一种结构,而且其中有不少机器是几十吨重的庞然大物,一台机器价格就有几十万元钱,巨大的部件大都是铆焊在一起的,工作起来利用的是振动力。机器制造出来后,要能正常运转,出了故障能及时修复。这就给设计、制造提出了更高的要求。这些工作在技术上是要承担责任的,因此时常要冒很大的风险,一旦出了问题,会给国家造成巨大的损失。

闻邦椿创新之路是把教学、科研和生产结合起来。三者结合不是三个不同的工作简单的相加和连接。三者结合内涵着三者的内在联系,不断深化和相辅相成,内涵着互为因果,彼此验证和互相包容。

首钢有个2号高炉,它在炼钢前要求把烧结矿和焦炭的粉渣筛掉,以提高高炉的透气性,急需一批大型振动筛。

起初,首钢想用电振筛,或瑞典的概率筛,但这些产品又都存在一些缺点。

当时,国内外没有合适的振动筛可以采用。

闻邦椿接受了制造新型振动筛的任务。

1979年初,闻邦椿来到了首钢。

在现场、设计室、资料室,闻邦椿和他的同事以及首钢的同志们反复研究,否定了一个又一个方案,接着拿出一个又一个方案。最后,决定研制一种新型惯性共振动式概率筛,这个产品主要是根据闻邦椿在教学和科研中提出的概率筛分原理和非线性近共振机械系统的理论,将惯性共振原理与概率筛分原理有机结合起来,并在同一机上同时实现筛分、给料和托料三重功能。很快就制成了样机。一开车,出了故障,由于筛孔过大,停车后托不住加入的物料。原来,按照原先给出的数据,粗物料占70%,而实际来的料是粗物料占30%,与原先给出的数据完全不同,大量的料漏掉了。他们又将给料处的筛孔做小,筛机正常运转了。该种新筛机具有启动快、停车迅速、噪声小、防尘好、能耗低、一机两用和适用于计算机自动控制等优点,不久,首钢2号高炉出铁量创全国先进水平。实践证明,这种筛机是国内外振动机械领域内首创的一种新设备。其技术水平已达到国际先进水平,1985年获国家技术发明三等奖,现在已有200多台筛机应用于我国工业部门;1987年,该筛机获比利时布鲁塞尔国际发明博览会"尤里卡"金奖。

闻邦椿在教学、科研中研究的理论应用到生产实践中,解决生产实践过程中的问题,并进一步完善了这种理论。这是闻邦椿把教学、科研、生产三结合的一种形式。

大型冷矿振动筛的研制,也充分体现了这种形式。1981年,首钢又委托闻邦椿设计大型冷矿筛。当时,某钢铁公司花了300万美元从日本引进了6台冷烧结矿振动筛,仅使用一年半,筛箱横梁便出现裂纹;我国仿照前西德制造的热矿筛,质量也不过关。闻邦椿根据他在20世纪80年代初提出的"偏转式激振器自同步振动机"的理论,设计出了大型冷矿筛,并由洛阳矿山机械厂制造出来。调试那天,机械厂的同志怕试车出现故障,使闻邦椿丢面子,就劝他"不要到现场,让别人去吧",闻邦椿坚持亲自调试,现场来了几十人,鸦雀无声。由于这台机器在设计时采用了新的原理,有人认为不可能成功。所以,这当中怀疑者有之,新奇者有之,担心者有之。一开车,机身震动得很厉害,人群骚动了。闻邦椿冷静仔细地观察,发现主要是隔振弹簧刚度太大,马上撤去八个隔振弹簧,机身振动平稳了,噪声消失了。用仪器测量,指标达到预期要求,调试成功了。人群响起了掌声。现在,这种冷矿筛已正常工作了十几年,并先后生产出50多台,目前已在我国十多个钢铁企业中推广应用,约占全国使用的冷矿振动筛的2/3。该筛机和国外引进的相比,高度由4米降至3米,重量由50吨减至30吨,其性能和使用寿命超过了从国外引进的同类产品。而且,在这种筛机工作一年多以后,英、美才申请两项专利,而闻邦椿的该项研究成果早于美国与英国并在技术上超过,内容较这两项专利更全面,并有具体的计算公式。该项成果推广应用后,其经济效益十分可观。50台冷矿筛可为国家节省近一亿元资金。

从日本引进的每台筛机为30至40万美元,而闻邦椿设计生产的振动筛只需30至40万元人民币。1985年,该大型冷烧结矿振动筛荣获国家科技进步奖。

在这里,说句题外话。就在实践已经证明了闻邦椿的大型烧结矿振动筛性能和寿命都超过了日本产品时,某钢铁公司还是花二百多万元从日本引进了振动筛。闻邦椿感到"不理解"。我们当然能理解闻邦椿的"不理解"。

在生产实践中,不断总结出新的理论,把理论提出的理论进一步完善,再用到生产实践中,这是闻邦椿把教学、科研和生产三者结合的第二种形式。

1977年,闻邦椿和他的学生在与机械部第一砂轮厂同志一起研制成功自同步概率筛时,发现两台激振电机在获得同步运转之后,将其中一台电机的电源切断,它们仍然可以保持同步运转状态。闻邦椿把这种停电后激振电机实现运转是由于系统的振动引起的奇特现象,称为"振动同步传动"。并通过多年的理论研究、实验室试验和工业试验,解决了一系列的问题,使这种传动原理在工业中得到了应用。后来这项自同步概率筛获辽宁省重大科技成果奖,并被制成科教影片。

1980年初,呼和浩特铁路局急需一种新型的清理路基石料的清筛机,原有的清筛机效率低,而且清理后含土量超过标准10%(要求3%以下),既浪费资金,修后的路基又缺少弹性,影响路轨及机车寿命。闻邦椿和科研组接受了该项任务后,深入到铁路工地,认真调查研究,苦心钻研设计,最后吸收瑞典人发明的概率筛的优点和法国人研制的等厚筛的长处,研制出一种新型筛机——大揭盖清筛机。该筛机前段用概率分层和筛分,后段采用等厚筛分。两台筛机平行工作,投产后产量每小时超过2 200吨,筛下物料含土量降低到3%以下,完全达到要求,一年就为呼和浩特铁路局节约200万元人民币,此后该筛机很快又在全国11个铁路局推广使用。

一位日本企业家说过,综合也是创造。闻邦椿在把二种外国筛机的优点相结合而设计出新型筛机的过程中,提出了一种新的筛分原理——概率等厚筛分原理,并在有关国际学术会议上发表了论文。

30年来,闻邦椿结合对各种振动机械的研究,先后提出了许多具有独创性的理论。如振动机上物料运动理论、概率筛分理论、空间运动振动机的同步理论和振动同步传动的理论、电磁式与惯性式非线性振动机的工作理论等。

马克思说:"科学力量只有通过机械的运用才能被占有。"

闻邦椿运用一些研究出的理论制成新机器,通过机器工作实现理论对实践的指导作用,体现了人对科学的探索和掌握。

恩格斯说:"社会一旦有技术上的需要,则这种需要就会比十所大学更能把科学推向前进。"

闻邦椿就是以社会的需要为工作的动力。他从生产实践中寻找课题,通过教学、科研,总结出新理论,再运用新的理论解决生产实践中的问题。在教学、科研和生产的循环往复中敢于创新,有所发现,不断前进!

路遥知马力,日久见人心。时间能考验人。在几十年的岁月里,无论是大学求学,留校任教,还是在科研工作实践中,闻邦椿始终如一地勤奋学习、富有创造性而又卓有成效地工作,表现了一个正直的知识分子对人民和祖国的忠诚!对社会主义的坚定信念。

附录 3.4

追 求 毕 生

本报记者　李北斗

（原载科技日报,1993 年 3 月 19 日）

闻邦椿,1930 年生,浙江温岭人。1951 年考取东北工学院机电系矿机专业,1957 年在该校研究生毕业,现任教授,国际转子动力学委员会委员。他系统地创立了"振动利用工程学"。已发表 120 篇论文及 6 部专著。其成果多次荣获国家和国际大奖,并有 6 项获国家专利;效益逾亿元。

与闻教授谈人生,如观海上搏击风浪的帆船。其大惊大险、大悲大喜的经历,绝非"甘辛"一词所能描述。但摘一二片段,便可洞见闻先生坚韧超群的品德和普罗米修斯般的献身精神。

闻教授家有一"宝"。这是一台除了铃铛不响,其他哪儿都响的旧自行车。子女们都很奇怪,生活改善了,这台老掉牙的车为什么不换新的?

当年闻教授在校教书,家却住在远离市区 20 公里外的乡下。这辆自行车便成了闻邦椿往返上班的"伴侣"。顶着星星出门,踏着月光回家,闻教授小车不散只管骑。一次,晚饭已凉透,闻邦椿推门而入。衣裤破了,手上脸上都是伤。这种连人带车摔进路沟的事已经不止一次。妻子满腹的埋怨化成了两眼辛酸,问他:你到底图个啥呀!

如此这般。白天讲课,夜晚还要伏案著述。风风雨雨 13 载,闻邦椿骑着那辆破自行车绕了地球多少圈,这其间的辛酸苦楚,恐怕只有闻教授和那辆自行车知晓。

如今,闻教授好开心。历尽千般磨难的他终于修成了"正果"。他发明的惯性振动式概率筛获得了尤里卡世界发明博览会金奖,胸前挂上了"骑士"勋章。最让闻教授感到欣慰的是,他的研究成果已被首钢、包钢等大型企业应用,年创效益逾亿元。闻教授笑着说,自己是个"逢凶化吉、大福大贵"之人。而且有事实为证。

  10年前,闻邦椿去参加一个学术会议。正撞上卓长仁一伙亡命之徒劫持了那架飞机。机舱内枪声大作,飞机瞬间从1万米高空直坠海面。闻教授却异常机智冷静。飞机在韩国春川机场迫降。他代表全体乘客起草了一份备忘录,请3位日本朋友交给中国驻东京大使馆,以备不测……

  艰难困苦,玉汝于成,信然。

    云松从来在峰险,心诚石蕾绽。
    成果斐华夏,"骑士"等闲,科海说浩瀚。
    伟业自古多磨难,金奖血泪蘸。
    此情为谁浓?千劫不灭,耿耿炎黄恋。

本文配词(《醉花阴》) 张飙

第四章 生 活 篇

人生在世,要求学,要创业,要面对衣、食、住、行、家庭、社会、疾病等一连串的生活问题,还要面对很多意想不到的突然变故或突发事件。以什么样的态度和怎样的社会责任去面对这一切,就现实生活中的每一个人而言都是一个不可忽视的严峻问题。

一、战胜病魔,积极预防疾病

我研究的领域是机械工程,工作涉及设计机器、制造机器、使用机器、修理机器等方面。如果机器出现故障,就要给机器"治病"。30年来,有关设备故障诊断的理论、方法与技术的研究引起了科学技术界的广泛重视和密切关注,这一学科也得到了飞速的发展。

对于诊治人的疾病来说,其意义比诊断设备的"疾病"更为突出。因为人是机器的设计者和创造者,健康的人能创造出更多的财富。治疗和预防疾病是每一个人必须关心的头等大事。作为科研工作者,我们既然要研究机器疾病的检察、诊断和治疗方法,对于自己来说,也应该知道疾病的监测、诊断、预防和治疗方法,所以我常常将机器疾病的检察和诊断、预防和治疗的相似原理应用于研究自己疾病的治疗过程中。

在过去的50多年中,我对自己的疾病进行过密切的关注,并提出了一些检察与诊断、预防与治疗的方法,长期实践证明,这些方法还是很有用的。当然,当我的身体出现严重的疾病时,还是得请医生来诊断和治疗,不能过多地依赖自己。

1. 对疾病要及早积极地治疗

我年轻的时候体弱多病,曾患过胸膜炎、淋巴结核、骨结核等疾病,至于疟疾、感冒、肠胃病等可以说是常事。我在高中念书时,许多同学都说,看你最多也只能活到40岁,甚至我的姊姊也偷偷地告诉我的弟弟,恐怕你哥哥活不长,可是我现在已经近80岁了,如果没有特殊情况的话,我相信自己还会继续健康地活下去。每当我患病时,我都能积极主动地迎接病魔的挑战,既配合医生进行积极的治疗,也十分重视采取预防措施,在饮食与生活等方面都特别注意,随时观察疾病的变化,防止病情的发展,不管是胸膜炎、淋巴结核,还是骨结核,我都一一地战胜了它们。如果我不是长期以来积极地与病魔抗争,恐怕早就离开了人世。

四十多年来,我的身体一直很好,这是我勇敢、积极地战胜病魔的结果。从中,我也积累了一些经验和教训。

胸膜炎:

我在少年时期曾患过胸膜炎。以后的生活中,几乎在我每一次照射X射线时,医生都会告诉我,我小时患过胸膜炎。但究竟是在什么时候得的这种病,我已经记不清了。记得在少年时期,有一段时间,我曾身体麻冷,下午身体发热,晚上有时冒冷汗,一连有两三个星期,我估计胸膜炎就是在那个时候患上的。

这种病现在的治疗方法是注射链霉素。但在我少年时期,根本没有那种特效药。我还记得,当我身体发烧近两周时,父亲领我去看中医,大夫给我开了五贴中药,每隔一定时间吃一贴。中医大夫开的药十分有效,吃下这五贴药以后,我的疾病真的被治好了,所以我判断中医也可以治疗胸膜炎等结核性疾病。

淋巴结核:

我在青年时期,淋巴结核断断续续地在缠绕着我大约有五六年之久。有的人患上淋巴结核,不到两年就离开了人世。我在中学阶段有位同学就是这样辞世的。惟独我和淋巴结核抗争了五六年,疾病没有夺走我的生命,最终还是我战胜了它。在没有结核病特效药的时候,关键的问题是不要让疾病快速地发展,这个时候,心态和营养都十分重要,要尽量少吃一些诱发疾病进一步发展的食品,还要有良好的心态。我发现,当营养较好时,疾病便好转得快,但有些食品既能加强营养,又会加快疾病发展,相互间存在矛盾,这时就要妥善加以处理。

1951年至1952年,链霉素开始在我国使用。这也许是我的好运。1952年我正好在东北工学院念书,医生给我使用当时价格昂贵的特效药链霉素,我颈部的淋巴结核就是依靠链霉素治愈的,我终于第二次战胜了身上的结核病。

骨结核:

1964年,我在沈阳工作,但当时的家还在苏家屯,因为我爱人在苏家屯造纸厂工会工作,所以我一个星期在两地之间要来回两三趟,单程约18公里。当时生活条件并不很好,身体素质并不够理想。有一天,我回到家中,爱人看到我脸色发红,她说你可能在发烧。我用体温计测量一下体温,结果是37.6℃。第二天,我就去沈阳市的大医院检查疾病,经过透视,发现我左手肘腕中间的关节处有一块很硬的东西,医生判断可能是骨结核,也可能是骨瘤。经过几天观察,最后确定是骨结核,要给我左胳膊打上石膏,这一打就是两三个月,因为治疗这种病,得病的手是不允许弯曲的。

同时,我还在服用一种名为雷米丰(即叶菸呈药片)的特效药。这种特效药的确十分有效,在服用三天后,体温就趋于正常,体内结核菌已被控制住,但胳膊上骨结核块是一下子不能消除的。经过几个疗程的治疗,我的骨结核痊愈了。我第三次征服了身上的结核病。

通过这件事我领悟到,一种新药可以治好一种顽症,可以给人的肌体注入新的活力,而新的科学技术可以对整个社会进步增加推动力。马克思说过,科学技术是"历史有力的杠杆","是最高意义上的革命力量"。从此我更加坚定了献身科学、造福人类的决心和信心。

2. 积极预防各种疾病

感冒:

疾病应以预防为主。就拿感冒这个小病来说吧,我也是以积极认真的态度来对待的。在过去的40年中,我只得过几次感冒。但我身边不少人时常得感冒,包括我的孩子,我总是批评他们不善于总结经验。按照我的经验,感冒发烧以前脉搏会增加到每分钟80次以上,如果在发烧以前采取紧急预防措施,就可以防止感冒的发生,即在没有发烧之前就将疾病治好了。虽然这是件小事,但也不容忽视。感冒一旦发生,体力会有很大的损耗,影响生活和工作。所以应该及早发现、及早预防,这样做,对身体健康是很有裨益的。

积极预防和治疗疾病可以使我们的身体少受损伤,用更多的时间来完成更多的工作任务。每个人在其一生中,几乎都会患上各种不同的疾病,在人生道路上如何对待疾病,是生活中不可避免的一件要事,应该有自己的一套处理办法,决不能轻视。

二、在劫机事件中经受考验

生活中常常会有突发事件发生,如何对待这些突发事件,也是我们需要思考和认真对待的问题。

1983年发生了举世震惊的296号客机被劫持的事件,当时我正在这架客机上。这是一次始料未及的灾难,同时也是一次严峻的考验。

1983年5月5日,我由沈阳东塔机场乘296号客机去上海,指导在那里实习的学生,然后再去南昌参加一个会议。这架客机按原计划是9点整起飞,我们登上飞机后,由于客机有一些机械故障,服务员通知我们先回候机室休息,经过一个多小时,再通知我们上飞机。当时我心里在想,今天我们乘坐飞机不大顺利,上了又下,下了又上。

我的爱人很担心我乘坐飞机时的安全。她总认为乘坐飞机不安全,最好坐火车。所以为了避免我爱人有过重的思想负担,我买了一张火车票,还买了一张飞机票,临行前,我把火车票退掉了,所以我爱人以为我是坐火车去上海的。

1. 客机被劫持

上午10点45分,班机起飞。45分后,客机飞临渤海上空。当乘客们正兴致勃勃地欣赏机翼下那海天一色的壮丽景致时,突然在飞机前舱冲出两名手中拿着手枪的歹徒,其中一名歹徒用手枪对准旅客,嘴里喊着:"不许动!"另一名歹徒对着驾驶室的门,"砰!砰!"连开两枪,幸运的是子弹没有击中油管。如果击中油管的话,飞机马上就会起火,后果难以想象。歹徒看用枪击门锁的办法没有打开驾驶室的门,就用身体使劲撞门,结果把驾驶室的门撞开了。

正在这时,机上的服务员来到后舱告诉大家,现在有劫机分子正企图劫持我们的客机。我马上告诉服务员:"千万不能让劫机分子进入驾驶室,进入驾驶室就不好办了。"这时,旅客对歹徒们的野蛮行径义愤填膺,也有不少乘客很害怕。有的表示要和歹徒作斗争,有的旅客站了起来,要和他们拼了。机组人员告诉大家,一定要听从指挥,行动要统一,需要统一行动的时候,会告诉大家的,大家才安静下来,等待着机组人员的指挥。

歹徒进入驾驶室以后,就大开杀戒,给机组人员来一个下马威,对着驾驶室里的机组人员连开两枪,一枪射中领航员的大腿,另一枪射中报务员的大腿。他们没有对驾驶员开枪,因为他们知道,如果把驾驶员打死了,就没有人能开飞机了。打领航员的这一枪正好击中了他大腿上的动脉,他受了重伤,血流如注。而报务员受的是轻伤。这时,机组人员马上将两位伤员从机舱中抬出,我看到这两位伤员鲜血直流,把机舱过道的地板染得通红。幸好这架航班上还有中国医科大学的两位副教授,他们都是很内行的医生,他们马上开始了抢救伤员的工作。伤员的伤口急需包扎,但机上没有绷带,又没有酒精,有一位旅客马上拿出携带的一瓶白酒,没有绷带就将前后舱中间悬挂的布帘撕成一根根布条来代替绷带。就这样,把伤员大腿上的伤口包扎好了。但是为了保全伤员大腿上的细胞不致坏死,必须每隔20分钟左右,将绷带松开一次,以使血液在大腿上流通,这应该算是伤员的一次好运,如果机上没有医生,伤员的大腿有被截掉的危险。

歹徒进入驾驶室后,首先要求飞机急速下降,并要亲自来按手把。刹那间,这架客机像战斗机一样,机身倾斜70°向下俯冲,从9 000米高空下降到600米的海面上,后来听说是暴徒逼迫驾驶员这样做的,如果不是驾驶员动作及时,客机将会冲进大海。然后,歹徒提出将这架客机开往台湾,驾驶员告诉他们,飞机是开往上海的,如果往台湾飞的话,汽油不足,会在中途掉下。于是歹徒改口,要求开往韩国。客机在低空飞行,机上的不少旅客或互相交换意见,或在低低私语,纷纷想办法如何去制服这几个歹徒。我也在思考,可否将客机降落在丹东或青岛机场,这是最理想的出路。驾驶员正和我们的想法一样,试图将这架客机降落在丹东机场,但劫机分子早已有所准备,看到客机改变飞行方向时,马上警告驾驶员:"你不要耍滑头,赶快向韩国方向开,如果不听话,干掉你!"后来知道这批劫机分子的头目就是后来跑到台湾又因杀人罪被判处死刑的卓长仁。

当时我想,假如不进行很好的组织就硬拼,容易遭受不必要的损失,甚至会机毁人亡,我和大家商量后,一致同意一切行动听从机组的指挥,需要拼的时候,大家一起动手同他们拼。

当客机被劫持以后,报务员跑到机舱后面,向国内许多机场发报,告诉他们"296号客机已被歹徒劫持"的信息。全国许多机场都收到了这架客机被劫持的信息,这时大连机场、沈阳机场、青岛机场、丹东机场等都积极准备应对296号客机的突然降落。空勤人员、地勤人员、救护人员和医务人员从四面八方赶来,救护车、消防车也都做好各种准备。民航局领导要求各个机场做好妥善的安排,但他们一直等待了两三个钟头,都没有296客机的消息。

驾驶员在和歹徒周旋的过程中,机身摇晃,升降不定。这时我们都坐在椅子上,在过道上的服务员站不住,就坐在地板上。不久,飞机在朝鲜半岛上空飞行,到达平壤机场上空后,我亲眼看到平壤机场上停着几架客机,地面上还有汽车在行驶,我们的飞机在机场上回转一圈后,狡猾的歹徒已辨认出这不是韩国机场,便凶狠地命令驾驶员向三八线方向飞去。飞机很快越过了朝鲜半岛上的三八线,四架美制鬼怪式战斗机围住了296号客机,左右各一架,上下各一架,我在机舱里还能看清楚左右两架鬼怪式战斗机上驾驶员的脸。这时,我原先以为我们的客机能在国内机场降落的幼稚想法,已经破灭了。

2. 在春川机场

美军驻韩国的空军引导着我们的客机向驻韩美军的春川机场飞去,下午1点45分,客机被迫降在韩国的春川机场。据说这时客机上只有再飞15分钟的燃油了,所以客机如果没有马上在这里降落的话,还会有一定的危险性。当客机接近地面快要降落时,我看到机场两侧有一排排树木,但突然飞机两侧全是灰尘。因为这个机场是供战斗机与直升机降落用的,跑道只有1 200米长,而用于大型飞机降落的机场跑道至少要2 000米长,因此我们的飞机降落时冲出了跑道约20米,把草坪下的尘土都掀起来了,客机的轮子一半进到泥土里,如果再往前冲出20米,就会撞上铁丝网和铁丝网外面的铁道,就会发生机毁人亡的惨剧。

客机在春川机场降落后,马上来了一批美国兵,有白人,也有黄种人,还有几个黑人。他们拿着枪,对着客机,把我们包围起来。顿时,机场外面许多当地的老百姓赶来这里看热闹,因为他们从来没有看见过这么大的客机降落在这个机场里。这时6个劫机的歹徒躲在驾驶室中,而我们全体旅客和机组人员在前后舱呆着。客机着陆后,按照事先准备好的程序,马上就要打开舱门,以避免由于舱门未打开而造成旅客伤亡的严重事故。这些美国兵事先也不知道我们的飞机是什么原因飞到这里来的,由于机上有两位伤员,需要马上医治,所以我们就得和他们联系。中国医科大学一位副教授刚从美国访问回来,就由他出面和美方交涉。他告诉美方我们的飞机是被劫持到这里来的,机上有两位伤员,需要紧急治疗,机上还有6位劫机分子。当他们知道了这一情况后,过一会儿,来了几位医务人员,把两位伤员抬了下去。

客机降落在当时与我国没有建立外交关系而且社会制度不同的韩国。事态的发展很难预料,大家都意识到我们正面临着复杂而又危险的境遇。对我们来说确实是一次严峻的考验,我在紧张地思索:有什么好办法来解脱这个困境呢?我主动和几位乘客成立了一个临时联络小组,如果强迫我们去别的地方,我们就组织绝食。同时要想办法和祖国取得联系。我想到了机上还有三位日本乘客，就决定起草一封信，请日本朋友带出去。我拿起笔，把纸铺在双腿上，迅速写好了一封信："我们要求联合国有关组织及国际红十字会到现场调查我们的实际情况；我们要求惩办劫机罪犯；我们要求保证全体机组人员和旅客的安全；我们坚决要求返回祖国大陆，使我们全体乘客从沈阳到上海的旅行得以实现。"写好的声明需要誊写清楚，工程师王桂芝忍着胃痛，一笔笔地抄写起来。这封信在机舱里传递着，全体乘客都庄严地在信上签了名。我又将信交给日本朋友迁田顺一，这位日本朋友是一个旅行社的工作人员，我请他设法交给中国驻日本东京大使馆，再转交给联合国秘书长。日本朋友一再表示："一定会带到，一定会带到。"

由于当时韩国和我国还没有建立外交关系，我们一直在机上呆着，从下午1点45分呆到晚上10点30分钟。5月5日的韩国气候已经转暖，我们在机上又闷又热，大家十分口渴。第一次他们送来了橙子，但由于机上人数较多，一个人只能分半个。后来送来了冰水，总算解决了口渴的问题。我们在机上销毁了一些保密文件，并且再三告诉大家，要做好一切思想准备，要注意每个人自身的安全。

到下午6点多钟，突然，枪口对准我们的美国兵将枪口转向外面。我们在猜想：莫非是美方已经知道我们的飞机被劫持到这里来了，所以要求这些卫兵把飞机保护起来？晚上快要到来了，为了保护好客机，他们准备好了大亮度的聚光灯照亮客机。这时我们只好在机上耐心地等待着，急切希望我们的国家和机上全部人员的家人，能尽快知道我们的下落。尽管被这些歹徒劫持到这里，但除两名伤员外，全体旅客和机组人员都还平安。

据说，当我们的飞机被劫持以后，国家领导和各级政府十分关心我们的安全。大连机场、丹东机场和青岛机场都已安排好医务人员和救护车，一直在等候着，以便处理紧急情况。

这时，我的心情和大家一样也很不安定，大家纷纷猜测，什么时候我们才能返回家乡，我们从哪一条路线返回家乡？有一种很大的可能，那就是要经过日本或我国香港回国，因为韩国和我国没有航班往来。

晚上10点多钟，韩国有关方面开来了三辆大客车，要将我们送到两家旅馆去住宿。在韩国，绝大多数旅馆都是私营的，而且规模都比较小，一个旅馆很难容纳百余人，所以只好分到两个旅馆中去住宿。去旅馆前我一再嘱咐其他旅客要特别注意安全，特别是几位女同志。

晚间12点钟左右，旅馆为我们准备好了饭菜，还把我们送到每一个房间里去。我早上8点钟吃的饭，到此时已经16个钟头了，但没有一点饥饿的感觉。每一房间还派来了一、两位能讲中国话的韩国人，他们一直在陪着我们吃饭。这些韩国人都比较热情，他们问我是否知道韩国，我说："怎么不知道，我们中国又不是封闭的国家。"他们又说:"有这么一件事,你们中国人曾在前一时期在海上救了我们韩国的渔民,我们非常感激。今天你们也遇到了困难,我们也应该帮助你们。"顿时,大家紧张的神经放松了不少。

睡觉前,他们又送来表格让我们填写。我们都在国籍一栏里工整地填上了"中华人民共和国"七个端正的大字,因为我国和韩国没有外交关系,因此,必须有一个补办签证的手续。尽管我们已经安全脱险了,但直到夜里3、4点钟,我还是翻来覆去睡不着。

3. 到达汉城(首尔)

第二天,我们乘坐几辆大客车足足走了四五个小时,最终到达汉城(首尔)。我们被安置在位于汉江旁边山坡上的一个高级宾馆,名叫"华柯山庄"。一下车,就有许许多多的记者在等候,他们向机组人员献花。当我们被分配到两人一室的房间后,便叫我们去餐厅就餐。由于当时记者太多,影响我们用餐,所以机长向韩方提出了要求,希望记者退场后我们再用餐,他们接受了我们提出的要求。用餐时,每张桌子安排了一位在大学里学习汉语的韩国大学生。虽然他们是学习汉语的,但还没有毕业,所以讲话不十分流利。正在这个时候,我们国家民航局领导给机长打来了长途电话,一方面向全体旅客和机组人员问候,另一方面告诉我们,我国将派代表团来汉城,国家非常关心我们,大家听说后高兴极了。

过一会儿,日本驻汉城大使馆也专门派人来接三位日本旅客。三位日本旅客走到机长面前恭恭敬敬地向他行礼,并握手告别。韩国方面在这一事件中表现十分热情,对我们的照顾也十分周到。傍晚,韩方还专门为我们表演韩国的民族歌舞和西方流行的节目,除韩国传统文艺节目外,还有模特女孩骑大象的表演,这种特殊文艺表演形式我们在国内从未见到过。在就餐时有位记者问我:"你对韩国印象如何?"我回答:"我对韩国方面的热情接待深表感谢。但我还有三点要求,一是要求严厉惩办劫机凶手;二是要求韩方保证我们全体旅客和机组人员的安全;三是希望韩国方面协助我们尽快返回祖国。"韩国报纸连续报道了有关我们的情况,因为当时韩国报纸文字还没有改革,其中有1/3左右是汉字,这和日本的报纸相类似。

韩国方面以民间的名义对我们在汉城的五天生活进行了十分热情周到的安排。同时,还邀请我们去参观汽车厂、电视机厂、商场、名胜古迹和学校等。

我们在汉城大学参观时,校长亲自接待了我们并出面向我们作介绍。我们看到,汉城大学坐落在一个风景秀丽的山坡上,设有文、史、哲、理、工、农、医等学院,学生有3万多人。校长还发表了热情洋溢的讲话,热情欢迎中国客人来校访问,并欢迎我们的孩子(原话:送我们的公子和千金)到他们学校学习。临别时学校还送给每一个人一枚汉城大学的纪念章。

当我们参观轿车制造厂时,韩方向我们介绍他们每年能生产百余万辆轿车。厂方还特地安排韩国华侨来接待我们。他们的祖辈有的在山东,有的在广东。

总之，虽然这一次我们遇到了不幸，但韩国政府和人民以真诚的友谊对待我们，使我们永远难以忘怀。

在安排我们进行参观活动时，旅馆门口也有从台湾专门派来的人企图瓦解我们的队伍，他们高举着牌子，上面写着"欢迎你们去台湾"！还有的人对着我们在喊："谁愿意去台湾？"但是没有人去理会他们。他们还曾偷偷鼓动带着一个孩子的蔡如红夫妇全家去台湾，但被拒绝。他们企图瓦解我们的队伍，这绝对办不到！

有一天参观回来，一个韩国人过来问我"对汉城的印象如何"，我说："首先感谢你们的接待，但是我们对歹徒把我们劫持到这里来十分气愤，我们要求韩国有关方面尽快送我们回国。"在87名乘客中有一位朝鲜族的旅客名叫张永焕，他的朝鲜语讲得十分流利。有人诱惑他留在韩国："你的朝鲜语讲得很好，汉语说得又很不错，像你这样掌握技术的人，在这里的工资起码一千万，相当于普通工人的四倍。"张永焕开怀大笑："我的家在中国，我什么都有，什么都不缺。"一位美联社记者采访中国医科大学的张萌昌副教授，请他谈谈对韩国的印象，他顺口讲了一句谚语："East and west, the home is best."（东方好，西方好，不如自己的家乡好！）懂英语的记者们全都笑了。他们赞赏中国人的幽默，更佩服这位中国医学教授的信念。

为了保证大家的安全，我和联络组的同志经常把乘客的意愿转告给机组，也会把机组的决定传达给乘客。在外出活动时，我们认真清点人数，招呼队伍，提醒每个人注意检点言行，不给一些别有用心的人留下可乘之机。

4．祖国派来了代表团

5月7日，以民航局局长沈图为团长的中方代表团到达汉城，开始与韩方进行谈判。虽然那时我国和韩国还没有建立外交关系，但韩方还是十分隆重地铺上了红地毯来欢迎我国代表团。

当天晚上，代表团团长沈图在韩国外交部次长的陪同下来看望我们全体旅客和机组人员，并一一和大家握手。接着对我们讲话，当讲到他代表我国有关部门领导来看望各位，十分关心和想念大家，并通过他向各位表示亲切慰问的时候，我和其他每一个人顿时都流下了热泪。

经过谈判，双方共同起草了一份协议。协议中包括三项主要内容：(1) 除重伤员外，所有旅客和机组人员将安排返回祖国；(2) 被劫持的三叉戟客机待技术性问题解决后返还我国；(3) 受重伤的一名机组人员继续留在韩国就医。

5月10日下午15时45分，296号客机机组人员和全体乘客（6名歹徒除外）乘707客机返回祖国。当我们在机上看到长江口的崇明岛时，我的内心顿时感到了一种难以形容的喜悦。到达上海后，上海市政府设盛宴招待我们，还专门为我们举办了欢迎会。我代表全体旅客表达了对各级政府和全国人民的由衷感激，并向祖国人民汇报了在韩国期间全体旅客团结一致、维护祖国尊严和保护国家荣誉的爱国行为。

5．返回沈阳

回国后的第二天,我们辽宁和吉林的30多名旅客一起乘飞机回到了沈阳。家乡沈阳更是以盛大礼仪热情地欢迎我们的归来。我们学校的党委书记和我的家人也都到机场来迎接我。在前前后后的几天里,我家的朋友、同学络绎不绝地来看望我,也有不少同学写信向我表示慰问。这一热烈的场面是难以用笔墨来形容的。

为此,学校还举办了专场报告会,会场上方挂着"欢迎闻邦椿教授胜利归来"的横幅,会场里听报告的人挤得水泄不通。我介绍了事件发生前前后后的情况,同时还对领导、老师和同志们对我的热情关心表示衷心感谢。

在这次危难事件中,在远离祖国、身在异域的五天五夜里,我和全体乘客团结一致、不卑不亢、临大节而不辱,置个人生死于度外,经受了一次严峻的考验,维护了祖国的尊严,接受了在我一生中难以忘却的挑战。

如果把这次挑战看做是一次考试,我的得分是多少呢?中共中央、国务院于1983年6月颁布的一份文件,就这一事件表扬了三位知识分子,有中国医科大学的张文范、张荫昌两位副教授和我。有人对我说,在中共中央和国务院的文件中点名表扬是对你们的很高评价。可以说在这次考试中,你得到了"优秀"的成绩。这年"七一"前夕,我光荣地加入了中国共产党。

我认为,在这一事件中我所做的一切都是一个公民应该做的,也是一般工作人员都能做到的,组织上给我这么多的荣誉是对我更大的鼓励和鞭策。

这一年,我涨了两级工资,全国许多报纸都大登特登这则消息。有不少报纸更是直接点名,盛赞我在这一劫机事件中的表现。民航局专门给我校寄来了感谢信,学校党委还发出《向新党员闻邦椿同志学习的通知》的专题文件。

在我们从韩国返回上海的那一天,人民日报公布了全国政协委员的名单。我被正式推选为第六届全国政协委员,沈阳市政府授予我"沈阳市特等劳动模范"荣誉称号。有人说,闻邦椿这下子大出风头了,有人还认为我沾了劫机事件的光。事实上,在我被劫往韩国之前,辽宁省早已将全国政协委员的名单报至中央,沈阳市也早已确定我为沈阳市特等劳动模范。我乘飞机去上海的前一天晚上,工会要我写代表全体劳模在沈阳市劳模表彰大会上的发言稿。这份发言稿我写到深夜12点半,才把它写完,之后交给我爱人请她在第二天转交给工会。

由于我在这一突发事件中做了我应该做的一些工作,在事后召开的全国工会第十次代表大会上,我荣幸地作为工会十大代表参加了会议,并被选为主席团成员。这是祖国和人民给我的荣誉。

6．四个万幸

在这一事件中,我们全体旅客和机组人员正是由于几次不幸中的万幸,才侥幸地活了下来。很多人分析,类似这样事件的成功概率大约只有50%,也就是说,还有50%是发生"机毁人亡"的概率。今天我还能提起笔来书写这本传记,和读者共同回顾这一事件发生的经过,这可真是天不亡我啊!因为在这一事件中,的确遇到过多次险情,但又逢凶化吉:

一是当劫机分子开枪时有其危险性,但子弹幸好没有射中油管;

二是飞机向下俯冲有可能冲进大海,幸亏机长采取紧急措施;

三是飞机在摇摆不定时有可能出事,但险情最终没有发生;

四是客机在降落时冲出了跑道,但又未撞上铁丝网和铁轨,避免了一次重大灾难。

这四个万幸都说明,幸运降临到了我们身上才有我们今天争取成功的条件。如果连人都死了,还有什么成功可谈呢?所以即使遇到了天大的事情,都不要放弃希望,不要失去信心,要想办法化解危机,使它向最好的和最理想的方向转化。

近来我也常常和我爱人孩子们谈论起这件事。我说,如果那次没有碰上幸运,飞机出事,机毁人亡,你们就要吃苦了。我爱人笑着说:"这是因为我时常做好事,老天爷总是会保佑我们的。"事实常常真是如此,"幸运"也常常属于那些善良的人们。正如我的一位老同学在劫机事件发生后,给我寄来一封祝贺信,信中说:"大难不死,必有宏图。"但人生奋斗的成功不会是天上掉下来的,也不会是老天爷的恩施,必须通过自己的勤奋工作和刻苦努力才能取得。

7. 歹徒的下场

再说这6名劫机歹徒,他们后来被台湾当局接走。为首的是卓长仁,他原是辽宁省物资局的一名工作人员,因工作中涉及经济上的问题,正处在审查阶段,这可能是他劫机出逃的主要原因。据有关方面报导,他们被接到台湾之后,被捧若英雄,当局还给卓长仁安排了一个领导职务。不久,此人即卸任离职,虽然当时这些人得到了一笔不少的资助经费,但据说后来卓长仁因经营生意亏了本,便出了一个坏主意,企图通过绑架的办法来获取钱财。据参考消息刊载,他绑架了一个医院院长的儿子,并将这个孩子弄死。台湾法院审判后,判处卓长仁犯了故意杀人罪,处以极刑。这就是这个无耻的歹徒最后的下场。触犯法律的不法分子,如果不改过自新,不进行脱胎换骨的改造,到哪里都会暴露出他本来的面目,最终还是要自绝于人民的。

三、俭朴的生活,求实的作风

我认为一个人生活在世界上,在实际生活中应该是俭朴的,在生活作风上应该是实事求是的。

先从生活上来看。1962年我和爱人喜结连理,当时我爱人在远离市区约30余里的苏家屯工作,因此婚后一直两地分居。从1965年到1978年,我骑自行车上下班达13年之久,每星期往返多次,每次往返70里,路上就要用去三个小时,无论是刮风还是下雨,天一放白就得上路,很晚才能回到家。这一情况我在前面已做过介绍。

1960年至1970年,我的工资只有60元钱,除给我的母亲寄去生活费外,余下的钱维持一家人的生活,经济上并不富裕,但靠俭朴的生活习惯,日子还是可以过得下去的。

粉碎"四人帮"以后,党的知识分子政策得到落实,我爱人调进了沈阳市内,家人终于团圆了,一些困难问题也就慢慢得到了解决。

我平时既不喝酒,也不抽烟,这是天生的本性和习惯;我对请客吃饭很不习惯,现在讲公关,靠请客吃饭来搞好人际关系,我不以为然。因为一吃饭就是一两个钟头,甚至两三个钟头,既浪费时间,还浪费钱。每当遇到请客吃饭的时候,我只好推托:"你们去吃吧!我有事情要回家。"

我赞成客饭制度。我常想,为什么在外国行得通的,中国就行不通呢?我到外国去访问,他们都请我们吃客饭,既省时,又省钱。这一点我到现在还想不通,可能还是领导抓得不力,制度也不够完善吧。

尽管如此,对于俭朴的生活也不能搞得太过分了,真需要的东西也必须花钱去购买。对于在衣食住行及文化生活等方面需要的和重要的东西,我也毫不吝啬,因为这些东西对于提高我们的工作效率有十分重要的作用和意义。

对于工作和学习,我认为必须实实在在地、实事求是地去做。在研究生的培养过程中,当我发现有个别研究生还没有达到规定的要求时,就一定要求他们把要研究的内容补齐再进行答辩。有一次有位同志来找我,替一位研究生来说情,希望把原来确定要做的部分内容去掉,早一点进行硕士论文答辩。由于这些内容我事先就已规定下来的,不能任意改变,要继续做完才能进行答辩,后来这位同志说我不给他面子。

有一次,我去深圳开会,在去宾馆报到的路上,跟在我后面的两个人手上拿着一个钱包突然告诉我:"这个钱包是您掉的!"并且翻出钱包里一大叠美元给我看,他本以为我是图钱爱财的人。如果我中了他们的计的话,甚至我身上背的提包也会被他们抢走的。于是我明确地告诉他们:"我没有美元,这个钱包不是我的。"他们只好灰溜溜地走了。

我还认为,做任何事都必须首先讲"诚信",要"诚信"就必须"实事求是"。现在社会上的确有一股不正之风,通过"人际关系"搞一些不正当的事,"争名夺利"。做事不是先讲贡献,而是想少付出劳动,甚至"不付出辛勤劳动",先去讲个人收益,要高报酬、高待遇,把个人利益放在第一位,没有达到应有的水平,却想方设法甚至用不正当手段争取达到与自己水平不相称的职位或职称,"虚荣"和"浮躁"的心理相当严重。这种思想对于实现远大理想是十分有害的。因此,一个人的思想素质如何,生活作风和学风正确与否,也是事业能否取得成功的关键。

四、待人诚恳，处事谦虚谨慎

很多人说我待人诚恳，处事谦虚谨慎，因为我认为谁都没有什么了不起的地方，为什么要摆架子呢？有些对我不甚了解或刚接触的人，见到我总有些拘束，但时间一长，就完全没有距离感了。那些刚入学的研究生开始见到我，都很怕我。后来，我见到他们就问："你们还怕我吗？"这么一说，他们心里就轻松了许多，再经过平等地交流、谈心，师生间的关系完全融洽。我们单位的许多同志都说，闻老师平易近人，没有架子。

有一年，我带学生到矿山实习，住在一个招待所里。我问一位客人："你知道我是干什么的？"那位同志说："你大概是老农。"我哈哈大笑，这么看来，我当时的形象和大学教师差得太远了。

对于学生、同学、同行，我时常先考虑他们的要求，尽量地去满足他们的要求，使他们乐于贡献全部力量投身于我们的团队工作中。

在工作中，我特别注意带领课题组成员集体完成工作任务。这样，一方面可以培养他们的工作能力，另一方面可以更快更有效地完成工作任务。

现在有些人搞科研协作项目，承担讲座等教学任务，都要讲报酬；有些科学研究结果，都要讲保密，怕泄露出去；有关"知识产权"的问题讲得太多了。我花了这么多年的时间搞研究，提出了许多新原理、新机构、新理论、新方法和新技术，研制了多种新机器，写了多部著作和许多论文。在这些著作和论文中，确实有很多值得保密的东西，头脑比较灵活的人可能会从这些资料中找到许多有用的东西。我认为，只要他们用好了，在生产中取得了经济效益和社会效益，我就高兴了。除非涉及国家安全，否则有什么保密和不保密的呢？

有一次，一位领导问我：你们的成果应用推广是怎样计算报酬的？我说，我们很少考虑这个问题，只要别人用好了就行，他们愿意给多少钱就给多少，拿不出钱来，就不要。

我觉得我们国家的企业应该充分地去利用国内的公开的或隐含的科技资源，克服只顾眼前利益的缺点，用长远的眼光去看问题，这样可使企业得到更快的发展，并为企业打下一个具有发展潜力的和稳固的技术基础，这应该是一个诚恳的和有益的建议。

在我父亲代我祖父写的家训中有这样一句话："人有德于我者当报之，我有德于人者则忘之。"这既是一种崇高的道德观，又是处理人际关系的最高标准，更是我们应该努力实践的准则。

尊师爱生应该是道德观中的一项内容。教过我的老师很多，我从内心深处尊敬他们每一个人，感谢他们对我的培养和教育。成心德教授是我心目中最受尊敬的老师之一，当他80华诞和90华诞的时候，为他开庆祝会和座谈会是我们学生应尽的义务和责任(照片4.1)。还有一些老师得病或有其他一些重要活动,需要我在经费上给予适当支持,只要我能办到,我都尽力去做。学生如果遇到困难,我也尽可能地给予帮助。

五、为人正直,不怕别人议论

所谓正直和公正,就是要努力去坚持和执行社会公德以及国家制订的法律和法规,在发现社会上出现一些不公正的现象时,能挺身而出。但在目前的社会里,这样做有时却往往达不到预想的目的,甚至有时还会吃亏,这是一种十分不正常的现象。所以要在群众中贯彻好社会主义道德是一件十分复杂、艰苦和长期的工作。尽管这样,我们必须努力去做,首先要从自己做起。

对于一个人来说,做事首先要公正,要符合情理,也就是要有一定道德标准,不能随心所欲。一个社会,应该有社会道德,即家庭美德、职业道德和社会公德,这样才能建立起一个和谐的社会,社会才能安定,人民才能安居乐业。从理论上来讲,这是文明社会所要实现的目标。

在执行学院和学校的各项工作中,我一贯坚持原则,不搞假的东西。在院士选举、基金评审、奖励评定和各种评议的工作中,我总是会发表我内心的看法,提出自己的意见,不怕别人说三道四。我认为,坚持"公正、公平、合理"的原则,从国家和民族发展的最高利益出发,对得起一位正直的学者的道德和良知。

有一次评审某位院士候选人,这位候选人是由我们组内的多位院士推荐的,讨论时,大家有些沉默,这时我提出了一个关键性的问题,就是该候选人申报学科的方向是否合适的问题,即应不应该在我们学科组评审。我的意见是这位候选人不应该在我们学科组评审,我讲的理由十分充分,经我一说,大家觉得很有道理。本来初选时他的得票率很高,到后来,大家都认为他报的方向不对,多数院士都没有投他的票,自然不能当选。因此,在这些关键问题面前,必须要讲原则,要正直,不能讲人际关系,也不必害怕别人说三道四。相反的是,在多次选举中,有些院士对多位候选人提出了疑问,我据理对提出的问题作了必要的回答,说明了他们可以当选的理由,进而提高了这些候选人的得票率,最终使他们顺利当选为院士。

还有一次,我参加国家自然科学基金评审,看到有一个申请项目的通讯评议结果很不合理,本来是一个很一般的申请内容,但通讯评议的结果得分却很高,我很奇怪,就问这是怎么回事?后来有人说,该同志有一些特殊原因,才出现这种问题。尽管如此,我依然大胆直言表明了我的态度。

六、人生体悟

在日常生活中,即在解决人们的衣食住行的过程中,我们会遇到这样和那样的问题,对这些问题的态度如何,是我们每个人都必须严肃予以考虑的。在建设社会主义的过程中,我们更需要考虑的是建立起符合社会发展规律的正确的思想和观念。

(1) 有效防治、积极治疗是预防和战胜疾病的有效方法。在个人生活中,如何对待疾病和有效预防和治疗疾病,在我的长期生活中已有了具体的成功的例子。

每个人的生命和工作时间是有限的,如果一个人的有效工作时间增加了,他就可以做更多的工作,为国家作出更大的贡献。疾病常常会影响一个人的体力和有效的工作时间。如果采取有效措施来预防和积极治疗疾病,将会延长一个人的工作时间,这是具有实际意义的。

前面提出了几种治疗和预防疾病的方法,只要我们努力去做,一定会取得理想的效果,这一点已经通过我的亲身实践,证明了它的有效性和可行性。

在日常工作中,我们还必须重视劳逸结合,该休息的时候就要休息,该游玩的时候就要玩得尽兴,在游览过程中尽力安排一些有教育意义的地方去参观(照片4.2,照片4.3)。

(2) 临危不惧、遇难不慌是处置突发事件的法宝。在人生中也会遇到一些十分特殊的情况和奇特的事件,这种突发事件是没有办法通过具体规划方法予以应对的。教学工作、科研工作、家庭生活、社会活动等都可以进行具体规划,可以确定其工作目标、工作内容和工作方法。惟独那些突发事件,事先没有办法制订出具体计划。

正因为这些突发事件有它的特殊性,因此,突发事件可以考验一个人的心理素质和应变能力,检验他们能否运用所掌握的知识和能力,灵活地去处理和解决所遇到的问题。从这一点来看,它也确实是一个人经受严峻考验的难得机遇,但是也要看到这些突发事件具有极大的危险性。当然,不是每个人都会遇到突发事件的。万一遇到了突发事件,应做到沉着冷静、临危不惧,不要失去希望和信心,要积极动脑筋想办法,化解危机,避免无谓的伤害,努力争取最好的结果。

(3) 俭朴求实、反对虚假是对待生活和工作的基本准则。俭朴而求实的生活是我生活的主题。这个问题主要表现在个人对所处事物的态度上,一是俭朴,二是求实,两者缺一不可。科学技术问题本来就是实实在在的东西,来不得半点虚假。如果脱离实际,做事就会失败,研究就会出现不正确的结果。

"实践"是检验真理的唯一标准。"求实"才是取得成功的必要条件。

(4) 谦虚谨慎、以诚待人是待人接物和处事的基本态度。长期以来,我在待人接物方面,一直坚持着谦虚谨慎、不摆架子的作风。对学生、同学、同行和老师我都保持着"诚恳、谦虚和谨慎"这种良好的心态,因此,我有较好的群众关系,能发动大家做好集体的工作,进而能够高效率地完成工作任务。

在个人长期的奋斗生涯中,除了个人努力的因素外,谦虚谨慎,热忱待人,与他人保持良好的关系,这也是有效完成工作的重要因素之一。

(5)公正无私、正直不邪是做人做事做学问的基本原则。无论我们从事什么行业,在工作中一丝不苟,坚持原则。在各类评审、评定中直抒己见,不拘情面,尊重事实,尊重科学。这些都是做人的基本原则。

在人生的大千世界里,有了"实事求是和积极进取"的态度和作风,美好的愿望就完全可以逐步地转化为现实。

本章附录

"二九六"班机被劫亲历记

(原载香港镜报1983年第8期)

闻邦椿教授是东北工学院机械二系主任,从事机械振动和矿山机械等方面的研究和教学,在国际学术会议上作过学术报告,是有成就的学者。一九八三年五月五日大陆发生"二九六"班机被劫持事件,闻先生身历其境。一个月后,他作为新当选的政协委员到北京出席六届一次政协会议。最近,他接受了笔者的访问。本文是闻先生所谈他在劫机事件中的亲见亲闻的笔录。

岂料劫机事件降临

五月五日早晨六点多钟,我乘车到沈阳机场,经过民航的两次检查,登上了"二九六"号班机。我坐的位置是后舱十三排靠过道的座位。

上午十时四十五分,班机起飞。约经过四十五分钟飞行到达渤海上空时,我觉得飞机突然下降,坐在我旁边的年轻人问我:"这是怎么回事?"我凭以前乘飞机的经验告诉他,飞机可能遇到了很强的气流。不一会儿,给我们后舱乘客送茶的女服务员悄悄告诉我们:"前面有劫持飞机的!"

原来,刚才前舱第六排有三个暴徒突然向驾驶室门前冲去,其中有两个暴徒手持枪支。后来听说,这些暴徒事先将枪藏进了一个容器里,好像他们认识沈阳机场的人,因而能混过检查,把枪支带上了飞机。当时其中有一个暴徒用枪对着前舱乘客,叫喊着"谁敢动,就干掉谁"。另外两名暴徒用枪对准驾驶室的门锁,连开四枪。前舱有三位日本乘客,其中一位女乘客吓得惊叫起来。后舱有的乘客听到了暴徒的枪声,但当时也没留意。这位女服务员在前舱知道这一情况后,跑到机尾,向驾驶室发出飞机上有劫机暴徒的警报,驾驶室报务员又马上向地面发报,据说地面接到了这个信息。

乘客听了劫机消息后,虽然吃惊,但却没有慌乱,有的在悄声议论,有的站了起来。当时我的心情又紧张又复杂,只是强作镇静。说实在话,以前听说过劫机的事,但并不怎么关心,没想到这回旅行,这种暴行却降临到了自己的头上!

目睹暴徒的凶残

就在我们交谈的时候,我又听到枪声,三名暴徒把驾驶室的门砸开了,门倒下去压在机务人员的头上;接着暴徒用枪对准报务员、领航员的大腿连开数枪,这两人应声倒地。

不久,机上乘员把他们俩抬到后舱,我看到鲜红的血浸透了他们的裤子,淌到了飞机的地板上。如果不立即止血,他们的生命就会有危险。中国医科大学的两位教师马上过去给他们包扎,另一位乘客拿出白酒递给大夫,为伤员消毒。幸亏医生抢救有方,伤员的腿保住了。

这时我看见前舱又出现另一个暴徒手拎着一个提包对乘客喊:"我们还有炸弹,有 TNT 炸药,谁敢反抗,咱们就机毁人亡!"谁也不知道他的提包里到底有没有炸药和炸弹。

正在这时,飞机又陡然下降,倾斜到75°往下俯冲,从近万米高空直降到800米左右,机身左右摇晃,升降不定,我和旁边的乘客感到十分难受,有人呕吐了。后来有人分析说:我们差几秒钟就葬身大海了。

渐渐地,飞机又开始平稳上升。据说,暴徒一冲进驾驶室,就拼命抢驾驶盘,拼命往下压,或许是为了低空飞行避开雷达,而驾驶员则拼命往上拉,飞机才慢慢抬起头。可以看出,这些暴徒事先做了周密的计划,他们之中好像还有人懂些航空知识,然而,他们却几乎使全机成百人葬身大海。

在驾驶室里,两名暴徒用枪顶着驾驶员的脑袋,其中一个说:"命令你们开到南朝鲜去!"事后,驾驶员对我们讲:"最初想把飞机降到丹东或青岛机场,两名暴徒发现了大喊:'你们开的方向不对,想活命,你们就别耍滑头。'在这种情况下,只好向东飞。想把飞机降到北朝鲜机场,但又被暴徒发觉了。"

我身旁的一位年轻人坐不住了,又一次提出要和暴徒拼。后舱乘务员老冯说:"不忙,需要时再说。"女服务员还发给乘客汽水瓶以防身。此时,飞机已过"三八线"。

飞机在春川迫降

没多长时间,我就从窗口看见四架美制鬼怪式战斗机围住了我们的飞机,连对方的驾驶员都能看清,我们的飞机被命令飞近一个机场,后来知道,那是春川美军用机场,跑道仅 1 200 米左右,只适用直升机、战斗机起降,而大型喷气客机用的跑道需 2 000 米以上,并且又缺乏地面天气等多方面的资料。因为机长检查油量仅够飞行十几分钟的了。于是我们的飞机只好迫降。

下午十三时十五分左右,飞机最大限度地减速,然后颠了一下着陆了,但还是冲出了跑道,顿时窗外尘土四起。飞机越出跑道三十多米,机轮陷进泥土中。停稳了便看清,再往前三十多米,就是铁丝网和一道深沟,接着还有住房、铁道。乘客们无一不惊叹机长高超的飞行技术,也无一不感谢这些为了乘客安全做出最大努力的乘务员。

立即,就跑来了二三十名穿着黄绿色军装的美国、南朝鲜士兵,他们持枪围着飞机站了三层,铁丝网外也渐渐围满了附近居民,形成一道人墙。

我从舱门看到另外两名暴徒的同伙,走进驾驶室,才知道机上共有六名暴徒。为首的就是卓长仁,其中还有一个是女的。暴徒们还牢骚满腹,原来他们想直飞汉城。这几个暴徒向机下的美国士兵喊:"哈罗!我们要到台湾去,我们要见台湾驻南朝鲜大使!"可美国士兵听不懂中国话。暴徒问乘客有没有会讲英语的,中国医科大学一位教师说:"我会。"暴徒让他翻译他们的话。而这位老师却用英语告诉美国人:"我们是被劫持到这里的,机上有几个拿枪的暴徒,还有两位伤员。"暴徒不懂英语,还坐在那里得意洋洋地抽起烟来。

一两个小时之后,一位会讲中国话的南朝鲜士兵告诉我们:"你们到了春川机场。"虽然我不知道春川在南朝鲜的什么地方,但已经知道现在我们是身陷异邦了。

起草一份备忘录

为防止发生意外,包括被绑架的可能,我和几位乘客成立了一个临时联络小组。商量后决定如果暴徒或其他什么人想强迫我们去别的什么地方,我们就绝食。再有,我们要设法和祖国取得联系。我想出一个办法,起草一份备忘录,请三位日本乘客转送给我驻东京大使馆。我起草的这份备忘录有三个内容:(1)我们所有乘客要求返回祖国;(2)惩办劫机凶手;(3)呼吁联合国和国际红十字会协助解决此事。由于暴徒只注意控制前舱乘客,因此,我们后舱的六十多名乘客都签了名,未受到干扰。趁日本乘客到机尾上厕所的时候,我把这份备忘录交给了他。

我们在飞机上挨了八九个小时。天已经黑下来了,春川机场的许多个探照灯照着我们的飞机,窗口外有美国、南朝鲜的士兵游动。晚上十点左右,来了四五辆汽车,是南朝鲜当局派的,说是要接我们到旅店住宿。机长提出两点要求:(1)你们要保证全体乘客与机组人员的人身安全;(2)要尊重我国习惯,不要随意拍照。来接洽的人懂中国话,一口应允:"可以做到,可以做到。"

当晚,我们在春川一家旅馆住下。十二点钟,旅店送了饭菜,我们已经是十五六个小时没吃饭了。有两位南朝鲜人陪我们进餐。睡觉前,他们送来表格让我们填写,据我所知,除了六名暴徒,其他旅客都在国籍一栏填写了"中华人民共和国"的字样。我在职业一栏填写了"教员",过后南朝鲜人看了乘客填写的表格,问我:"怎么一半以上是工人、教员、技术员,没有一个大干部?"他们表示奇怪。

第二天南朝鲜当局又用车送我们去汉城。四个小时后,我们住进了汉城第三大旅馆——华柯山庄。

谁愿去台湾

到华柯山庄门口时,有许多新闻记者、电视、电影摄影师和居民们在那里等候,还有人给机组人员送花。旅馆的人把我们带到宴会厅,一桌桌宴席已摆好,许多记者蜂拥而至,又是摄影,又是访问。机组人员向南朝鲜陪同提出:"如果记者不退席,我们不进餐。"他们满足了这个要求。

日本驻南朝鲜大使馆来人接那三位日本乘客。这三位日本朋友临走前,走到机长王仪轩面前,行了三个礼,并说:"你们用高超的技术,保住了我们三个人的性命,这辈子我们忘不了你们。"

饭后,南朝鲜人请我们到宴会厅的凉台观赏汉江两岸风光,晚上还请我们看朝鲜歌舞。一位南朝鲜记者问我:"今天你经过了农村,还看了大半个汉城,有何观感?"我当时哪有这种观赏心情,我们又不是到汉城来旅游的。我说:"我只能告诉你们,我们对暴徒把我们劫持到这里来十分气愤,希望南朝鲜有关方面让我们尽快回国,同时,感谢有关方面的接待。"在我们外出参观的时候,有人在门口举着写有"谁愿意去台湾?"的牌子,有个穿夹克的人喊:"你们当中谁愿意去台湾?"我和其他乘客只是抬头看看牌子,看看喊话的人,没有理睬他们。

沈图局长在到达汉城的当天晚上十点,就来华柯山庄看望我们。困在异邦,与祖国断绝了联系,真正是度日如年,这时候见到来自祖国的亲人,每个人都流泪了。沈图的眼眶也红了。我握着沈图的手,不禁泪水盈眶。沈局长说:"政府为了寻找你们,曾给我驻外许多外交机构发电报,终于通过我驻英使馆查询到你们的下落。"

经过五天五夜之后,我们终于登上了返回祖国的飞机,飞回上海。在上海小住一夜后,我和一些乘客乘员回到了沈阳,三位女服务员见到她们朋友时抱头痛哭。有位弟弟来接哥哥,大声叫着:"哥哥你回来了!"此时此景,催人泪下。当我出现在妻子和孩子面前时,他们已泣不成声,我又一次流下泪来。我也是五十多岁的人啦,都说男儿有泪不轻弹,可短短几天,我却两次落下了泪!

第五章　学术交流篇

一、国际学术交流部分

积极进行国际学术交流,对了解各国科学研究的状况和国际科学技术发展的趋向,密切国际间的科研协作,增进各国学者间的友谊,进而促进我国相应学科研究工作的发展,能够发挥积极作用。尤其是在国际经济趋向一体化的今天,科学研究工作正处在相互渗透和相互交融的过程中。因此,开展国际学术交流,对于国家的经济建设的发展也起着十分重要的推动作用。我国改革开放的政策为我们这些科研工作者开展国际学术交流创造了良好的条件。

20世纪80年代初以来,我国相继和世界很多国家建立了外交关系,随之而来的是加强国际间的联系和学术交往,这就为我们学者提供了参与国际学术交流的机会。从1981年至2008年的28年中,我访问了33个国家,开展了较为广泛的国际学术交流,促进了我们科学研究工作的发展。

1. 参加国际学术活动概况

我曾访问过的国家,亚洲的有日本、韩国、朝鲜、新加坡、马来西亚、泰国和土耳其7个国家;欧洲的有俄罗斯、乌克兰、拉脱维亚、英国、法国、德国、西班牙、意大利、梵蒂冈、奥地利、瑞士、瑞典、芬兰、丹麦、荷兰、比利时、卢森堡、捷克斯洛伐克、波兰、匈牙利、保加利亚21个国家;美洲的有美国和加拿大;非洲的有突尼斯和埃及2个国家;大洋洲的有澳大利亚。

广泛开展国际学术交流对促进我国科学技术的发展,加强中国学者与国外学者的交流与合作,具有十分重要的意义。在20多年中,我在这一方面作出了极大的努力,取得了良好的效果。这期间曾出国讲学和合作科研多次,出国参加国际学术会议20余次,组织国际学术会议4次,并担任这些国际学术会议的学术委员会主席,主编国际学术会议论文集4种。

2. 应邀到国外高校讲学的情况

我应邀讲学的国家主要有日本、德国和澳大利亚,以下分别向读者进行介绍。

日本

我先后8次访问日本,这也是我访问次数最多的国家。第一次是1986年日本九州工业大学邀我去该校讲学,同时参加在东京召开的国际转子动力学会议;

第二次和第三次分别是1987年和1988年参加日本东北大学的科研合作项目；第四次是1992年参加在日本横滨召开的第一届国际运动与振动控制会议；第五次是1993年参加在日本北九州市召开的亚太振动会议；第六、七次是1994年、1996年先后参加在东京召开的第二、三届国际运动与振动控制会议；第八次是参加2007年在日本札幌召开的第十二届亚太振动会议。

1986年，我受日本九州工业大学校长井上顺吉教授的邀请，以特别客座教授的身份去该校讲学(照片5.1)。井上先生的研究方向和我相近，他也研究振动的利用，并著有《机械力学》一书，在日本有一定的声望。井上先生向日本文部省申请了一大笔经费，原计划邀我全家去访问，并提供我爱人及孩子的部分生活费和一部分国际旅费，但当时我考虑到，我的孩子正在中学念书，所以我让他们都留在国内，只有我一个人去日本访问了三个月。

九州工业大学校址在日本北九州市，位于九州岛的北端，与本州岛南端的马关遥遥相对。这个城市有孙中山先生参加革命时生活和工作过的地方，现在还保留有孙中山先生的别馆。九州工业大学是一所历史悠久的学校，我国著名文学家夏衍先生即毕业于该校。所以在井上顺吉校长到我国访问时，他还特地去拜访了他。

那个年代，我国去日本的民航客机航班还较少，交通并不方便，我只能从北京乘飞机先到大阪，再从大阪转机去福冈。到福冈机场迎接的除井上顺吉校长外，我校在日本九州大学访问的李福忠和他的爱人也一起到机场来迎接。吃完晚饭，在福冈小住一晚。第二天井上先生和我一起乘出租车到达北九州，他把我安排在租用的一套房子里。这套房子可以做饭、洗澡、洗衣，还备有电视机，样样俱全。

我给九州工业大学的研究生讲授"工程非线性振动"课程。该门课程全部是用英文讲解的，甚至连英文讲义我都已准备好了(照片5.2)。

在我访问日本期间，正好国际转子动力学学术会议在日本东京召开，我和荒木昭嘉教授一起去参加了这次国际会议。这个国际会议是东京大学堀幸夫教授主持召开的。我在会上宣读了一篇题为"振动离心机的非线性动力学特性"的学术论文。

在这三个月中，我先后到东京大学、东北大学、神户大学、山口大学、大分大学等多所大学讲演和作学术报告，还参观了一些企业。在东京大学作学术报告时，报告会由堀幸夫教授主持，堀幸夫教授后来还曾担任过国际转子动力学委员会主席。在东北大学作学术报告时，由阿部博之教授主持会议，后来他担任东北大学校长。到神户大学作学术报告，由岩壶卓三教授主持会议(照片5.3)，当时我的一个学生盛本成正在那里攻读博士学位。此外，我还参观了日本神冈机电株式会社(照片5.4)，这是日本生产振动设备的主要企业。

在日本北九州期间，井上校长课题组的两位教授阵内靖介和荒木昭嘉还陪我去多个地方参观访问,如日本九州岛上的地热发电厂、温泉和九州岛内正在冒烟的活火山。

在此期间,我从北九州去东京往返一般都乘坐新干线的快速火车,车速每小时 250 公里左右,从福冈至东京需 6 小时,至大阪只需 3 小时,交通十分方便。当时,日本全国展开了新干线铁路是国营还是民营的大讨论,争论十分激烈,各说各的见解,当时因新干线铁路由国家经营而出现了亏损,所以想通过另一种形式来扭转亏损局面。

在日本期间,我十分欣赏日本良好的治安状况。不论是在白天还是在深夜,很少有抢劫和偷盗的现象发生。这一方面要归功于日本警察的努力,另一方面也反映了日本人民有较高的文化素质和道德修养。

除此以外,日本的服务业也是世界一流的,到处都有销售饮料和其他食品的自动售货机。工作人员的服务态度也很好。出租车司机自觉性很高,连剩余一分钱都要找还给你。

国际转子动力学会议结束之后,主办方安排我们到大阪、神户、京都访问。我给在大阪居住的林千博教授打了电话,他特地来我们住的宾馆邀我到他家做客,我向会议主席请了假。林千博教授和夫人热情地接待了我,我很感谢他们的热情与友好。

1987 年以后,我们和日本东北大学有两项合作科研,对口教授是谷顺二先生、长南征二先生及我的学生江钟伟博士,我们曾共同撰写过有关中日两国振动研究情况的综述论文。

1992 年我趁去东京参加国际运动与振动控制学术会议之便,参观了东京的迪斯尼乐园,回国后,写下了下面这首诗来描述当时参观访问的情景:

访日本东京迪斯尼乐园

(1992 年 9 月 11 日)

初访迪斯尼,　深感景色奇。
鼠鸭熊兔迎,　鼓乐惊天地。
西方名建筑,　再有东方屋。
古代器具重,　换来衣食丰。
近代车机船,　迎来翻车转。
天文任人观,　影剧多流连。
卫星绕天转,　书画有专展。
餐厅随处有,　食品美且全。
儿童备游车,　老人憩又观。

绝妙好仙境，　堪称是乐园。

　　1993年和2007年在北九州市和札幌召开的亚太振动会议上，我都作了大会报告。报告的题目分别是"非线性振动在机械工程领域中的应用"和"振动利用工程学科的近期发展与展望"，受到与会者高度评价。澳大利亚的马休教授说："这篇报告对振动利用工程的内涵作了详细的分类，有重大的实际意义和应用价值。"之后，我们还到北海道大学、东京大学和京都大学进行了访问。

　　在日本，大学的校园任何人可以随意出入。这一方面说明大学是开放的，另一方面说明日本的治安状况十分良好。通过这次访问，我们有很大的收获。

德国

　　我去德国访问过两次，第一次是1987年，第二次是2007年。

　　1987年访问时，我们研究所的李东升老师正在埃森大学做访问学者。我当时的行程是先到匈牙利参加第十一届国际非线性振动会议，接着在德国访问十多天，之后又去西班牙参加第七届国际机器理论与机构学世界大会。

　　到达埃森后，由于种种原因，当天我并没有找到李东升，于是我就在火车站附近的宾馆住了一宿。第二天紧接着就到埃森大学去访问，并见到了李东升老师所在研究室的本茨教授。这位教授十分热情，除了要我向他们研究所的有关老师介绍我们的科学研究情况，在周日还带我们到德国南部他的家里做客，同时还领我们去博登湖参观。博登湖位于德国南部，是一个风景十分美丽的湖泊，那里的花草树木十分艳丽，而且，在那儿还能看到瑞士的阿尔卑斯山。

　　访问埃森期间，我们还与德国申克公司进行了联系。申克公司特地派了一辆轿车把我们接到公司总部去参观。这个公司生产的动平衡机在世界上是一流的，除此之外，还生产大型振动筛。参观结束以后，他们还把我们送回埃森，这种行动让我感受到了该公司对国外参观者的重视和友好。

　　访问埃森以后，我又去凯泽斯劳滕大学纳特曼教授那里访问。我到那里后作了两个学术报告，一是"裂纹转子系统的设计、计算与试验"，二是"振动利用工程的近期发展与展望"。纳特曼教授非常热情，邀我到他家里做客。在他家我见到了两个女孩，一个是他女儿，另一个是他女儿很亲密的同学。这个女孩属黑人血统，可见纳特曼教授是位没有种族偏见又十分善良的教授。

　　在逗留期间，李东升陪同我买了一架照相机。之后，我从法兰克福出关再去西班牙塞维利亚参加国际机器理论与机构学世界大会，按照规定，出关时需边防人员加盖公章后才能办理照相机的退税手续。一位边防工作人员告诉我，退税手续要去北京办理，却为其他国家的旅客一一地盖上了章。我知道这位工作人员是在欺骗我，说得严重些是在歧视我们。于是，我据理力争要找这个部门的领导，这位边防工作人员迫不得已，只好在我买的照相机的退税单上盖上了章。后来，他不但不承认自己的过错，还对我这一举动进行报复。我估计他之后把我的名字报给上级部门了,并将"不良"分子的罪名加到我的头上。导致我第二次申请去德国时,因为有了这一"不良"记录,德国驻北京大使馆不知内情,只知道有这一记录,便一而再、再而三地拖延,不及时给我发签证,使我这一次对德国的访问未能实现。其实,在国际上,时刻会有许多不公正的事情发生,从这一事件来看,是德国法兰克福海关的这位工作人员在歧视、欺侮和欺骗我们。所以我认为,这位海关的工作人员才是真正的"不良"分子。

不久,我看到参考消息上也报道了类似的信息。因为德国海关工作人员权力太大,动不动就无理地给中国客人扣住签证,刁难中国旅客,并且这种情况时有发生。由此看来德国的海关制度也存在着一些问题。

澳大利亚

我去过澳大利亚三次,第一次是1989年去墨尔本大学和莫内希大学讲学,第二次是1991年到墨尔本参加亚太振动会议,第三次是2002年到悉尼参加国际转子动力学学术会议(照片5.5)。

1989年10月,应澳大利亚墨尔本大学和莫内希大学的邀请,我以荣誉访问教授的名义去那里讲学。对口的教授是墨尔本大学的帕思采夫斯基教授,当时我的学生李东旭和骆明飞分别在这两所大学攻读博士学位。帕思采夫斯基教授是波兰人,曾担任过国际转子动力学学术委员会主席,他性格开朗,善于交谈,在国际上有一定影响。我曾于1988年邀请他和他的夫人来我国访问和讲学。

当时,我在乘坐我国的民航客机从北京飞往墨尔本时,正好遇到西北工业大学的一位年轻老师,他也要到墨尔本大学访问,并计划在帕思采夫斯基教授名下攻读博士学位。因为当时打国际电话不十分方便,我事先并没有同李东旭取得联系,加上这天又是星期天,学校工作人员休息,就在我一筹莫展,以为自己将无处安身时幸好李东旭到机场来接他,同时也把我接到了宾馆。如果碰不上李东旭,我就要自己找宾馆先住一宿,第二天才能碰到他们。世界上的事情有时往往就是这么凑巧!

澳大利亚地广人稀,土地面积比我国略小些,人口却只有1 500多万,相当于上海市的人口总数。那里盛产羊毛和铁矿,单靠这两种产品出口就可以养活全国的老百姓。澳大利亚有世界其他地方没有的三种动物:袋鼠、树熊(考拉)和鸭嘴兽。由于地广人稀,因此高层建筑很少,除了悉尼和墨尔本等主要城市有少数高层建筑外,郊区多数都是二层小楼。

我到墨尔本大学访问的主要任务是作几个学术报告,除此以外是看一看李东旭的工作研究情况。

在墨尔本大学作完学术报告后,我去拜访了莫内希大学的马休教授,在那里也作了一个学术报告。星期天,骆明飞组织东北大学在墨尔本的同学,大约有七、八个人,一起到墨尔本南边海滨去欣赏澳大利亚南部海边的风光。因为该国人口稀少,不需要大量地开发农地,污染极少,海水也是碧绿的,我们在欣赏了海滨风光后,中午还在那里举行了野餐。这次去那里除了欣赏海滨风光外,主要是观看傍晚从海里归来的小企鹅。企鹅的习性是早出晚归,所以若想见到它们,一定要等到天快要黑的时候才能有此眼福。到那一时刻,我看到一只只小企鹅摇摇摆摆地上岸了,它们既不怕人看也不怕人碰。看完小企鹅后返回墨尔本的时候时间已经快到午夜12点钟了。

访问墨尔本后,我又去伍龙贡大学访问。这所学校有冶金方面的专业,而且和我们东北大学建立了兄弟院校的关系,在这所学校里也有我们的学生已获得这所学校的博士学位。伍龙贡离悉尼只有一个小时的车程,因为去悉尼的机会不多,所以顾志宏博士特地带我去悉尼港口参观。悉尼是澳大利亚最大的城市,靠近海边,风景秀丽,在那里有著名的悉尼歌剧院(照片5.6)。

2002年我和张文、夏松波两位教授参加在悉尼召开的国际转子动力学学术会议。由于国际著名转子动力学专家、丹麦的龙特教授去世,会议开幕那天,开幕式上还特地为他的逝世默哀,并专门介绍了他的生平。由此可见大家对作出重大贡献的科学家是多么尊敬和重视!

3. 参加国际学术会议的情况
俄罗斯和乌克兰

我曾三次访问俄罗斯,1981年去乌克兰途经莫斯科;1991年访问拉脱维亚以后再经圣彼得堡和莫斯科回国;2003年从延边开完全国转子动力学会以后再去俄罗斯的符拉迪沃斯托克(海参崴)访问。

1981年,我与陈予恕院士一起参加了在基辅召开的第九届国际非线性振动会议。这个会议只在苏联和东欧国家轮流召开。因为苏联在非线性振动理论的研究方面在国际上是领先的,所以本次会议也有不少西方国家的学者参加。会议的论文可以用英文或俄文两种语言撰写。

这是我最早访问的国家,也是我第一次参加的国际学术会议。那时乌克兰还是苏联的一个加盟共和国。我们都十分重视这次会议,做了充分准备。我写了两篇论文,题目是"非线性振动系统的高次谐波频率俘获"和"具有分段摩擦和分段质量的非线性振动系统的动力学特性"。应该说,这两篇论文均有较新的思想和观点。在第一篇论文中,我提出了非线性振动系统倍频同步的理论,这种理论在国际上是首次提出的。第二篇论文提出了惯性力项为非线性振动系统的新模型,这也是在国际上首次提出的。

会上,我见到了非线性振动理论渐近方法的提出者米特罗鲍尔斯基院士(照片5.7),他非常热情地接待了我们,并和我们亲切交谈。

最令人感到高兴的是,这次会议我们遇到了三位美籍华人,他们是顾毓秀先生、徐皆苏先生和黄子春先生。他们见到我们都非常热情,向我们介绍相关的情况。会议期间,组织委员会还组织与会人员到基辅附近的第聂伯河上去游览,晚上还观看了乌克兰民族歌舞。

在这次会上，我们见到了振动同步理论的提出者别尔哈曼博士，还见到了日本九州工业大学校长井上顺吉教授。井上顺吉教授和阵内及荒木一起来参加会议，因为他的研究方向和我相近，有了这次联系之后，我就于1984年邀请井上顺吉校长到我校来讲学。

会议结束的第二天，我又辗转到了莫斯科。在那里，我们住在中国驻莫斯科大使馆的院内，大使馆院子的面积很大，还种植了许多苹果树。大使馆对面就是莫斯科大学，我们在晚饭后还特地去该大学的校园里游览了一番。在莫斯科期间，我们向大使汇报参加此次会议的一些情况，也介绍了有关非线性振动的应用情况。

同我一起去苏联参加国际会议的陈予恕教授在1960年前后到莫斯科的苏联机械研究院学习，并取得了副博士学位，所以他对苏联的了解比我多得多。他告诉我，现在的莫斯科比20年前要好多了，发展也是日新月异。他还同我去参观红场上的列宁墓，在参观时，我还看到了其他领导人的墓和墓碑。我们还参观了莫斯科的地铁。由于地铁站中共青团站的建设是最具代表性的，我们自然不会错过这个地铁车站，参观后，我感觉这个车站果然名不虚传，规模的确相当宏伟。

1981年我校出国参加国际学术会议的老师为数极少，所以在回国后，我向学校的领导详细汇报了参加这次会议的有关情况。

第二次再去苏联是访问拉脱维亚后途经圣彼得堡，再到莫斯科。这一次出国，我们去拉脱维亚首都里加，先经莫斯科。我和张天侠、张国忠老师买了从沈阳至莫斯科的火车票。火车沿着西伯利亚大铁道驶向莫斯科，经过贝加尔湖时，看到了碧绿的湖水，我想起了20世纪60年代唱过的一首歌曲《贝加尔湖是我的母亲》。贝加尔湖是一个淡水湖，水深过百米，水温只有4℃左右，由于温度过低，所以鱼类极少。铁路两侧全是森林，火车经过6天6夜的行驶，才到达莫斯科。

回国途中，我们访问了圣彼得堡，同时去访问苏联选矿研究院和原列宁格勒矿业学院，这都是我们的对口单位。他们热情地接待了我们，并向我们提供不少有用的资料。我们参观了停在港口的"阿芙乐尔"号巡洋舰，这就是苏联十月革命时率先起义炮打冬宫的具有纪念意义的一艘著名舰艇，我们还参观了沙皇的皇宫。

我们在圣彼得堡访问期间，恰逢苏联发生政变。尽管在圣彼得堡城市的要道上不时可以见到军用坦克，但城市内却十分平静。

之后，我们从圣彼得堡乘火车到达莫斯科。如果将里加、圣彼得堡和莫斯科三点连成一折线的话，近似于一个等边三角形。我们到莫斯科后，曾去莫斯科矿业学院访问。因当时政变，怕家人过多地惦记我们，很想打电话给家人，但由于当时当地的电信事业不够发达，我很难同家人取得联系。

第三次是去俄罗斯远东的城市符拉迪沃斯托克(海参崴)参观访问。2003年,俄罗斯的经济有了十分明显的转变。我们坐大巴经过一些地方时,看到这里是一片平原,绿草遍地,这些地方还没有开垦,发展农业有很大的潜力。

美国

我去美国访问过两次:第一次是1987年,我参加了在波士顿召开的ASME的学术会议,第二次是1994年去美国芝加哥参加国际转子动力学学术会议。

我去美国波士顿参加ASME学术会议,是在参加西班牙塞维利亚第26届国际机器理论与机构学世界大会之后,从西班牙乘飞机横过大西洋经纽约再去波士顿的。参加这次会议的有清华大学的郑兆昌教授、哈尔滨工业大学的夏松波教授。还有当时在美国麻省理工学院(MIT)做访问学者的北京航空航天大学和华中科技大学的两位学者。我在这次会议上宣读了3篇学术论文,题目分别是"有关裂纹转子系统的动力学分析、计算和试验"、"带有椭圆运动轨迹自同步振动机的理论与试验"、"考虑物料影响的振动输送类振动机的等效质量与等效阻尼",尤其是第一篇论文,引起了与会学者们的广泛兴趣。

在波士顿期间,我们访问了MIT(照片5.8)和哈佛大学,并在诺贝尔奖获得者美籍华人丁肇中教授实验室前合影留念。

会议结束之后,我去了纽约,住在中国驻纽约领事馆的招待所里。在纽约逗留的日子,我参观了联合国总部、自由女神像、华尔街、唐人街等著名景点,还坐船绕纽约市转了一圈。在美国期间,我在街上行走时常看到路边有的汽车的玻璃被敲碎了,犯罪分子抢走车里的财物。因此我们都十分注意安全,预防遭到抢劫。

之后,我从纽约乘公共汽车去华盛顿参观。接着,我又乘公共汽车去费城,拜访了顾毓琇先生。我同顾先生是在乌克兰参加国际非线性振动会议时认识的。他向我介绍说,他的长子顾慰莲教授在沈阳农业大学任校长。他还带我去参观独立宫,并一起合了影(照片5.9)。

去美国前,我还接到弗吉尼亚理工学院和州立大学非线性动力学国际知名专家奈弗教授的邀请,他邀我到该校去访问(照片5.10)。在他们学校还有一名从事振动研究的马洛维奇教授,我校的一名学生黄志强正在这所学校攻读博士学位。

我本以为乘火车就可以直接到达该校,哪里知道火车站至学校的距离还有三、四个钟头的车程。黄志强和他的爱人开了很久的车才到达这个车站。我下火车后已经是深夜12点钟了,我们立即乘车经高速公路回学校。晚上开车,最害怕的是在路上碰到麋鹿等野生动物从高速公路上穿过。以前有位中国访问学者在高速公路上开车时,碰上一只麋鹿,突然停车致使腰部脊椎骨折断,形成轻度残废。在开车时打瞌睡也十分危险,所以,黄志强和他的爱人一起出来互相关照,可以避免打瞌睡。第二天,我拜访了奈弗教授和马洛维奇教授,参观了他们的实验室。中午我们一起共进午餐,黄志强也在座。据说按照美国习惯,一般情况下如有客人在场,学生不能在一起吃饭,奈弗教授破例叫黄志强和我们一起进餐,这是少见的情况。黄志强在该校是一位优秀的学生,他的各门功课的成绩全部是A,这也许是受到奈弗教授器重的原因之一。

结束弗吉尼亚的访问,我又接到威斯康欣大学黄子春教授的邀请。于是我又坐火车去了迈迪森,在那里,我先去看望了我单位在这所大学做访问学者的黄显利,接着拜访了黄子春教授。黄先生对我十分热情,极力邀请我住到他家里,他还陪我们到迈迪森附近的一处相当著名的全部是石头砌的石屋去参观。

我在美国差不多停留了10天时间后,最后又回到纽约,乘飞机先经东京再返回北京。这一次出国访问,我参加了匈牙利、西班牙和美国召开的3个国际学术会议,访问了4个国家的10多个单位。从北京出发,经莫斯科至匈牙利,再去德国访问;接着从德国至西班牙,再去美国,经日本东京,返回北京,绕地球转了一圈,历时近一个月。这次出国访问的收获很大,为我后来的国际交往打下了良好的基础。

1994年,我第二次去美国,参加在芝加哥召开的国际转子动力学学术会议。临行前,我和复旦大学的张文教授取得了联系,他事先已在芝加哥预订了住房。但是,由于当时个人移动电话没有得到推广和普及,我与张文教授进行联系十分困难。我焦虑万分,发愁怎么能找到张文教授?然而,就在我在机场拿着行李乘电梯向上走的时候,突然看到张文教授在旁边的电梯上向下走,这实在是太巧了!

在这次国际学术会议上,我作了一个题为"用两次开车对转子系统进行动平衡的方法及其应用研究"的学术报告。

芝加哥是美国的第二大都市,那里有一个106层的当时的世界第一高楼。这个城市还有中国人集中居住的地方——中国城,即唐人街。我原先不知道中国城离市中心有多远,以为走到那里不需要多少时间。于是我走呀走,一直走了两个多钟头才到那里。在中国城里,有中国式的牌楼,商店门口用中英文字标上商店的名称,许多人都讲中国话,买东西十分方便,在这里逛街有一种在国内逛商业街的感觉。

密歇根离芝加哥不很远,那里有我多名学生,他们有的攻读博士学位,有的在那里工作。所以在会议结束后,我就乘火车去那里,见到了黄显利和他的爱人李晓慰。他们两人都在密歇根大学取得了博士学位,目前正在美国福特汽车公司工作。他们非常热情地接待了我,还详细介绍了这所学校及公司的有关情况。

英国

我去英国访问过两次,都是为了参加国际学术会议。第一次是在1984年去英国约克郡参加国际旋转机械振动会议,第二次是在1988年去爱丁堡参加国际旋转机械振动会议。

第一次参加会议的有5位中国同胞,我和张信志、龚汉生三人,另外两人在英国某大学做访问学者。会议组织委员会对我们参加会议十分重视。会前,转子动力学委员会的成员及各国的领队,即以VIP的身份聚集在一个房间里,一边喝水,一边交谈。之后的开幕式组织了几个大会报告。我们三人都被安排在第一天开幕式后的全体会议上作报告,此外,还有美国MIT的克隆道教授。那时,波兰人莫斯钦卡也参加了会议,我当时还不认识他。当克隆道教授作完报告走下讲台的时候,这位女士跑上前去,亲吻了他的脸。当时我还以为她是克隆道教授的夫人,后来才知道原来她就是莫斯钦卡。这次会议出版了会议论文集,大概有几十篇论文。我们三人回国后分头写出摘要,打印后由我寄给全国大学和研究单位的相关的科技工作者。

在这次会议上有两篇文章特别引起大家的重视,一篇是计算轴承时的12个系数,另一篇是设备故障诊断的情况介绍,指出了研究大型旋转机械诊断理论和技术的意义和效果。

1988年我又去英国爱丁堡第二次参加旋转机械振动会议,参加这次会议的有哈尔滨工业大学的姜兴渭教授和我。这次会议在爱丁堡大学召开,当时恰好放暑假,我们就住在学生宿舍里,住宿费很便宜。爱丁堡是苏格兰的首府,东靠英吉利海峡,环境十分优美。我和姜兴渭在会上作了报告,会议结束后,便经伦敦回北京。

西班牙

1987年我去西班牙塞维利亚参加第26届国际机器理论与机构学世界大会,以前我国不是IFTOMM(机器理论与机构学联合会)的成员国,从这一次会议开始成为正式成员。我国有7位代表参加了这次会议,在这个会上,我宣读了题目为"振动同步传动的理论与试验"的论文。

西班牙地处欧洲西南部,北临法国,南部为地中海,与北非洲的阿尔及利亚及摩洛哥遥遥相对,西边是葡萄牙,部分临接大西洋。西班牙的斗牛闻名全世界,会议期间虽然我们没有看正式斗牛的场面,但我们也好奇地到斗牛场内去看了看场地。当时还看到正在斗牛场内拍摄电影。西班牙各地有不少中餐馆,我们也曾到中餐馆里就餐,顺便了解了一下饭店主人及西班牙的一些情况。

意大利和梵蒂冈

意大利我只去过一次,梵蒂冈也是仅有的一次邂逅。1995年我去意大利米兰参加第28届国际机器理论与机构学世界大会。意大利是组织发起国际机器理论和机构学委员会的主要国家之一。米兰是一个工业城市,是意大利的第二大都市。这次会议在米兰工业大学召开。我国参加这次会议的有十多人,有天津大学的张策,大连交通大学的李立行等几位老师。意大利的宾馆,除五星、四星和三星宾馆外,还专门标有两个星和一个星的宾馆,为了节约一些费用,我们一般住在两个星的宾馆。会上,我作了一个题为"两次启动的高速动平衡技术"

的学术报告。我们参观了米兰工业大学校园,并了解了一些这个学校机械类专业的有关情况。意大利是一个历史悠久的古老文明的国家。会议期间,组织委员会把接待会和宴会安排在这个城市较古老的建筑内,以使与会者更多地了解这个国家的古老文化。

在会议的间歇,我们还去世界闻名的威尼斯水城参观。这一天去威尼斯参观的人很多,到处都很拥挤。可以想见,意大利的旅游收入应该是十分可观的。因为游览的人太多,我们一起去参观的一位老师的照相机和钱包被小偷偷走了。在20世纪60年代,意大利有一部有名的电影叫《警察与小偷》。确实如此,到意大利访问,一定要注意安全,放在地上的行李,如果不用手按着的话,就很有可能被抢走,有位中国客人放在身上的护照也被抢走了。

回国途中,我们经过罗马。罗马古城也是世界闻名的,我们住在有一位中国人在那里工作的宾馆里。到这座城市后,我们参观了许多古老建筑和博物馆。在欧洲,意大利的物价相对来说是相当低的,葡萄的价格也相当便宜。

到罗马后,人们一般都要到梵蒂冈这个特殊的国家去参观。梵蒂冈是世界上面积最小、人口最少的一个独立国家,占地仅几百亩,人口总计只有区区数百人。教皇是这个国家的元首。梵蒂冈位于罗马的市区之内,高高的围墙就是它和意大利的分界线。参观时必须买票才能进入,这也许是这个国家收入的主要来源之一。这个国家在迎接参观者时有一种十分奇特的礼遇,三五个排列成纵队的长得十分英俊的青年,穿着礼服,专门迎接来这里参观的女青年或女士,他们可作她们的向导,带领她们去参观,估计要付给他们小费。

捷克斯洛伐克和芬兰

1991年和1999年我去捷克布拉格和芬兰奥卢参加第27届和第29届国际机器理论与机构学世界大会。当时来参加这个会议的还有从事机构学研究的燕山大学的黄真教授。

1991年,捷克斯洛伐克还是一个国家,到后来才分为捷克和斯洛伐克两个国家。捷克斯洛伐克各个部门,包括他们的科学院都十分重视这次国际会议。我认识这个国家科学院的一位名叫汤道尔的教授,他用英文写过几本非线性振动方面的书,而且送给我多本。他的科研能力很强,这次代表这个国家在会上作大会报告。我在这次会议上作了题为"带两个偏心转子的速度与相位的同步控制"的学术报告,会后还参观了当地的名胜古迹。

1999年,我去芬兰奥卢参加第29届国际机器理论与机构学世界大会。芬兰西边是瑞典,西南临波罗的海,东接俄罗斯,这里有很多的湖泊,森林覆盖率很高,林业方面的相关产业十分发达。这个国家人口约六百万,他们的创新能力在世界的排行名列前茅。该国生产的诺基亚手机享誉全世界。

在这次会议上我作了题为"振动压实过程中的某些非线性动力学问题"的学术报告。

我开会的地点奥卢离北极圈只有200公里,因此,我还特地观察了这里的黑夜到底有多少时间。考察的结果是午夜1时左右天黑,2时30分左右天就开始亮了,只有一个半钟头是黑夜。我本来想坐车到北极圈里去走一趟,但我们一起去参加会议的中国学者没有响应的,所以我的这个小小愿望没能实现。

到达芬兰和离开芬兰回国时,我们都要经过赫尔辛基。在这所城市,我游览了海滨,还乘船在赫尔辛基附近的水域绕了一圈,领略了这座城市的风貌。

保加利亚和匈牙利

1984年和1987年我去保加利亚瓦尔纳和匈牙利布达佩斯参加第10届和第11届国际非线性振动会议。

保加利亚北接罗马尼亚,南靠希腊,西临塞尔维亚,东靠黑海。保加利亚是一个以农业为主的国家,这里的西瓜又大又甜,还很便宜。瓦尔纳是一座靠黑海的海滨城市,离首都索菲亚有约300公里的路程。我本以为瓦尔纳离索菲亚不远,想坐出租车去,结果车站的人告诉我,想要去那里,最好坐飞机去。我在索菲亚小住一晚,第二天才乘飞机到达瓦尔纳。会议地点就在海滨的一个宾馆里,一出门就可见到黑海。别看黑海的名字里有"黑"字,其实,这里的海水也是深蓝色的。

会上,我作了题为"带有冲击的自行式振动机非线性动力学特性"、"带不对称弹簧的纵向振动机的非线性动力学的研究"两个学术报告。这次会议是由保加利亚科学院的一位院士组织召开的,他对生物力学有较深入的研究,曾组织过两次生物力学的国际会议,还出版了会议论文集,是用法文出版的。从此,我和他建立了联系,并欢迎他到中国来访问。

开完这个会议以后,我还要去英国参加国际旋转机械振动学术会议,所以就从索菲亚转机去伦敦。

1987年我又到匈牙利布达佩斯参加第11届国际非线性振动会议。去布达佩斯,要在莫斯科转机。由于我这次出国,要参加在多个国家召开的多个国际学术会议,所以从莫斯科再转机到布达佩斯,必须要在莫斯科住一宿。因为我没有办理去苏联的签证,所以不能任意出关。我只好以无签证旅客的身份,被集体带到无签证的旅馆里住宿。这个旅馆不但不用付房费,连就餐也是免费的,第二天还组织我们到红场去参观,但有警卫看着,不能擅自离开队伍。

匈牙利东临罗马尼亚,西接奥地利,北靠斯洛伐克,南为南斯拉夫(现为斯罗伐尼亚)。匈牙利的民族属于黄种人,首都为布达佩斯,著名的多瑙河从这座城市流过。这座城市的建筑特别讲究艺术,具有典型的欧洲风格,风景十分优美。

这次会议在多瑙河畔的布拉格工业大学召开,我做了题为"变质量振动系统的定量方法"、"采用胞映射方法研究分段线性非线性振动系统的全局稳定性"的两个学术报告。

会议期间正好是匈牙利的国庆,布达佩斯为此特别举行了航空表演,我们还跑到大会会场附近观看了表演。

马来西亚和新加坡

1995年、1999年和2005年,我去马来西亚吉隆坡、新加坡及马来西亚槟城参加3次亚太振动会议。

1995年,亚太振动会议在马来西亚吉隆坡召开。马来西亚地处亚洲马来半岛的南部,北临泰国,南有新加坡和印度尼西亚,首都吉隆坡。马来西亚有30%左右是华人,英语、马来语和华语是通用语言,这个国家的许多习俗和我国相近。

会议由吉隆坡工业大学的一位教授主持。我在会议上作了题为"机械系统的振动同步与控制同步"和"裂纹转子的动力学模型与试验及机理研究"的两个学术报告。

2005年,再次在马来西亚召开了亚太振动会议,我和张义民、刘树英、罗跃刚等几位老师参加了会议。这个会议在马来西亚槟城附近一个靠海的半岛上召开。宾馆环境特别优美,是一个适合休闲和疗养的地方。

1999年,亚太振动会议在新加坡召开,这是我第二次到新加坡。新加坡是一个以华人为主的国家。英语和华语是该国的通用语言。虽然这个国家很小,但其人均GDP在世界上是领先的。

我第一次到新加坡是1989年从澳大利亚回国途经这里。当时,我下飞机后,租了一辆出租车到达市区,在宾馆落脚后,我又搭了一辆出租车,去参观了新加坡的一些主要风景点。

第二次是1999年,我到新加坡去的主要目的是参加亚太振动会议。到达那里以后,我的学生严世榕等在那里等我。此外,会议主席日本的岩壶卓三教授也在等我去表态,下一次即2001年亚太振动会议在中国的哪一个地方召开,由谁来负责筹备。

我在会上宣读了题为"带有局部摩擦的转子系统的分岔与混沌行为的研究"的论文。同时还在会上表态,下次亚太振动会议在中国杭州举行,由我的课题组负责筹备。

在新加坡,我们参观了新加坡国立大学和南洋理工学院,拜访了对口的相关教授。此外,我们还参观了有关景点和名胜古迹。新加坡街道的夜景十分美丽,海滨附近的著名小岛——圣淘沙是新加坡最著名的旅游景点。

因为我们随着旅游团一起旅行,按照规定的路线,在参观完新加坡以后,来到了马来西亚的马六甲海峡。马六甲海峡是从太平洋去往印度洋的海上交通要道,当年郑和下西洋时也要通过这一要道。这里的海盗盛行,闻名于世,我在小时就听说过马六甲这个地方。我们在这个地方参观以后,再去马来西亚的吉隆坡,还参观了著名的旅游胜地——云顶。从马来西亚参观结束后,我又到泰国进行访问。

突尼斯和埃及

2007年和2008年,我计划去突尼斯和埃及开罗参加两个有关机器设计理论与方法的国际会议。因为我没有去过非洲,所以这是一次难得的机会,又加上我们提出的综合设计理论与方法很需要在国际会议上介绍,尽管听说去非洲不太安全,但我还是决定冒一下风险。于是我就决定和任朝晖博士一起去非洲参加国际学术会议。

我和任朝晖博士经法兰克福机场再转乘飞机到突尼斯,之后坐大巴去开会地点。开会的宾馆是一个四星宾馆,装饰华丽,为穆斯林式。宾馆坐落在地中海海滨,海边是一片很细的沙滩,是游泳休闲的好场所。

会上,我宣读了有关产品设计方面的一篇论文,还有一篇是一位博士生写的论文,由任朝晖负责代为宣读。当我做完报告后,有位教授向我提出问题:"你介绍的综合设计方法有没有在工程中应用?"我告诉他:"我从事产品设计已有四五十年的历史,这种方法是我在长期实践基础上提出来的,并写了一本专著。这次带来一本,就送给你吧。"第二天,突尼斯大学的另一位教授也来向我要这本著作。我告诉他:"十分抱歉,这次只带来一本,如果你需要的话,我可以寄给您一本。"

这两个国家电信业都比较发达,在宾馆中可以随便使用互联网,所以我和国内的通信十分方便。

从表面上看,这个国家不很富裕,但在非洲大陆属中上等的水平。该国的轿车多数是旧轿车。当我们在街道步行时,看到有一条街道比较美观,建筑也比较别致,所以就想在那里照几张有代表性的相片以作纪念。突然来了一位警察,告诉我们这是市政府的大楼,不能照相。我们听从了他们的要求,只照了其他的一些大楼。

2007年末至2008年初,我和张义民教授去埃及开罗参加另一个有关设计方法的国际会议。我提交了两篇论文,题目是"振动同步与控制同步理论的应用与发展"、"含分段摩擦的振动输送机的系统的动力学特性",并在会上宣读了这两篇文章。国际会议期间一般都举办一次宴会,这次宴会除了有丰富的菜肴外,还有阿拉伯歌舞表演。

埃及是一个文明古国,非洲最大的河流尼罗河从这个城市流过,那里的金字塔和狮身人面像闻名于世,所以,参观金字塔、狮身人面像和尼罗河也是我们到这个国家访问的目的之一。会议结束后,转天我们就去参观了金字塔。从远处望去,三个高大的金字塔耸立在开罗郊区的砂石地上。当地旅游部门在开罗郊区专门开辟了一个旅游点,这个旅游点选择在可以同时看到三个金字塔的最佳位置上。看完金字塔,我们乘专用的出租车去参观狮身人面像(照片5.11),照了几张有纪念意义的相片。接着我们去参观埃及最大的博物馆,那里有很多的埃及古代文物。到开罗访问的人,一般都不会放过这个难得的机会。

尼罗河从开罗市中心流过,将这个城市一分为二。我们从住宿的宾馆到火车站必须要通过尼罗河大桥。有一天我们刚从别的地方参观回来,天已是傍晚,看到有不少人在河边游览,我们便好奇地去观看。刚好看见有人正要坐小船渡河,所以我们也凑了个热闹上了小船。小船的主人还专门雇用了一些青年妇女在船上跳阿拉伯舞蹈。

由于我们回程的机票和日期受阿拉伯国家放假的影响,没有办法按时返回北京。于是,在等待的时间里我们想办法去埃及的第二大城市亚历山大参观。从开罗到亚历山大只有三个小时的车程。亚历山大城位于地中海南岸,风景优美,建筑别致。那里有埃及古代国王的别墅,沿海边建设的房屋整整齐齐,有一些建筑还带有经典的欧洲建筑风格,体现出这个古老国家的精神风貌和古色古香的特点。

加拿大

1997年,我去加拿大加里各利参加了一个国际人工智能与数值计算的学术会议。加拿大地处北美洲,南部与美国接壤,是一个以英语和法语为通用语言的国家。这个国家地广人稀,土地面积比中国和美国都大,但人口只有3 000多万。

这次去加拿大加里各利,先到西部的著名城市温哥华,再转机去加里各利。温哥华是华人较多的城市,这里有华人居住区,为了方便,我预定在那里住宿。从机场乘车到达这里后,我推着行李去找宾馆。在路上行走时,有位好心人告诉我,你到这里,一定要注意安全,抢劫行李的人随时都可能碰上,有不少人的行李都被抢走了。好心人的提醒引起了我对安全的重视。

在这次国际会议上,我宣读了题为"模糊控制器的优化设计"的学术论文。

由于加拿大地广人稀,环境基本上没有受到污染,所以,白天的天空是一片深蓝。加里各利是一个风景优美的旅游胜地,那里有险峻的山峰,还有很多点缀山间的湖泊。在开会期间,组织委员会曾组织我们到附近的风景区参观。会后,按原计划我要去墨西哥访问,因当时订不到机票,虽然已办好了签证,也只好放弃原来的计划。

韩国

2003年,我去韩国济州岛参加国际噪声控制工程国际会议。韩国是毗邻我国的国家,从沈阳到汉城,即现在的首尔,不到一个小时的机程。如果从朝鲜上空飞过的话,恐怕只需40至50分钟。这次我和我的爱人王宗彦一起去参加会议。我们先抵达汉城,再从汉城转机去会场。到达济州岛机场后,我们乘出租车去开会地点,因为该机场和会场恰好是在岛的两个不同的方向,一个在西,一个在东,所以坐出租车就花了将近一个小时的时间。我们先去会议已给我们安排好的宾馆,再到会场去看一看。因我们早到一天,会议没有组织接待,去会场时是乘出租车去的,而回宾馆时我们等了好久,一直找不到出租车,后来有位好心人主动地把我们送到宾馆。我要付给他车费,他却拒绝接受。由此可见,韩国的老百姓拥有较高的素质。

这次会议还邀请我担任学术委员会委员,并代表我国在大会上作学术报告。我和我的两位博士一起做了充分的准备,大会报告的题目是"中国噪声控制工程的现状及发展"。因为会议组织者邀请我作大会报告,所以,在会议期间的住宿费和注册费全部免交。

会议给我安排的房间恰好对着地面上一个能定时自动表演的"龙嬉水"的景点,这使我感到韩国人很有经营生意的头脑,通过这些可以吸引更多的外国客人到这里来旅游。

会后,我们到釜山、庆州、汉城等地参观。釜山是一个工业城市,庆州是韩国很早以前一个王国的首府,那里有早期国王的坟墓,还有一个风景优美的湖泊。

波兰

2006年,我和其他同事到波兰的格但斯克参加一个国际学术会议。先从北京乘机到荷兰的阿姆斯特丹,再转机到华沙,从华沙坐火车再去格但斯克。波兰东靠白俄罗斯和乌克兰,南临捷克和斯洛伐克,西边有德国,北边是波罗的海。

波兰是古老文明的国家,这里的建筑具有典型的欧洲风格。格但斯克是波兰北部一个重要的工业城市,而且是一个繁忙的港口,地理位置十分重要。

我们在会上宣读了题为"旋转机械局部故障的诊断和瞬时故障作用力的识别"、"基于识别转子系统局部碰摩故障诊断方法的混合模型"的学术论文。

格但斯克有很多古老的街道和建筑,走在大街上,随处可见有人兜售古老的纪念品。来这里参观的人络绎不绝。除参观名胜古迹外,我们还参观了这个城市的港口。

我们参加会议前后,都要经过波兰的首都华沙,并在那里住上一宿。顺便参观了华沙的名胜古迹。那里有古代的皇宫,建筑富丽,虽然年代已久,但仍显示出古典之美。

波兰是最早开放的东欧国家,但不知为什么,在那里做生意的中国人极少。

奥地利

2006年,我去奥地利维也纳参加国际转子动力学会议。奥地利东接匈牙利和斯洛伐克,南临意大利,西边为德国和瑞士,北部为捷克。

我们课题组一行4人参加国际转子动力学会议,因为这是我们课题组主要研究方向之一。在会上,我们宣读了"带有组合振动的滑动轴承—转子系统的可靠性分析"、"有关三轴齿轮传递的转子系统的动力学分析"两篇论文。

因为这是一次重要的会议,所以,来参加这次会议的国际转子动力学专家很多。会议组织者十分重视这次会议,宴会在维也纳的市政府大厅内举行,市长还在会上讲了话。

维也纳是音乐之都,每年元旦都有大型的音乐会在这里举行,我们有幸参观了维也纳的剧院和音乐会堂。

土耳其

2007年,我和李鹤博士一起参加了在土耳其召开的国际噪声控制工程会议。土耳其是地跨欧亚两洲的国家,东接伊朗、亚美尼亚和格鲁吉亚,南有叙利亚和伊拉克,西靠希腊和保加利亚,北临黑海。

我们开会的地点是处在欧洲部分的伊斯坦布尔。黑海、爱琴海和地中海依靠通过伊斯坦布尔的一条大河连接在一起,河上有多座大桥连接欧亚两地。

我们在会上宣读了题为"采用统计能量分析方法当振动系统受到冲击时的瞬态影响"的论文。这次会议还决定了2008年的噪声控制工程会议将在我国上海召开。

因为开会地点是在土耳其的欧洲部分,所以我十分感兴趣到土耳其的亚洲部分去参观。会议结束后,我们特地乘车来到欧亚大桥的另一端参观这里的景致。

4. 组织召开国际会议的情况

我曾经组织过4次国际学术会议。第一次是1987年在沈阳召开的国际机械动力学会议,第二次是在深圳召开的亚洲振动会议,第三次是在大连召开的国际振动工程会议,第四次是在杭州召开的亚太振动会议。这4次国际会议,我都担任学术委员会主席,会后还编辑并出版了4部国际学术会议论文集。

在沈阳召开的国际机械动力学会议

1987年,我在沈阳召开了机械动力学国际学术会议。会议在沈阳迎宾馆召开。这次会议有9个国家150位代表团参加,共提交论文144篇。参会国家包括澳大利亚、中国、捷克斯洛伐克、意大利、日本、美国、英国、苏联、西德。会议的主题是旋转机械的振动分析及参数识别、机械人动力学、机器结构的有限元分析、机器的振动与噪声及其控制、机械振动的工程应用、特殊机械的动力学问题、机器故障的振动诊断及监控、有关机械动力学的相关问题。

这次会议开得很成功,既广泛开展了学术交流、增进了友谊,也为这些国家间科研协作创造了条件。会后,全体参会人员共同参观了本溪水洞。

在深圳召开的亚洲振动会议

1989年,我在深圳组织召开了亚洲振动会议。这次会议有10个国家的代表参加,包括中国、日本、韩国、伊朗、印度、澳大利亚、新西兰、南斯拉夫、加拿大和马来西亚,与会代表共有120多人。会议主题是模态分析与试验、非线性振动与随机振动、结构动力学、机械动力学、转子动力学、噪声与振动测量、故障诊断以及其他振动问题。

1989年,由于受到政治风波的冲击,国内举办的很多活动都受到不同程度的影响。但这次的亚洲振动国际学术会议却并未受到影响。会议开得很成功,参加者也很踊跃,特别是韩国的代表,由于中韩没有建立外交关系,他们很少来我们国家访问,这次他们能有这个难得的机会进行学术交流,并有机会到上海和北京等地参观访问,因此韩方代表感到十分高兴。

会后我们组织与会人员到广州、肇庆等地参观。

在大连召开的国际振动工程会议

1998年,我在大连组织召开了国际振动工程会议。参加这次会议的有10个国家,共提交了170篇论文。这些国家是加拿大、中国、法国、日本、韩国、波兰、俄罗斯、英国、美国和南斯拉夫。参加会议的代表有170人。这次会议由中国振动工程学会、中国机械工程学会、力学学会和航空航天学会等联合发起。会议在大连海滨傅家庄召开。这个地方的环境相当好,依山傍水,风景优美。与会的外国学者看到这样优美的环境后,都表示愿意在这里多住几天。

会议主题是机械系统动力学、模态分析与模态试验、结构动力学与土动力学、转子动力学、振动与噪声控制、振动测量与信号处理、故障诊断等。会议上,各位代表交流十分热烈,交流了思想,传播了学术,推动了这一学科的学术交流,促进了这一学科的进一步发展。

在杭州召开的亚太振动会议

2001年,我在杭州组织召开了亚太振动会议。这次会议由中国机械工程学会、中国振动工程学会、国家自然科学基金委员会、日本机械工程学会、韩国机械工程师协会、澳大利亚工程师协会等发起。会议地点设在杭州西子湖畔的刘庄,即杭州的国宾馆。来自12个国家的280多人参加了会议,提交了270篇论文。这12个国家是日本、韩国、中国、澳大利亚、加拿大、美国、新加坡、印度尼西亚、俄罗斯、德国、马来西亚和英国。会议的主题包括非线性振动、随机振动、模态分析与试验、结构动力学、机械动力学、转子动力学、振动的测量、信号分析处理、机械故障的诊断、振动与噪声控制,以及振动领域的其他问题。这次会议是我负责组织的多届会议中提交论文最多和参加人数最多的一次。

为了筹备这次国际性的亚太振动会议,我曾多次前往杭州,第一个目的是选择会议地点,经研究,最后确定为西湖国宾馆(即刘庄)。这个宾馆,面对西湖,风景秀丽,环境雅致。一幢幢别墅式建筑坐落在美丽的园林中,洋溢着美妙动人的诗情画意;第二个目的是想在论文集的设计中,体现出杭州这个号称人间天堂美丽城市的特色,我从几十张亲自拍摄的反映杭州景色的相片中选出几张,印在上、中、下三卷论文集的封面和封底上,论文集共收录270篇很有特色的论文。国内外学者参加这次会议后,无不称赞这次会议出色的组织工作和会议地点的优美景色。

会后我们还组织会议参加者参观了千岛湖和黄山等名胜。

5. 担任过的国际学术委员会职务

我曾担任IFTOMM(国际机器理论与机构学联合会)中国委员会委员、国际转子动力学技术委员会委员和亚太振动会议指导委员会委员。

参加这些国际委员会都要代表我国提出相应的建议，以便更好地促进国际间的学术交流、增进友谊、开展国际合作，使科学技术得到更快的发展。

IFTOMM 中国委员会委员

从 1987 年开始，我就担任 IFTOMM 中国委员会委员。在每一次 IFTOMM 会议期间，要召开这个联合会的会议，每个国家选出 5 名代表参加选举，选举新的执委及其他方面的委员。西班牙塞维利亚、捷克布拉格、意大利米兰、芬兰奥卢，到中国天津等历次会议我都参加了。

在意大利的会议上出现了一中一台的问题，我立即向我们国家的负责同志反映了情况并提出了建议，使问题得到了妥善的解决。

国际转子动力学委员会委员

从 1986 年开始，我开始担任国际转子动力学技术委员会委员。每次国际转子动力学会议期间，都要召开转子动力学的技术委员会会议，既要选举领导，又要讨论一些相关的问题，如下次会议的地点、举行哪一些专题会议等。因为这个专业委员会从属于 IFTOMM 的，所以实际上 4 年有 3 次是有关转子动力学会议。一是以本专业委员会命名的会议，二是 IFTOMM 世界大会，三是定期在英国召开的旋转机械振动国际会议。由于旋转机械在工业生产中的重要性十分突出，因此这些系列会议也开得十分热烈。

这个会议的主席是轮流担任的，最早是澳大利亚的帕斯采沃斯基，后来分别由日本的堀幸夫、印度的奇·爱斯·劳、法国的拉拉尼、美国的列格、德国的纳特曼等担任。这个委员会的工作开展得相当不错，对发展世界转子动力学的理论、技术与应用发挥了积极的作用。

亚太振动会议指导委员会委员

1989 年，自从在我国深圳召开亚洲振动会议以后，即成立了亚太振动会议指导委员会，委员会主席是日本的岩壶卓三。他对这项工作十分负责，每次会议他都亲自与举办方联系。每次各国的代表都能组织他的成员积极参加会议，使得会议开得都比较成功。比如 1989 年当这个会议出现一些问题时，他马上找我商议，建议由我代表中国来筹备这次会议，最终使这次会议得以成功举办。

这次会议上确定了 4 个主要成员国和其他国家轮流举办会议的规则。如中国、日本和韩国是主要成员国，后来增加了澳大利亚。这样，1989 年至 2009 年的系列会议，每隔两年分别由中国、澳大利亚、日本、马来西亚、韩国、新加坡、新西兰等国家轮流召开，并且还规定，如果指导委员会委员有两次不参加会议的，就撤销其委员的资格。

二、国内学术交流部分

大力开展国内学术交流，从而了解我国各个领域科学研究的状况，同时认清国际、国内科学技术和经济发展对我国各个地区、各个部门和各个单位科学研究工作提出的要求,进而推动我国各地区、各部门和各单位相应学科科学研究工作全面、稳定、协调、快速和可持续的发展,其意义是十分深远的。

五十多年来,我参加的国内学术会议及其他学术活动很多,足迹遍布全国的33个省、自治区、直辖市及特区。在参加这些学术会议期间,除完成既定的工作任务外,还时常会碰到一些校友也来参加这些活动(照片5.12,照片5.13,照片5.14)。

1. 参加国内学术活动概况

50年中,我参加国内学术活动较多的省份有浙江、山东、湖北、广东、广西、海南、云南、天津、河北、辽宁等省市和自治区。

1992年,是我参加国内外学术活动较多的年份,在参加日本召开的国际学术会议后,我又访问了家乡台州和温岭,还参加了在青岛和武汉召开的两个学术会议,最后又到广东参加一个鉴定会,走过的路程近两万里,饱览了祖国壮丽的大好河山,所到之处,一派欣欣向荣的景象,心中不由得感慨万分,特地写了一首诗,以抒情怀:

神州大地换新装

一九九二年十二月二十二日

暑风相送访扶桑,
霜色伴我归故乡。
秋尽青城追黄鹤,
冬初北国去南疆。
征程两万惊飞跃,
彩绘九州奔小康。
商学工农齐奋进,
神州大地换新装。

下面分别对我去过的地方及进行的一些学术活动作些介绍。

浙江

浙江是我的故乡,所以我对这里有浓厚的感情。

2007年11月,庆祝中国振动工程学会20周年大会在杭州召开,前来参加这次会议的有300多名代表,我除了在庆祝中国振动工程学会成立20周年大会上发言外,还在大会上作了"振动利用工程的近期发展与展望"的学术报告。

我筹备并主持了在温州召开的全国振动利用工程会议,当时有很多代表参加,会议开得很成功;此外,我还曾参加在宁波召开的学术会议等。

浙江省还邀请我参加该省功勋科技专家的评审,只要这些会议的时间不和其他会议发生冲突,一般我都会尽力参加。

大约在2003年,浙江省科协邀我到杭州参加该省的科协年会,并作一场学术报告,我的报告题目是"关于发展装备制造业的若干思考"。

近几年来,由于我担任浙江大学"液压传动和控制"国家重点实验室学术委员会委员,几乎每年都要参加在那里召开的学术委员会会议。

浙江工业大学的机械工程学院是我校的对口单位,我参加了该校的重点学科及省部共建实验室的评审。

绍兴文理学院工学院的书记姜永丰是我的学生,该校邀请我担任该院工学院的名誉院长,我曾到过这所学校两次,并作了有关科学技术发展的报告。

自1998年至2002年,我担任浙江吉利集团所属的浙江经济管理学院的兼职院长一职,几乎每年都要到浙江临海多次,对这个学校的学科建设和教学工作提出自己的意见和建议。

台州市领导曾多次邀我参加家乡的一些重要会议,如"院士故乡行"的会议等,我还在欢迎会上进行了发言。

为表达我对培育我成长的家乡及母校新河中学和台州中学感激之情,抒发我对家乡及母校的思念,我写下了以下两首诗以抒情怀:

忆 故 乡

一九九二年十月二十三日

重观故里景, 顿忆幼时春。
养吾家乡土, 育我党母亲。
谆谆慈母心, 依依儿女情。
辛勤数十载, 采果献人民。

重 访 母 校

一九九二年十月二十二日

阔别新中五十载,
喜看母校新颜换。
芬芳桃李遍天下,
再创奇迹惊九天。

山东

1992年,我去山东青岛参加全国转子动力学学术会议,此外,还到山东科技大学、山东工业大学、中国海洋大学、山东理工大学等单位进行学术交流,并担任这些学校的兼职教授,期间作过多次学术报告。还参加了国家自然科学基金的评审以及一些科研项目的鉴定会。

在青岛开完会后,我们游览了青岛的崂山风景区,美丽的景致令我诗兴大发,于是我写了一首七律,来描述青岛美丽诱人的景色和该市人民勤劳朴实,勇于改革,积极参加国家经济建设的豪情:

访 青 岛

一九九二年十月五日

一轮红日海上升,
万道霞光照青城。
市郊农夫庆丰收,
沿岛渔民鱼满舟。
工厂商店齐争艳,
高楼林立映蓝天。
崂山美景诱客醉,
改革开放果实鲜。

湖北

我曾多次去武汉参加全国性的学术会议,还去华中科技大学、武汉理工大学进行学术交流,特别是在1992年,我登上黄鹤楼,眺望浩浩荡荡的长江,看到了长江大桥两端的龟山和蛇山,参观了武汉钢铁公司,看到了高炉熔炼铁水的情形,不由心生感慨,由此写下了一首赞歌,歌颂武汉人民的豪迈气魄和建设社会主义的热情:

访江城武汉

一九九二年十月十二日

车轮转千里, 迎来武昌城。

远眺长江滚滚，　　疑似东海黄龙。
龟蛇忠守卫，　　　黄鹤依旧在。
改革气势磅礴，　　开放波澜涌动。
看祖国江山，　　　前程美似锦。

驱车入青山，　　　再访武钢厂。
高炉铁水潆回，　　宛若九天飞虹。
钢锭堆如山，　　　钢花舞翩翩。
同庆改革成就，　　共祝开放成功。
盛赞江城人，　　　壮志冲云霄。

广东

1992年，我在广州参加了一个鉴定会，会议地点在广东的虎门附近，趁此机会，我参观了虎门炮台。参观后，我发表了一点感想，写下了下面这首诗：

访虎门炮台

一九九二年十一月十二日

虎门炮台美名扬，
饱经沧桑傲骨昂，
昔日英雄功不没，
今朝唤众岁时长。
昌隆国运人称好，
铁石江山戟守疆，
国力强盛无匹敌？
巍巍中华谁敢伤。

后来，我还去深圳参加了一个深圳科学宫方案论证会。中国振动工程学会的很多会议都在广州和佛山召开，我全部参加了。

广西

我曾去过广西两回，一次是去南宁参加全国机械动力学会议，另一次是去桂林参加国际故障诊断会议，那还是20世纪90年代的事。

这两个会议分别在广西大学和桂林地质学院召开，开得都十分成功，我还在这两个会议上作了相关的学术报告。

开完了会，我顺便参观了一下广西的风光。广西最有名的风景点是桂林阳朔,有"桂林山水甲天下,阳朔山水甲桂林"之说。欣赏这里的风光,机会实在难得。这里的山都是陡峭悬崖,水都清可见底,景致十分怡人,给人以舒适和愉悦的感受。

云南

云南是我国的边陲省份,南接越南和缅甸。我们在那里召开过两次学术会议,一次是在昆明召开的振动工程方面的学术会议,另一次是在大理召开的中国振动工程学会常务理事会议。

昆明海拔较高,那里有著名的滇池,还有著名的石林,在云南大学和云南理工大学有我们同一学术方向的教授学者,早期的屈维德教授在振动工程的研究方面有很高声望,他们编撰的振动工程手册在国内有重要影响。

云南大理在全国是十分有名的风景区,那里有著名的苍山和洱海,风景十分秀丽。

海南

海南是我国最南端的省份,我曾多次去那里开展科研协作。海南是我国橡胶的产地,还盛产热带水果。那里还有国际著名的世界园林博览园。

海口是海南省的省会,建设得比较繁华,因为这个省份人口较少,农村和城市污染较轻。

天津

我到天津参加各种会议及相关的科研协作有20余次。比如在天津召开的全国非线性振动会议、天津大学的硕士和博士答辩会、河北工业大学的校庆会议、天津军粮城电厂20万千瓦发电机组的测试、塘沽新港电厂某些机器的试验等。

天津是一个大城市,人口众多,交通便利,商业发达。这里有著名的高等学府——南开大学和天津大学。我和天津大学的一些老师交往比较多,因为这所学校的机械工程学院和我校的联系与协作十分密切,这所大学的力学系从事振动研究的教授和我的专业方向相当接近。陈予恕教授是国内著名的非线性振动专家,1981年我曾和他一起去苏联基辅参加第九届国际非线性振动会议。我们两校博士生的毕业论文答辩会常常邀请对方的教授来参加。

我们课题组还曾与天津大学及军粮城电厂协作,开展"大型旋转机械非线性动力学问题"国家自然科学基金重大项目的研究,并且顺利地完成了该项目的研究任务。

湖南

湖南的一些城市,如长沙、湘潭、株洲、萍乡、娄底我都到访过,特别是长沙和湘潭,我去过多次。我去那里,一是参加学术会议,二是进行科研协作。此外,在中南大学、湖南大学和国防科技大学等多所高等院校都有从事振动工程和机械工程教学和科研的专家教授,我们也时常和他们进行学术交流。

在长沙,我们曾与长沙有色矿山研究院协作,研制过多种规格的大型振动筛,产品被武钢、湘钢和攀钢等企业广泛使用。

在湘潭,我参加了由湖南科技大学主办的多次国内学术会议,并多次作大会报告。

湖南是我国许多领导人的故乡,如毛泽东、刘少奇、彭德怀都出生在湖南,著名画家齐白石的家乡也在湖南。有一次在湘潭开会时,我们有幸参观了他们的故居。

湖南有两大著名风景区,一是南岳衡山,二是张家界。这两处名胜都有其十分独特的景致,很值得一看。

福建

福州和厦门是福建省的两个重要城市,我们曾在这两座城市召开过多次学术会议。1990 年前后,我们在厦门召开了全国振动利用工程学术会议;2000 年,在武夷山召开了中国振动工程学术交流会;2005 年,在福州召开了科学技术交流洽谈会(照片 5.15);2006 年,在福州召开了国际机电一体化学术会议。

在福州大学任教的严世榕教授是东北大学的毕业生,他大学本科的毕业设计、硕士论文和博士论文都是我指导的,所以,我对他十分了解,他是一位勤于思考的人,有扎实的基础,发表过不少学术论文。我到福州参加这些会议时,都和他进行了学术方面的交谈。

厦门我曾去过多次,鼓浪屿是著名的风景区,厦门的对面就是金门岛,在 20 世纪六七十年代,两边互放高音喇叭,而且相互开炮;现在,两岸都已认识到,大家都是中国人,应该友好相处,共同发展经济,构建一个和睦的大家庭、和谐的社会及和平的世界。

武夷山是全国闻名的风景区。参观者可乘坐竹排沿着九曲十八弯顺流而下,观看两岸的奇峰怪景,别有一番乐趣。

河南

河南省的郑州、洛阳、焦作、新乡、安阳、信阳、平顶山等许多城市,都有我的足迹。

2004 年,我参加了在郑州召开的技术展览会,同时还应洛阳科技大学的邀请,到那里作了一个题为"发展装备制造业若干思考"的学术报告。

2005 年,我参加了在焦作召开的全国转子动力学学术会议,会后顺便参观了云台山的风景。

2008 年,我参加了在新乡召开的振动机械专题讨论会,会上作了题为"振动机械的近期发展及其展望"的学术报告。

安阳、信阳、平顶山三个城市,我都是因为有科研协作项目才到那里出差的——安阳钢铁厂采用了我们研制的几台振动筛;而信阳有一个振动给料机学术会议在那里召开,邀请我去参加;平顶山选煤厂的大型共振筛有许多技术问题需要我们去研究解决。在信阳附近有著名的鸡公山,抗日战争时期,蒋介石和宋美龄曾在这座山上生活过,坚固的石屋可以抵御日寇飞机的轰炸。

山西

太原是山西省的省会,也是山西省最大的城市。我曾多次到过那里,一是参加在太原召开的学术会议,二是由于我是太原理工大学和太原重机学院的兼职教授,因此,我还参加了这两所学校的校庆纪念会和学术报告会。太原理工大学的熊诗波教授是我经常接触和联系的对口教授,他在自己研究的领域取得了许多重要科研成果,是我国测试技术及机械工程方面的著名专家。太原重机学院也是我们机械工程方面的对口单位,我和该校的有些教授有较多联系。

太原的城市建设近年来发展迅速,有了很大的变化,市内不但增加了许多高楼大厦,而且环境也越来越好,清澈的汾河水为这所城市增添了美丽的景色。

除了到太原参加学术活动,我还曾到平遥及五台山等地开会并参观访问。平遥有保存完好的古城,附近还有著名的王家大院、乔家大院,电影《大红灯笼高高挂》就是在那里拍摄的。

甘肃

我曾到过甘肃的两个地方,一个是甘肃省的省会兰州,还有一个是丝绸之路的必经之地——敦煌。

我曾到兰州出差两回,第一次是在20世纪70年代末,当时是去那里采购液压元件,第二次是2007年在那里参加一个有关离心压缩机的论证会议。

1989年,全国非线性振动会议在敦煌召开,对我来说,这是一次很难得的机会。会后,我们参观了敦煌莫高窟,这是被联合国审批的世界文化遗产。

第一次去敦煌是从嘉峪关乘公共汽车去的。坐上汽车,很快就进入了无人区,到处是一望无际的戈壁滩。那里的土地全是碎石覆盖的石漠,也就是通常所说的不毛之地。第二次是从新疆乌鲁木齐开会结束后乘飞机路过敦煌的。从飞机上往下看,西北这片土地除少数城市外,几乎全是荒漠,较少有绿草和树木。尽管地表十分贫瘠,但这片土地下蕴涵着丰富的各类有用矿物,如石油、天然气等。

辽宁

辽宁省的工业和教育事业都比较发达。

辽宁发展较快的城市除沈阳、大连外,中等城市如鞍山、抚顺、本溪、锦州、营口等的发展也是日新月异。

我们与辽宁主要进行的学术交流与科研工作有两个方面。一是开展与有关企业的协作,二是高等学校间建立协作与联系。

辽宁的大企业很多,如鞍钢、辽化、沈阳机床、沈鼓、沈阳重矿、大连机床、大连造船等,这给我们创造了良好的产学研协作的条件。

辽宁省有70所高校,有大连理工大学、东北大学、中国医科大学、大连海事大学、辽宁大学、辽宁工业大学、沈阳药科大学、辽宁师范大学、东北财政大学等，仅在沈阳的高校就有30余所。

我在辽宁召开过两次国际学术会议，多次国内学术会议。1987年在沈阳召开国际机械动力学会议，1998年在大连召开国际振动工程会议。1986年在沈阳召开全国非线性振动学术会议等。

不久前，沈阳市举办了一次"百名院士沈阳行"会议，这类会议对加强国际和国内的学术交流，促进本地区科学技术与经济的发展发挥了积极的作用（照片5.16，照片5.17）。

2. 进行学术报告及参加其他会议的情况

我受邀前去作过学术报告的省份有北京、上海、重庆、四川、吉林、江苏、湖南、山西、黑龙江、新疆等省、市、自治区。

北京

北京是我开会最多的地方。几乎每年都要到这里参加院士会议，还有一些重要的评审会议，此外，一些重要的学术会议也要在这里召开。有时，去别的省份开会，也常常经过北京，在这里休整一下，或办一点事再走。前几年，我在兼任北京吉利大学校长的时候，去北京的机会就更多了。由于我在年轻时已经参观过了北京的很多名胜古迹，所以，现在我来北京已很少再去这些地方参观或游览了。

此外，胡海昌院士的家就在北京，他是我们中国振动工程学会的第一任理事长。他患有帕金森病，我每年都要去看望他。每次看到他，我都感触颇多：这样一位著名学者因疾病缠身，不能工作，不仅他自己遭受痛苦，而且对国家和科学研究造成损失。从他的身上，使我更深刻地体会到疾病是人类的大敌。虽然，对于好多疾病人们有了对付它的办法，但还有不少疾病，如癌症、脑血管和心血管病、帕金森病、艾滋病等，人类还没有找到有效的办法去攻克它们。加深对科学技术领域的认知和研究的繁重任务，还迫切地摆在人类的面前。

我弟弟家、侄子和侄女家都在北京，有时候，我还常常会去看看他们，谈谈大家庭中有关的事情。由于我孪生弟弟国椿的两个孩子都在国外工作，去看看弟弟和弟媳便成了一件十分有意义的事情。有时候也会去看看我的侄子拯之和侄女玲玲，上一次拯之的女儿闻静结婚，本应邀去参加他们的婚礼，但恰好我临时要参加一个重要会议，未能参加他们的婚礼，留下了很多遗憾。现在我忽然觉得，年纪大了，往往会比年轻时更加关心这些事情。

此外，近几年，我为科学出版社和机械工业出版社写了十多本著作，往往会因校对书稿的事情去出版社好几次，否则，书稿难免会出现更多的错误。这是我得出的重要的经验，同时，我也一直坚持这个做法，丝毫也不放松。

上海

上海是我国最大的城市，那里有复旦大学、上海交通大学、同济大学、华东理工大学、上海理工大学、上海师范大学等多所高校,我都曾被聘请担任这些学校的兼职教授、顾问教授等。

我的大哥、五弟和两个侄女的家都在上海,所以我也常常去上海看他们,我的大哥寿椿因身患癌症,早在30年前就离开了我们。我的五弟伍椿因平日疏于对自己健康的关心,也于去年离开了我们。与他们之间的亲情便更显得珍贵了。

前几年,我参加了很多在上海举办的各类会议,如复旦大学的校庆纪念会、上海师范大学校庆期间的学术报告会、同济大学召开的工程机械和汽车国际学术讨论会,还参加了华东理工大学和上海理工大学邀请我担任兼职教授的学术报告会。

20世纪90年代,我在担任上海交通大学"振动、冲击、噪声"国家重点实验室学术委员会主任时,几乎每年都要到那里参加学术会议。

需要补充的是,我参加解放军时的副班长邹容珍同志也住在上海,在参加会议期间,我们曾多次见面,但她后来患上了帕金森病,最近因各种原因一直没有联系上,也不知道她的身体状况如何了,我衷心祝愿她健康长寿。

重庆

我曾去过重庆市四次,第一次是参加由武汉至重庆游船上召开的国际学术会议后,途经重庆;第二次是重庆被列为新的直辖市时由重庆市委书记向中国科学院与中国工程院发出的邀请,我作为其中的一员参加了会议;第三次是重庆市召开第一次工程师大会时由重庆市科协向我发出的邀请;第四次是应邀参加重庆大学机械传动国家重点实验室召开的学术会议。

在参加重庆市第一届工程师大会时,我做过一篇题为"发展装备制造业的若干思考和产品综合设计法"的报告,与会代表反映强烈。在参加重庆大学"机械传动"国家重点实验室学术会议时,我作了题为"面向产品广义质量的综合设计法"的学术报告,同时,对实验室的发展提出了若干有益的建议。

由于我还是重庆大学和重庆科技学院的兼职教授,所以我在这两所学校除了做学术报告,还经常会与老师们在学科建设和青年老师如何快速成长等方面进行座谈。

因为我堂妹的家在重庆,所以我对重庆的感情有着不同于旁人的亲切感。

四川

我曾四次造访四川,第一次是去四川绵阳参加中国振动工程学会常务理事会,第二次是参加在成都召开的中国科协年会,第三次是参加在成都召开的全国转子动力学学术会议,第四次是在西南交通大学召开的机械学科教学论坛邀我在会上作学术报告。在后三次会议上,我分别做了题为"科学技术的近期发展与展望"、"故障转子的非线性动力学理论与试验"及"现代机械产品综合设计理论与方法"三个报告。

成都的科研院校众多,有四川大学、西南交通大学、成都科技学院等,我是后面两所学校的兼职教授。

成都附近有峨眉山和都江堰两大著名旅游胜地。我在70岁的时候,还爬上了峨眉山的最高点——金顶。

在第一次来四川的时候,我们参观了全国著名的风景区——九寨沟和黄龙,这两个景点远离尘嚣,是完全没有被破坏的美丽绝伦的自然生态。当我们驱车经过杜鹃山时,满山的杜鹃花正在盛开;到达九寨沟时,我们看到了一个个水平如镜的、清可见底的小海子。两侧山上,层次分明的季生树木、飞流直下的瀑布、古老的水车、庞大的藏传佛教寺院,构成了一幅奇妙并美不胜收的自然与人文画卷。在参观黄龙时,我们看到一个台阶一个台阶自然形成的五彩池,构成自上而下、布满整个山沟的流瀑,奇特景色令我们流连忘返。

江苏

江苏有许多大中城市,如南京、苏州、无锡、常州、镇江、扬州、徐州、连云港、南通等,这些地方我都去过,不过去的最多的当数南京、苏州和徐州。其中的原因是,南京航空航天大学是中国振动工程学会的挂靠单位,我曾担任中国振动工程学会理事长和《振动工程学报》主编多年。徐州是徐州工程机械集团的所在地,我曾为该公司培养了十多名研究生,因此经常要去那里指导研究生,中国矿业大学也在徐州,我是该校机械工程学院的名誉院长。苏州是号称人间天堂的美丽城市,离上海不远,那里有苏州大学,我是该校的兼职教授。基于上述因素,我经常要到这三个城市出差。

全国许多学术会议曾在这些城市召开,我也因参加学术会议经常去这些城市。在南京、苏州和徐州召开的国际和国内学术会议不少于10次,所以,我是到这些城市来参加学术会议的常客(照片5.16)。

镇江的江苏大学、常州的河海大学分校等都曾举办过校庆,我也曾应邀为这些学校作学术报告,参加这些学校的校庆纪念大会等。

江苏省是我国文化教育事业十分发达的省份,曾涌现出很多名人志士,中国科学院院士、中国工程院院士更是数不胜数,他们为这个省增添了无限光彩。

河北

河北省是辽宁的邻省,因为离沈阳不远,所以我参加过该省的许多会议。该省每两年召开一次的院士联谊会,若无意外,我也会每次都参加。秦皇岛、北戴河、承德、石家庄、唐山等城市都是河北省的重要城市,这些城市的一些单位同我们都有过交往和学术交流。

秦皇岛还有我们东北大学的分校,所以我去的次数较多。河北工业大学、河北科技大学、燕山大学、石家庄铁道学院、唐山理工学院、唐山师范学院等,这些学校的领导、教师和我都有较多的联系。

吉林

长春是吉林省省会,也是我出差次数最多的地方之一。原吉林工业大学,即现吉林大学是我校的兄弟单位,该校曾聘我为兼职教授。工程机械方向的罗邦杰教授和诸文农教授、从事力学研究的陈塑寰教授、汽车专业的郭孔辉教授是我们方向的对口教授,他们的博士、硕士论文答辩会常邀请我去参加,我也常常邀请他们来沈阳参加我的博士和硕士答辩会。

我是吉林大学仿生机械的教育部属重点实验室学术委员会委员,几乎每年我都要到那里去开会,吉林工业大学在举行校庆时也曾邀请我去参加。

长春承担过多次学术会议及其他会议,国家自然科学基金评审会曾在长春召开,中国科学院技术科学部扩大会议也曾在那里召开。

2003年,全国转子动力学学术会议在吉林延边举行。借此机会,我们经图们到俄罗斯的符拉迪沃斯托克(海参崴)去转了一圈。另外,长白山的天池也是很有名的旅游胜地,它是个老火山口形成的高山湖泊,上空时常阴云密布。如果碰上了好运,遇上晴天,还可以看到天池。这个天池看上去阴森森的,深不见底,报纸报道天池里常常可见到一种庞大的怪兽,在水里游来游去,但至今仍是个谜,不知到底为何物。

黑龙江

黑龙江省的省会哈尔滨,我曾去过很多次。哈尔滨工业大学是我校的兄弟对口单位,20世纪八九十年代,该校的黄文虎教授、夏松波教授都是我们经常交往的教授,我们相互邀请参加博士答辩会;我参加过该校的211评审会;还在哈尔滨参加过全国振动工程学术会议和中国振动工程学会常务理事会。

此外,哈尔滨理工大学也是我校的对口单位,我担任着这所学校的兼职教授,所以,我曾多次去过该校,作过学术报告。该校机械学院院长和赖一楠教授都是研究方向比较接近的教授。

哈尔滨的冰雪节闻名于全国,而在夏天,太阳岛是最热闹的地方。哈尔滨有东方莫斯科之称,因为早年有不少俄罗斯人在这里居住,不少房屋都是俄式建筑。

牡丹江也是黑龙江省的主要城市之一,20世纪80年代末,我们曾去那里参加了城市发展讨论会,并在会后去了镜泊湖旅游,那里有清澈的湖水和壮观的瀑布,是我国北方著名的风景区。

在20世纪五六十年代,我还多次到鹤岗、双鸭山、鸡西等地,为一些煤矿的技术人员讲授"选煤机械"的函授课和指导函授学生的毕业设计。

新疆

新疆是我国最西端的省份。2005年,我在那里参加了中国科协年会,并在会上作了一个题为"关于发展装备制造业的若干思考"的报告。会议期间,我还参观了特变电器厂和新疆大学工学院。

新疆是少数民族聚居区,乌鲁木齐的"大巴扎"(即一个商业中心)闻名于全国,晚上街上经常有维吾尔族的歌舞表演,还有卖各种食品的,热闹非凡。

新疆的吐鲁番是一个盆地,气候十分炎热。《西游记》中曾描述过唐僧取经路过的火焰山就在这里。那个地方是不毛之地,山上都是红土,没有树木,好像火焰一样。吐鲁番盛产无核葡萄,这里的每户人家都有很大的葡萄园和奇特的葡萄风干屋,只有在尝过吐鲁番的葡萄后,才能感受到什么才是葡萄中的精品和地道的美味。

　　新疆不仅有丰富的石油,还有很充足的风力资源。我们在参会期间参观了在达坂城附近的一个很大的风力发电厂,在发电厂里,一根根高高耸立的立柱支撑着旋转的风轮,风力推动风轮转动,再通过发电机来发电。虽然这是一种清洁的能源,但因为它第一次投入的成本较水电和火电高得多,而且还要有适宜的自然和地理环境,所以一直未能推广应用。

3. 参与科研协作的情况

　　除了前面所谈的学术活动,我还参加了很多诸如鉴定会、评审会等科研协作类活动。所到省份有江西、福建、河南、安徽、内蒙古、甘肃、宁夏等省和自治区。

江西

　　20世纪90年代,国家奖励办公室曾安排我们机械工程科技进步奖和发明奖评审组在南昌市南昌宾馆召开评审会。由于我在评审专家中年龄最大,所以这个宾馆为我安排了毛主席曾经住过的房间住宿,这个房间里的硬板大床是专门为毛主席制作的,他习惯于这种床铺。但由于我从未睡过这种铺,所以在第一天住宿时不很习惯,不过随后的几天就适应了。

　　在评审会期间,当时江西省的省委书记吴官正同志热情地接待了我们,并邀请我们共进晚餐。

　　会后,我们参观了当地最有名的滕王阁,我在中学时曾读过王勃写的很著名的《滕王阁序》,大家也都知道天才少年王勃写这一杰作的故事。

　　这期间,南昌大学和华东交通学院还邀请我和杨叔子教授担任该校的兼职教授。

安徽

　　在安徽,到过合肥市和马鞍山市。合肥工业大学在召开211评估会时曾邀我去参加。当时该校的校长是陈心昭教授,他是噪声方面的专家,副校长刘光复教授则对绿色设计有较深的研究。这所学校由多所院校合并而成,合并后学校人数达三、四万人。合肥工业大学是安徽省的主要学校之一,该校的机械工程等学科有较强的实力。我的侄子闻一之是中国科学技术大学的教授,我去合肥时也曾看望过他。

　　由于我的课题组同马鞍山钢铁公司有科研协作项目,为了搞好科学研究工作,我们必须要到那里了解设备的生产情况以及生产中需要解决的问题。这也是我邂逅马鞍山的重要原因。

内蒙古

呼和浩特是内蒙古自治区的首府，我多次去过那里，主要任务是应北京铁道科学院的邀请，去帮助解决铁路系统路渣的清砂问题。经过两年的研究，路渣的清砂问题最终得到了解决。

路轨下面的石碴在经过一定时间之后，就会有泥沙进入，它们会减弱路渣的弹性，进而加速铁轨的磨损，所以要定期对铁轨下的石碴进行筛分，将其中的泥沙筛去。在进行这项工作的时候必须要快速处理，因为在清砂过程中，驶经这一路段的列车停止运行，若时间过长将会在经济上造成一定的损失。我们研制的新型大揭盖清筛机达到了预定的要求，并取得了成功，获得铁道部的科技进步奖。

包头是内蒙古的另一个重要城市，也是包头钢铁公司所在地。2006年，国家自然科学基金技术科学部曾在这里召开会议，我应邀参加了这次会议。包头市有内蒙古科技学院，这所学校的机械学院院长李强教授是东北大学的毕业生。

宁夏

银川是宁夏回族自治区的首府，我曾去过两回。第一次是在2006年，当时我是趁到包头参加国家自然科学基金委员会技术科学部评审会之便，乘飞机先到银川，然后去包头参加会议的。第二次是2008年5月，我应宁夏回族自治区科协的邀请去参加在银川举办的科学技术周活动。我在宁夏大学和该校老师座谈有关"装备制造业的发展概况及远景"方面的内容，再去北方民族学院作了题为"科学技术的近期发展及展望"的学术报告，同时我参观了这两所高校新建的美丽的校园。

银川土地肥沃，气候宜人，有塞北江南之称。银川是古代西夏王朝的所在地，位于贺兰山下，西夏王朝有自己的文字。宋朝名将岳飞在其所写的《满江红》的词中，也曾提到过贺兰山。

4．两岸间的学术交流

2004年，我随机械工程学会访问团访问了台湾。这次访问除了参加在台湾大学召开的两岸机械工程学会的学术交流会外，还参观了台湾的几个主要城市以及一些企业和高校。

我在参加这次会议时还带去我写的多本著作，送给了那里相关的对口教授。有位教授告诉我，他还在书店里买到过我写的部分著作。

我们参观的企事业单位有东台机床股份有限公司、压缩机有限公司、新竹科技园等；参观的高校有台湾大学、淡江大学和成功大学；参观的风景区和名胜古迹有阿里山、日月潭、大峡谷、"故宫博物院"、中山纪念堂、中正纪念堂等（照片5.17）；参观的城市和乡村有基隆、宜兰、花莲、台东、垦丁、台南、高雄、嘉宜、台中、新竹、台北等。

尽管我们在台湾逗留的时间只有十天，但除了参加学术会议，我们在这短短的几天里竟沿顺时针方向绕台湾岛转了一圈。

这次学术交流和参观访问十分成功，特别是在访问高雄的成功大学时，见到了该校的几位曾访问过我们东北大学的教授,他们热情地接待了我们。

我们这次去台湾访问,首先飞抵香港,再从香港飞往台北,回程也是如此。饱尝旅途劳顿之苦,但愿两岸能早日实现直航。

5. 访问香港和澳门的情况

香港

我去过香港多次,第一次是1997年从意大利回国途经香港,第二次是1998年去香港参加一个国际学术会议,第三次是在1999年访问马、新、泰后经香港回内地,第四次是2002年应香港城市大学梁以德教授的邀请到香港访问,第五次是2004年访问台湾后途经香港,第六次是香港华建公司要求我们研究一种新型桩机而到那里访问。

2002年,我应香港城市大学梁以德教授的邀请,访问了香港这座城市。期间,我在香港城市大学逗留两个月的时间,完成了科研协作任务。在此期间,还访问了香港科技大学、香港大学、香港理工大学等高校。多数香港高校仍沿用英国的教学体制,学制为三年,只有香港科技大学仿效美国的教育体制,学制为四年(照片5.18)。

香港的商业、金融业和服务业十分发达,世界闻名。但在回归祖国之前,教育领域相对薄弱,高校较少。

在港期间,我们的课题组接受香港华建公司的任务,研制一种新型振动桩机。经过一年多时间的研究和开发,我们最终完成了既定的任务。

香港的交通十分方便,买一张"八达通"卡,既可以乘地铁,又可以乘公共汽车和火车,甚至还可以购物。

香港有很多著名的景点,如太平山可观看香港的全景,还有深水湾和浅水湾、海洋公园、维多利亚港等地也是旅客常去游览的地方。

由于香港在经营方面拥有丰富的经验,因此特别讲究工作效率和经济效益。其地铁站和商业网点的布局也是十分合理的,地铁站的出站口外面或上层就是商店,购物十分方便。

香港国际机场是世界上最先进的机场之一,不但工作效率高,经营效果也非常好。我在香港访问时,香港经济受亚洲金融风暴的影响有些衰退,但近年来由于内地大力支援以及进口实行零关税等政策,其经济情况大为好转。我相信,只要香港与内地相互依存,继续加强全方位交流,一定能够获得"双赢"的经济与社会效果。

澳门

我去澳门访问是在1999年澳门回归前夕,虽然这个地方不大,但发展得有声有色,特别是在回归以后,治安状况更加好转,经济也得到了快速的发展。尤为令人感到惊奇的是,当年"非典"在全国许多地方甚至香港流行的时候,澳门却没有出现一个病例。

澳门著名的景点有大三巴牌坊、大炮台、主教山和妈祖庙等。

三、人生体悟

20世纪七八十年代以来,我总共访问了33个国家,学术科研及交流活动非常频繁,在相关领域开展了广泛的学术交流,深感受益匪浅。

进行国际交流,我的体会是:

(1)要学习和掌握好国际通用语言。要进行国际学术交流,首先是要学好外语,国际通用的语言是英语。我到这么多的国家,之所以能够行动自如,正是因为我基本掌握了英语。我的英语是初中和高中学习的,后来因为工作需要又不断提高自己的英语水平。我在大学和研究生阶段学的是俄语,因为用得不多,到现在基本上已经忘掉了。我还学过德语,但也因为用得较少,差不多忘记了。只有英语还牢牢地掌握着,因为我要写英语的论文,还要参加国际会议作英语的发言,所以到现在一直没有忘记。因此,掌握好外语,这对于高等学校教师和科技工作者来说,是十分重要和必要的。

(2)积极开展学术交流活动。召开学术交流活动有利于科技工作者之间开展学术活动,增进友谊,加强协作,进而促进科学技术及经济的进一步发展。当今世界,经济的发展很大程度上依赖于科学技术,而科学技术是由人来掌握的,因此,培养掌握科学技术的人才是促进科学技术发展的关键,交流就是互相学习的过程,也是人才培养和提高的过程,各国对科学技术的交流和召开学术会议都十分重视,其主要目的就在于此。

在学术交流中,可以学习到许多有用的东西,也许有时会议参加者的一句话就可能暗示出科学技术发展的一个重要方向。所以有些有远见的企业常常派遣企业中有思想的工作人员去参加会议,了解科学技术发展的动向,或某一方面的信息。例如,我在1984年参加英国的旋转机械振动会议之后,马上把国际设备故障诊断的研究情况报告给全国同行,这对促进我国对故障诊断技术的研究产生了积极的影响。

在一些学术会议上,我时常碰到一些企业派来的工作人员,他们来参加学术会议的目的也许是了解有关方面的信息,我很赞成这种做法,有价值的信息对于企业的进一步研究和开发新产品常常是十分有用的。

可是总是有人过分精打细算,总觉得出去一次要花去很多钱,太浪费了,但他们没有想过,如果能从会议中得到一点启发,它所创造的经济效益就比参加会议的费用多得多,所以我对参加各种学术会议一点也不"吝啬"。

(3)自己首先要做好科学研究工作。要参加学术交流活动,自己必须首先要做好科研工作,才有可能在学术舞台上开展交流。目前多数参加学术交流特别是国际学术交流的人都具有博士学位,所以参加学术交流活动的人多数是高层次的科技人才。

我们课题组参加过数十次国际性的学术会议，撰写了数十篇学术论文，这要花费很大的精力，因此，开展学术交流要有一定的基础和条件，要求自己先做出一定的成绩，没有成绩就难以进行高层次的学术交流。

（4）要充分利用好交流的成果。科学技术的发展是相互促进、相互影响的。我们要善于从各种学术交流中吸取营养，学习有益的东西。同时，我们更要尊重他人的成果，在撰写论文时，如果我们参考了别人的文章，必须要在参考文献中注明。

尽最大可能在别人已取得成果的基础上开展相应的研究工作。如果自己所做的工作是别人早已完成的，无异于浪费自己的精力和时间，所以在参加学术会议时，一方面要了解国际当前的研究水平，另一方面要从这些报告中了解他们所取得的最新成果，或直接加以利用，或在他们的基础上开展进一步的研究，使自己的研究工作始终处在国际的最前沿。

开展学术交流是一项十分重要的工作，因此我们还应注意以下几方面的内容：

第一，必须首先弄清楚这项工作的重要性和意义；
第二，把这方面的工作当做自己的主要任务来完成；
第三，必须持之以恒和坚定地抓好这方面的工作；
第四，要不断地总结经验，努力提高工作效果；
第五，特别要加强科研协作，建立经常性的联系；
第六，依靠领导，依靠群众，才能做好这项工作；
第七，在国内外学术交流中要尽量做到劳逸结合。

我们必须努力贯彻国家制定的改革开放的方针和政策，"闭关自守"只能使自己走向绝路。全球经济一体化和各国之间科学技术和经济的发展相互渗透和相互影响的格局的形成是社会发展的必然趋势和客观规律，任何人是无法阻挡的。

本章附录

参加国际学术交流情况简介

1. 讲学与国际科研合作

1986年9月至12月，应日本九州工业大学的邀请，我以特别客座教授的名义去该国讲学，并应邀去日本东京大学、东北大学等多所大学和产业部门作学术报告。

1987年8月，我应德国柏林工业大学、埃森大学和凯泽斯劳滕大学的邀请，去这三所大学访问，并作了学术报告。

1987年10月,我应邀去美国麻省理工学院、维斯康新大学和弗吉尼亚理工学院与州立大学访问,并进行了学术交流。

1988年10月,我去日本东北大学进行科研合作,并应邀去神户大学、九州工业大学等5个单位作学术报告。

1989年10月,我应澳大利亚墨尔本大学和莫内希大学的邀请,以荣誉访问教授名义去那里讲学。

1995年9月,应瑞士国际机器人与磁轴承中心和瑞典歌德堡查理姆斯大学的邀请,我访问了这两个单位,并进行了学术交流。

1986年8月和1997年11月,我先后两次访问了日本东北大学,并进行科研合作。

2. 参加国际学术会议

1981年、1984年和1987年,我先后参加了在苏联基辅、保加利亚瓦尔纳、匈牙利布达佩斯召开的第九、十、十一届国际非线性振动会议,宣读有关非线性振动的学术论文6篇。

1984年、1988年先后参加了在英国约克和爱丁堡召开的国际旋转机械振动会议,并宣读了两篇有关回转机械振动的学术论文。

1986年、1994年、2002年、2006年我先后参加了在日本东京、美国芝加哥、澳大利亚悉尼和奥地利维也纳召开的国际转子动力学学术会议,宣读有关转子动力学的学术论文多篇。

1987年、1991年、1995年、1999年、2003年参加了在西班牙塞维利亚、捷克布拉格、意大利米兰、芬兰奥卢、中国天津召开的第26届、27届、28届、29届、30届国际机器理论与机构学世界大会,宣读了有关机械动力学的学术论文5篇。

1987年参加了在美国波士顿召开的ASME振动与噪声会议,宣读有关非线性振动和转子动力学的学术论文3篇。

1991年、1993年、1995年、1999年、2001年、2005年、2007年,我先后参加了在澳大利亚、日本、马来西亚、新加坡及我国召开的亚太振动会议,宣读了有关机械振动控制、转子动力学、故障诊断和非线性振动的论文9篇,并作了4个大会学术报告。

1992年、1994年、1996年,我先后参加了在日本横滨和东京召开的第一、二、三届国际运动与振动控制会议,宣读了有关振动控制的学术论文4篇。

1995年我参加了在香港召开的国际结构动力学与振动会议,宣读论文两篇。

1997年我参加了在加拿大召开的人工智能国际学术会议,宣读论文一篇。

2006年在访问丹麦后,我访问了法国。

2007年我参加在奥地利维也纳召开的国际转子动力学会议之后,我们一行顺便访问了德国、法国、荷兰、比利士、卢森堡等国家。

1983年至2007年,我在国内参加国际学术会议20多次,宣读论文近40篇。

我还负责组织过4次国际学术会议。1987年组织了在沈阳召开的国际机械动力学会议,1989年负责筹备了在深圳召开的亚洲振动会议,1998年组织了在大连召开的国际振动工程学术会议,2001年在杭州组织召开了亚太振动会议,并担任这些国际会议的学术委员会主席,主编了4部国际会议的论文集。

我参与或组织的上述国际学术活动,对加强我国与国外学者间的学术交流和科研合作、增进友谊、促进我国科学技术的发展发挥了积极的作用。

除了前面的学术活动外,还有其他一些活动,如访问朝鲜等。

3. 组织召开国际会议

我曾经组织过4次国际学术会议:

1987年沈阳机械动力学国际学术会议;

1989年深圳亚太振动会议;

1998年大连国际振动工程会议;

2001年杭州亚太振动会议。

我担任了这4次国际会议的学术委员会主席,并编辑出版了4部国际会议论文集。

第六章 社会活动篇

一个人生活在群体社会里,应该积极参与各种社会活动,这些社会活动对于国家的精神文明和物质文明建设,对于建设环境友好型和资源节约型的社会,建立一个以和睦家庭、和谐社会与和平世界为基础的大同世界都具有积极的意义。

五十多年来,为了将自己融入这个群体社会中,我在社会活动和社会兼职等方面做了大量的工作,如参加全国政协的活动、中国科学院的活动、中国振动工程学会的活动以及担任高校的兼职教授和其他社会活动等。

一、二十年全国政协委员生涯

我在1983年初以无党派人士的身份,被选举为第六届全国政协委员,在这之后不久我参加了中国共产党。此后我又连续当选为第七、八、九届全国政协委员,历时共20年(照片6.1至照片6.4)。在这20年中,我一直不忘自己代表全国人民、代表社会各阶层的伟大使命。

在这20年的时间里,我参加了每一次全国政协会议,也参加了全国政协委员的考察工作。在每次会议上我都尽力提出自己的意见和建议,并提交提案,还在多次会议上撰写了大会书面发言,很多发言被全国不少报纸多次刊登,有的还在中央人民广播电台新闻节目中播出。

1. 有关大会的书面发言

在每一届全国政协会议上我几乎都要做一两次的大会书面发言,到现在保留下来的大会发言材料还有三份。

(1)在第七届一次全国政协会议上的大会书面发言。这次发言的题目是"教育是立国之本,必须引起全社会的关注"。这个发言是由我与刘宜伦、朱亚杰、周克定和侯博渊五位委员联合起草的,其中心思想是,要实现四个现代化,科技是关键,教育是基础。从根本上来说,科技的发展、经济的振兴,乃至社会的进步,都取决于劳动者的素质的提高和大量合格人才的培养,因此可以说,"百年大计,教育为本"。为此,应该做好以下几点:第一,让全社会都认识到"教育为本"的意义。第二,采取积极措施多渠道增加教育经费。第三,提高劳动者的素质应该是全社会的责任。

最后,我们还提出了几点建议:一是改革原有体制,打破"铁饭碗",实行聘用制;学校应实行淘汰制。二是让学生多接触社会,提倡勤工俭学,这也是提高学生思想素质的一项重要措施。三是特别要加强德育教育,通过各个方面、各种渠道,抓好德育教育。

(2)在第八届四次全国政协会议上的大会书面发言。这次发言的题目是"坚决让'勤俭节约,反对浪费'这条红线贯穿在'纲要'的各项方针、政策和措施中",这个发言是由我与周师庸委员联合起草的。中心思想是由于"九五"计划和2010年的远景目标纲要中所提出的都是开源的各种方针、政策和措施,因此我们的意见是,不仅要重视开源,还要重视节流。节流的全部内涵是"勤俭节约,反对浪费"。

在发言中,我们列出了许多浪费的实际例子。同时,我们也提出了若干具体的措施,以杜绝浪费现象,厉行节约。

(3)在第九届四次全国政协会议上的大会书面发言。这次发言的题目是"为加快民办教育事业的发展,各部门应从各个方面给民办教育以大力扶持",这个发言是由我与蒋民华委员联合起草的。中心是谈目前民办教育事业虽然得到了快速的发展,但随之而来的不少具体问题没有得到解决。

为了解决摆在我们面前急需解决的问题,以利于民办教育事业的快速发展,我们建议:

第一,目前多数学生参加学历文凭考试,国家统考课程和省统考课程,过于向一般性专业倾斜,缺少实践性较强的一类课程,应该突出民办学校的特点,使学生更快适应社会的需要,调整一些统考课程。

第二,民办学校学生与公立学校学生一样,是社会主义制度下的大学生,在许多方面,民办学校学生应该享受与公立学校学生相同的待遇。

第三,民办学校招聘教师入户口问题,各地区、各部门应该采取与公立学校相同的政策。

第四,关于民办学校的收费问题,有关领导部门应尽快制订出相应规定,既要规定学生学费的上限,又要在规定范围内给学校以适当的灵活性。

第五,学校名称应根据学校的规模及专业设置等情况,给学校较宽松的条件,以使民办学校得到更快的发展。

在一些正式政策法规没有制订之前,应尽快制订出一些临时性规定,以利于实际操作。

2. 有关全国政协的提案

在每次参加全国政协会议期间,一般情况下我都要写出一份以上的提案,这些提案有的来自群众的要求,有的则是我们自己根据当时国内的形势提出的,目的是引起政府有关部门的重视。在20年中,我至少提出了20多个提案。这些提案几乎每一个都得到了有关部门的回复。下面仅列举两例,以说明提案的执行情况。

(1)1991年在全国政协七届四次会议上的提案。该提案的主题是"邀请张学良将军回东北家乡看看",曾有30多位委员签名,支持这个提案。

关于邀请张学良将军回东北老家看看及东北大学复名的问题,我于1991年在会议上提出后,得到了许多委员的响应。

我说:"我虽然不是东北人,可我已经在东北工作生活了40年,我现在工作的东北工学院前身就是张学良将军创办的东北大学的一部分。1928年张学良将军在东北易帜,实现统一之际,亲任东北大学校长,出资二百万银元,修建东北大学校舍;高薪聘请章士钊、刘仙洲、梁思成等国内知名学者执教,派送优秀毕业生出国深造,并拿出千万银元成立'汉卿办学基金会',这些具有远见卓识之举,业绩昭著。"

我还建议:以全国政协的名义成立欢迎张学良将军的筹备委员会;编选有关张学良将军历史功绩的资料;将现东北工学院恢复旧称东北大学,并请张学良将军任名誉校长。

这个提案一经提出,我们就通过一些相关渠道与张学良将军取得了联系,但因为张将军有多方面考虑,最终未能成行,实在让我们感到惋惜。

(2) 2001年在全国政协九届四次会议上提出的提案。这次提案的主要内容也是关于发展民办教育的一些建议。我们在建议中提出:民办学校像雨后春笋一样蓬勃地发展起来,在某种程度上缓解了学校不足的矛盾。但据一些学校及有关方面反映,由于目前在政策、法规、制度等方面还不够完善,致使一些民办学校在建校与办学过程中遇到了许多亟待解决的问题,这些问题如不能及时解决,将会制约民办教育事业的发展。因此,有关部门应尽快制订一些政策、法规或一些临时性规定,以加快民办教育事业的发展。我们建议:

第一,民办学校学生与公立学校一样,是社会主义制度下的大学生,在许多方面,民办学校学生应该享受与公立学生相同的待遇。如公费医疗,购买车、机、船票的优惠待遇等。

第二,招聘民办学校教师的户口问题,各地区、各部门应该采取与公立学校相同的政策。

第三,应尽快制订有利于民办学校发展更宽松的政策,以利于民办学校加速发展。即既要规定学生学费的上限,又要给予适当的宽松条件。

第四,在一些正式政策法规没有制订之前,应尽快制订一些临时性规定,以便在执行过程中进行实际操作。

3. 在小组会上的发言

几乎在每一次会上,我都要进行发言,因为一个组有五六十人,每次会议一般也只能发言一两次。下面举几个我在会上发言的例子。

(1) 1983年六届一次政协会议上的发言。这是我第一次参加全国政协会议,我的发言是有关知识分子爱国的问题。当时我说:"我们广大知识分子都是热爱祖国的,我于今年5月5日乘坐296号客机由沈阳飞往上海,不巧被暴徒劫持到南朝鲜,我们旅客都十分爱国,大家都要求尽快返回祖国。虽然那时也有一些特务分子大喊叫我们去台湾,但大家都以愤怒的目光注视着他们。"这个发言被摘录后刊登在人民日报上。

(2) 针对九年义务教育发表了看法。我在小组会上谈到,实施义务教育法意义十分重大,我国是人口众多的大国,又是文化基础相对比较薄弱的国家,落实这项任务十分重要。对此我提出了一些建议:首先要加强宣传,以使更多的人了解义务教育的重大意义,然后要有足够的资金去落实这项任务。后来,这个发言在中央人民广播电台的新闻节目中播出。

(3) 针对社会治安问题发表了看法。我在政协会议上还针对社会治安问题发表了看法。我指出,我国不少地方社会治安问题亟待关注,否则,人民生命财产的安全得不到保障。我还介绍了我课题组老师去外地出差,遭歹徒殴打和抢劫的情况,要求当地公安部门破案和惩治凶手,但这两名凶手至今仍没有抓到。

(4) 针对勤俭建国、厉行节约等方面的问题发表了看法。针对我国政府机关和企事业单位的种种浪费现象提出了一些解决办法:

第一,我国每年花费在请客吃饭上的钱就达二、三千亿元人民币,应该采用客饭制度来解决这个问题。

第二,企事业单位从国外购买仪器设备时,重复引进的情况十分严重。应该在引进之后,经过吸收和消化,由自己生产有关仪器设备。

第三,不合理的回扣相当严重,使国家财产流失,同时,会引发贪污、受贿、腐败等问题并使问题愈来愈严重。

第四,建立相应的管理机构加强监督和管理。

(5) 针对发展民办教育事业问题发表了看法。由于我国发展民办教育事业刚刚开始,有许多问题正待研究和解决,我提出了以下几点建议,详见前面政协九届四次会议上的提案内容。

在全国政协会议上的发言很重要,这也代表了广大群众的意见。

二、中国科学院有关活动

1. 中国科学院技术学部扩大会议

"文化大革命"期间,中国科学院院士的增选工作已停顿下来。粉碎"四人帮"以后,如何发挥中国科学院的积极作用是摆在我国科学工作者面前的重大问题。由于发展我国的科学技术和经济迫切需求,1982年,中国科学院技术科学部首先召开了技术学部扩大会议,由于中科院多年没有增选院士,所以这次会议邀请了一些同行业的专家参加,并要求在中青年中选拔少数代表参加。经过选拔,我有幸作为机械工程专业的三名中青年代表之一,参加了在长春召开的技术科学部扩大会议,并在会上作一个报告,我的报告题目是"关于振动同步的若干理论与试验的最新结果"。这篇论文后来被胡海昌院士推荐发表在《振动与冲击》杂志上。能够参加这次会议对我而言是十分难得的机会,我当时认识了陶亨咸、雷天觉、张作梅等学部委员。当时陶总还亲切地问我要不要给我一些科研经费的支持。我回答说我还有一些经费。对这件事,我现在感到十分惋惜,如果那时能够申请到更多的经费,建立起机械振动方面的更大的实验室,恐怕现在的情况会更好。看来当时自己的理想还不够远大,而使良好的机遇丢掉了。

2. 1991 年中国科学院院士增选会议

1991 年我经两个渠道被推荐为中国科学院学部委员候选人,一是由中国振动工程学会的推荐,经过中国科协通过,作为中国科学院学部委员的候选人;二是由东北工学院推荐,向学校的上级部门——冶金工业部申报,批准后再向中国科学院申报,作为中国科学院学部委员候选人;此外,学部委员胡海昌先生在看了我的学部委员申报材料后,还主动地提出推荐我为中国科学院学部委员候选人。因此,我作为中国科学院学部委员的正式候选人,参加了 1991 年中国科学院学部委员的选举(照片 6.4,照片 6.5)。

1991 年末,我收到中国科学院院长周光召先生的来信,通知我当选为中国科学院学部委员。当我校正式得到了这一信息后,便敲锣打鼓来欢庆这一喜讯。因为我校自从靳树梁院长、在 1955 年当选为中国科学院学部委员以后,一直没有第二位学部委员,而他于 1964 年逝世之后,东北工学院就连学部委员都没有了,到当时已经 27 个年头了。我被选为中国科学院学部委员,这个机遇十分难得,当时大家高兴的心情是可想而知的。我觉得,自己能评上学部委员,一方面缘于学校和上级部门各级领导的关怀和老师们的教导,另一方面是自己经过长期的努力奋斗和成果的不断积累的结果。这件事对我而言是一个莫大的鼓励和鞭策,我更应该为我国科学技术和经济的发展作出进一步的贡献。

3. 新增院士选举会议

自 1993 年起,每两年都要进行一次院士选举,共举行了 8 次选举会议,这 8 次会议我都参加了。在这 17 年中,我们机械学科增加了 8 位院士,他们是徐性初、王立鼎、熊有伦、宋玉泉、温诗铸、李天、赵淳生、任露泉。

院士选举是一项十分严肃的工作,因为老的院士慢慢地转为资深院士,年纪更大的不断辞世,吐故纳新是院士选举的必然。对于院士的选举,必须严格坚持标准,按科学院院士选举章程的要求,院士的基本标准是应对科学技术作出系统性和创造性的贡献,系统性不是点点滴滴的,应是对某一学科、某一学术方向的研究工作有整体性的新的建树;创造性也是在科学技术领域提出了自己的创新性的结果,特别是在技术科学部,这些研究结果应该在工程中得到应用,并发挥了积极的作用。

每次院士选举都十分严格,候选人成为院士的概率一般为 13% ~ 17%,即 6 ~ 7 个候选人才能选上一个。选举一般分两轮进行,第一轮先淘汰 1/2 左右,剩下的进入第二轮,再经过三、四次筛选,最后一次为正式选举。由于选举章程规定得票率超过2/3者才能当选,所以在最近的一次选举中,当选院士的人数比例大大减少。

应该说,选举院士时大家都坚持"公平、公正、合理、严格按照标准"的原则,每个人都十分认真对待这件事,因此完全可以保证选举的质量。对于被选举人来说,选上或被淘汰的确也存在概率和机遇,成为院士的人数毕竟是少数。

4. 参加每两年一度的院士大会

院士选举每两年举行一次,而院士大会也是每两年举行一次,所以,一年是院士选举会议,另一年是院士大会。院士大会是全体院士的会议,资深院士也要参加。

院士大会的基本任务是讨论院士工作等有关问题及选举院士大会的主席团成员和学部的常委等新的领导。

院士在国家科学技术和经济发展中要发挥积极的作用,因此应该根据国家的需要,参与国家科学技术和经济发展规划的讨论,参加一些重大科学技术问题的论证和咨询等。

在召开院士大会期间,还要选举中国科学院的外籍院士。

5. 经常参加各地政府组织的学术活动

我国政府对院士制度和工作十分重视,因为院士是由具有较高的科学技术水平,了解与掌握国际学术研究前沿的科研工作者组成的,这些人对于发展我国科学技术和经济都十分重要。因此,许多单位和部门都十分重视发挥院士的作用。一些省市常常召开院士联席会议和院士论坛等,以便从中听取有关发展科学技术和对经济建设有益的经验和建议,以促进该地区科学技术和经济的发展。

不少地区也以本地区现有多少名院士或有多少院士从该地区走出为荣,还经常召开院士座谈会。

作为一名院士,我们应该尽个人的最大努力去完成力所能及的工作,尽力去满足各地区政府和人民对我们提出的要求和希望。

附录6.2和附录6.3是我在台州市"院士故乡行"欢迎会上的发言及沈阳市一些大型企业院士工作站揭幕仪式上的讲话。

三、兼任中国振动工程学会理事长

我自1999年至2003年担任中国振动工程学会理事长,并兼任《振动工程学报》主编。中国振动工程学会是我国从事振动工程方面的科技工作者于1987年成立的一个民间的学术组织,当时这个组织在世界上是绝无仅有的,后来,韩国学者也组织成立了韩国振动工程学会。这个学会创立伊始,胡海昌院士担任理事长,第二任理事长是黄文虎院士,第三任是我,第四、五任是刘人怀院士。

中国振动工程学会的成立是下面一些同志共同努力的结果,他们是:胡海昌、黄文虎、丁锡洪、郑兆昌、闻邦椿、杨叔子、吴有生、应怀樵、朱德懋、诸德超、陈绍汀、陈予恕、傅志方、恽伟君、王大钧等。在他们的努力下,才创建了当时国际上唯一的振动工程学会(照片6.6)。

中国振动工程学会第一届理事会名单如下:

理事长　胡海昌

副理事长　黄文虎　丁锡洪　郑兆昌　闻邦椿

秘书长　朱德懋

常务理事名单(13名)(以姓氏笔画为序)

丁锡洪　朱德懋　杨叔子　应怀樵　陈予恕　陈绍汀　郑兆昌　胡海昌
恽伟君　闻邦椿　诸德超　黄文虎　傅志方

理事名单(59名)(以姓氏笔划为序)

丁锡洪　于尧治　王　正　王大钧　王文亮　王光远　田千里　师汉民
朱光汉　朱继梅　朱德懋　庄表中　严普强　杨叔子　吴今培　应怀樵
宋文治　张　思　张令弥　张维嶽　张曾锠　张瑞林　陆鑫森　陈予恕
陈克兴　陈绍汀　陈厚群　陈塑寰　欧阳怡　季　南　郑兆昌　赵　威
赵令诚　胡海昌　郦　明　恽伟君　闻邦椿　洪钟瑜　贺兴书　姚起杭
袁明武　夏松波　顾家柳　党锡淇　徐　敏　徐铭陶　徐植信　高淑英(女)
唐季近(女)　诸德超　黄文虎　黄敦朴　章一鸣　屠良尧　傅汝楫　傅志方
童忠钫　潘复兰(女)　戴德沛

学会的主要工作是学术交流、组织扩展和协调、办好学术刊物、做好技术咨询工作等。

1. 关于学术交流

(1) 国内学术会议。国内学术会议每隔三年召开一次,由常务理事会根据申办单位的申请经批准后,负责组织召开每次会议。

(2) 国际学术会议。国际振动工程学术会议每四年举办一次。1998年我代表中国振动工程学会,组织了在大连召开的国际振动工程会议,本次会议共有10多个国家的150多位学者参加。

2. 关于组织发展

中国振动工程学会目前共有14个专业委员会,它们分别是非线性振动、随机振动、模态分析与试验、结构动力学、机械动力学、转子动力学、包装动力学、土动力学、振动测试、信号处理、振动与噪声控制、结构抗振及控制、故障诊断和振动利用工程。

在我担任中国振动工程学会理事长期间,学会增加了振动利用工程专业委员会。

我还提出,由于我国从事振动工程研究的学者较多,每年研究有关振动工程的博士和硕士有100至200人,因此,吸收新生力量参加中国振动工程学会是十分重要的。

3. 关于学会学报

学会负责编辑的学报有《振动工程学报》、《振动与冲击》、《包装动力学》、《岩土力学》等。前两种杂志是振动工程学会独自主办的主要刊物,在国内外已产生了积极的影响。

4. 学会成立10周年和20周年的纪念大会

这两次纪念大会分别在武汉和杭州召开,我都参加了,并在纪念大会上作了报告。这两次报告的内容分别是"振动利用工程的应用与发展"和"振动利用工程学科的形成与近期发展"。这些内容都引起与会学者的广泛关注。

5. 几点体会

中国振动工程学会的成立是我国从事这一方面工作的科技工作者的集体创举。它具有以下特点:

(1) 纯属民间的学会组织。该学会由这一方面的积极分子共同发起,经科协批准后,于1987年正式成立。该学会的成立是我国学术界的一个新的创举,在其他国家,这个学会隶属于机械工程学会。它的成立对我国振动工程学科的发展发挥了积极作用。

(2) 学会理事及领导机构民选。学会的各届理事、常务理事及正副理事长都是由民选产生,大家利用业余时间开展这一方面的工作。为了这一学科的发展,大家都有很高的积极性并投入了很大的精力,因而取得了良好的效果。

(3) 学科交叉利于学术发展。振动应用于各个领域,如机械、电力、建筑、筑路、航空航天、造船、土木、信息等领域,但是它们应用的基础理论基本一致,如线性与非线性振动、随机振动、模态分析与试验、振动测试、信号分析与处理、故障诊断等。既有共性,又有独立性。成立这样一个学会,有利于不同领域相互交流,互相促进,共同协作,来发展这一学科的理论和技术及其应用。事实上,这些作用目前已经明显地发挥了。

(4) 经费自理。学会的经费,是由学会成员单位提供的。办事人员的支出也是由各个单位自己来解决的。学会所办的学报自负盈亏。这样的学会不仅不增加政府的负担,而且对国家科学技术和经济的发展也非常有利。

(5) 接受上一级部门领导与监督。学会隶属于中国科协领导,总的原则是必须在坚持党和国家的大政方针指导下开展各项工作,必须坚持为社会主义服务的方向。各省的分会仍由各省的科协来领导。

四、支持民办教育兼任民办大学校长

1998年上半年,吉利集团副总罗晓明先生邀我和蒋民华教授去浙江临海考察吉利集团创办的浙江经济管理专修学院的办学情况及吉利集团生产摩托车和汽车的情况,并希望我们能支持家乡的民办教育事业。我们在参观学校和企业后十分感动,觉得这个民营企业的领导们有这么大的气魄,迫切地要跨入我国汽车生产行列,还要兴办学校,很了不起。他们看到了我国经济发展中两个重要的切入点,一是汽车,二是民办教育。他们提出的目标和口号是要让中国老百姓买得起汽车,要让更多的青年能上大学念书。因为我国汽车的生产正处于上升时期,个人用车的大量需求即将开始,在发展民办教育事业方面,我国也正处在萌芽时期,所以提出这两个口号是适时的,也是正确的。

吉利集团的民办高校由1998年的浙江经济管理专修学院,扩展到2000年的浙江吉利技师学院、北京吉利大学、海南三亚学院在内多所高校,学生人数由几百人扩展到30 000多人。

可以想象,在吉利教育十年艰苦创业的过程中,不知道遇到过多少的困难,不知道经受了多少挫折,而他们克服了一个个的困难,解决了前进道路上遇到的一个个问题,无论是资金问题,还是招生的名额问题和经常性的管理问题等,都一个个地解决了,最终达到了今天的境况。即便是目前,也还有不少问题急需解决,问题和矛盾总会是有的,是客观存在的,只有在不断解决矛盾过程中才能不断前进。

1. 关于浙江经济管理专修学院

1998年,当我们到达浙江临海考察的时候,该学校的校舍已经盖好,并且已经开始招生了,学生人数已有数百人。因为我和蒋民华教授都是台州人(蒋先生是原浙江临海的回浦中学毕业的),我们对家乡教育事业的发展应该给予大力的支持,这是我们义不容辞的责任和光荣义务。

当吉利集团的罗晓明副总代表学校提出要我们兼任这个学校的领导时,我们欣然地接受了,学校成立了学术委员会,开展经常性的学术研究工作,如举办学术报告会,对学校的重大学术问题,特别是就如何提高教学质量的问题、加强实践环节教学的问题、如何突出民办学校的特点及办出学校特色,并如何采取有效措施等问题开展讨论。

后来,根据上级部门及国家的急需,又成立了浙江吉利技师学院,使学校在培养掌握技术能力的高级技术人才方面迈出了可喜的一步。

在这一指导思想的指引下,学校为吉利集团及国家培养了一大批急需的人才。

2. 关于北京吉利大学

2000年,吉利集团的领导发现在地方办学存在很多困难,这些困难是:

(1)提高教学质量关键的问题是要有好的教师,"百年大计,教育为本;学校大计,教师为本"。国家的发展,首先依靠教育;而学校的教学质量,必须依靠教师。请不到高水平的教师,很难提高教学质量及学术水平。在比较偏僻的地区是很难请到高水平的教师的。

（2）学校的生存与发展依靠的是能否招来学生,生源充足的学校才有发展,有生源,学校才有条件存在与发展下去。但在农村或比较偏僻的地区,生源仅局限于本地区,这就使招生受到了极大的限制,也给学校的进一步快速发展带来了困难。

（3）学校的发展还必须有当地政府和上级领导的支持,由于公立学校与私立学校之间,以及私立学校与私立学校之间都会存在一定的矛盾,与相关部门利益攸关的,学校就会得到较多的支持,而某些学校获得的支持力度就较小。这是客观存在的,很难得到完全的克服和解决。

考虑到上述各种因素,吉利集团决定在上海或北京办一所大学。经过详细的调查研究与对具体情况的分析,并经过比较之后,认为在北京办学更为有利。北京吉利大学就是在这样一种思路下开始创办的。

决策一经决定,就要以百倍的努力去实现提出的目标和想法,吉利集团委派罗晓明开始筹建这所学校。

（1）历史上罕见的建校速度。如果按照公立学校常规的建设速度,一般从盖房子到开始招生至少一两年的时间,而北京吉利大学从工程建设开始至招收学生,仅仅用了5个月的时间。后来,吉利集团邀我兼任该校的校长,我和蒋民华院士一起参加了2000年3月10日的北京吉利大学建校开工的奠基仪式,到8月校舍建成,并开始招生,9月份举行了开学典礼。我在开学典礼上的发言中,赞扬了民办学校建校的速度:"这一速度在我国教育发展史上是罕见的,吉利集团的这一利国利民的壮举获得了各级领导和社会各界的普遍赞誉,在建设校园的过程中我们得到了各级领导和社会各界的大力协助和关心等。"

（2）聘请知名教授任教。为了办好这座学校,吉利大学聘用了一些知名的教授,正如前面所说:"学校大计,教师为本。"除学校一级领导外,还聘请蒋民华院士、周世宁院士担任学校的顾问,聘请陈琳教授、马龙龙教授、丁法章教授等担任副校长。各学院也聘任了一些知名教授,以保证学校的教学质量（照片6.7）。

（3）强有力的宣传工作。绝大多数民营企业的特点之一就是宣传舆论工作做得很出色。对于企业来说,如果不宣传它的产品和它的企业,产品如何推销出去呢？民办学校也是如此,如果不展示自己的优势,学生怎么能来报考你的学校呢？所以北京吉利大学很注意宣传,宣传它的办学特色,宣传它优美的学习环境和条件、师资队伍以及学生毕业后的出路等。总的来说,就是宣传它的品牌。在经商过程中,品牌效应是十分重要的。

北京吉利大学通过中央电视台的新闻广播、各种报纸、专门的广告,甚至通过北京市的地图来做宣传。我的许多朋友、同事、同学、学生、乡亲等见到我都说,我已看到你目前正在这所大学兼任校长了。

不管是公立学校还是民办学校,发展教育事业对国家、对人民都是有益的,我们作为民办学校的一分子,应该让这类学校发展得更多、更快、更好。

十年来,我先后兼任浙江经济管理专修学院和北京吉利大学这两所学校的校长和法人(因为当时上级文件中规定,只能是校长才允许担任学校的法人)。众所周知,担任学校的校长,特别是法人,其责任是十分重大的。我的家人听说我要承担该校的法人十分害怕,他们认为如果出了问题,会承担很大的责任,并表示坚决反对。但为了支持民办教育事业,为了学校正常工作的开展,我毅然大胆决定承担起这两所学校的法人,而我并没有对我的收入提出特别的要求,据统计,我在该校十年的全部收入比现在接任的校长一年的工资和奖金还少。

这十年里,我作为校长和法人,为民办教育和吉利教育事业的发展作出了力所能及的贡献。在我看来,只要对教育事业及学校的发展有利的事,我都乐意去做,这一切也确实无法用金钱来估算。再由此出发进行思考,我完全有理由为作为一位教育工作者执行并完成我应承担的责任和义务而心安理得、问心无愧。

五、兼任二十余所大学的兼职教授

我曾兼任全国20多所大学的兼职教授、顾问教授和名誉教授,经常参与他们的活动(照片6.8),比如:

复旦大学、同济大学、重庆大学、吉林大学、长安大学、河海大学、西南交通大学、中国矿业大学、上海理工大学、大连交通大学、上海师范大学、合肥工业大学、浙江工业大学、中国海洋大学、武汉理工大学、广东工业大学、长春理工大学、河北工业大学、河北科技大学、山东科技大学、大连民族学院、绍兴文理学院、哈尔滨理工大学、辽宁工程技术大学、西安建筑科技大学、辽宁工业大学、辽宁科技大学、沈阳化工学院、湖南科技大学。

作为兼职教授,我通常要完成以下任务:

(1)给相关学院作学术报告。不同对象要作不同的报告,我常作的一般性的报告有"现代科学技术的发展及展望"、"知识经济与知识经济时代科学技术与教育的预测"、"关于机械学科发展的若干思考"等。专业类的学术报告有"振动利用工程学科的形成与发展"、"产品设计的重要性及综合设计方法"、"非线性振动理论在工程中应用"等。属于素质教育类的报告有"谈谈如何实现远大的理想"、"对成功者之路的探索及成功者的启示"等。

(2)有关学科建设方面的建议。因为多数学校对学科建设都十分的重视,他们都希望在学科建设方面得到发展。有不少学校希望尽快能获得硕士和博士学位授予权,他们的心情和为国家多做一些工作的愿望我都十分理解,所以,我常给他们讲,学科建设首先要有一个队伍,这个队伍应该至少有两个(对于硕士点)或三个(对于博士点)稳定的学术方向;每一个方向应该有较明显的科研成果,即学术论文或著作,有实际研究成果,包括鉴定成果或者是获奖成果;要有相应的合适的学术带头人,在国内甚至在国外有一定的影响。只要按照这个目标去做,理想就一定可以实现。

(3) 和年轻教师及研究生座谈。各个学校也都十分关心年轻一代的成长,中青年教师是这些学校未来的希望。对于年轻人来说,首先要做好教学工作,因为学校的基本任务是教学。但是科研工作也十分重要,科学研究对于提高教师的科研能力和教学水平有直接的影响。做好科学研究,一是要确定好研究方向,选好科学研究题目,这个题目应该同国家与企业需要结合起来;二是通过具体任务,即明确的工作内容,去完成既定的目标;三是采用理想的方法去完成提出的目标和具体的任务。应尽最大努力去取得较好的研究成果,如发表一些高水平的论文,或撰写出著作,或获得省部级的奖励等。

通过不断开拓,不断积累,不断前进,就可以在学术上和教学上取得成绩。要重视国内外的学术交流工作,因为通过学术交流可以从别人那里学习到许多有用的东西,不断丰富自己,并使自己达到更高的水平。

在这些学校举办校庆纪念会时,我总是很乐意前去参加,对他们表示祝贺,并适时提出有关学校进一步发展的建议和意见。

六、其他社会活动

除了前面所述的工作,我还有其他的一些社会兼职和社会活动,如参加国务院学位委员会评议组博士点和硕士点及博士生导师的评审、国家自然科学基金评审、国家科技进步奖和发明奖的评审、国家自然科学奖的评审、长江学者"特聘教授"和"讲座教授"及长江学者团队的评审等。在这些活动中,我都本着"公平、公正、合理"的原则参与评审工作,既要对国家负责,又要对被评审者负责,严格把关,择优录取(照片6.9)。

七、人生体悟

一个人不能脱离社会而独立生活,他必须融入到社会中,成为社会的一员。因此,从前面列举的事例,可以总结出以下几点:

1. 全国政协的各项活动

人民政协是我国政治制度中的重要组成部分,人民可以通过人民政协反映各民族、各阶层、各民主党派和工商联及无党派人士的要求及对国家建设的意见和建议。在我任政协委员的20年中,我尽最大的努力完成了我应尽的义务和责任。

2. 中国科学院有关活动

我每次参加中国科学院的各项活动,总是尽力做好这一方面的工作,包括院士选举、规划制订、技术咨询、领导机构选举等。在会议中充分发表个人意见和建议,努力使各项工作做得更好。

3. 振动工程学会的工作

中国振动工程学会的成立既是我国的一项创举,也是世界上民间发起的自主办会的一种创新,任何工作都可以用创新的思维开展工作,这是一个很好的例子。这个学会的成立对我国振动学科和振动工程事业的发展发挥了积极的作用。它将会对今后我国振动工程事业的发展继续发挥重要作用。

4. 民办教育的兼职工作

从20世纪90年代开始,我国的民办教育事业开始起步,这十多年来,我国的民办教育事业得到了长足的发展。吉利集团抓住了良好的机遇,发展了民办教育事业,这种快速发展民办教育事业的经验值得称道。它不仅解决了吉利集团本身的人才欠缺问题,也为社会输送了大量建设人才,功不可没!

5. 国内各大学兼职教授

既然国内不少院校热情地邀请我担任这些学校的兼职教授,我理所应当不辜负他们的希望,做些力所能及的工作。我想,这些工作或多或少会对这些学校的学科建设和发展及年轻人的成长是有裨益的。这是我的愿望,也是他们的期望。

6. 其他社会活动和兼职

尽管我的其他各项兼职工作也十分繁忙,但只要本着"公平、公正、合理、坚持标准"的原则,去执行各项任务、完成各项工作,就一定可以把这些工作做好。

总之,在各项社会工作面前,努力贯彻国家的各项方针政策,坚持"公平、公正、合理"和坚持标准的原则,以"实事求是"的态度,才能把工作做好,才不会辜负人民对我们的最大希望。

本章附录

附录6.1

1991年人大、政协七届四次会议专题报道
(一)
悠悠岁月 故人情深;盼张学良将军探望家乡
——"两会"内外共盼张学良将军归探家乡

工商时报记者 何力

1991年3月30日

3月24日上午,全国人大七届四次会议新闻发言人姚广在回答记者提问时

说:"欢迎张学良将军回大陆看看。"他援引周恩来总理的话说,张杨两将军是"中华民族的千古功臣"。

几乎与此同时,来自东北工学院的全国政协委员闻邦椿教授在小组会上宣布,他受学校委托,将在此次政协会上提出一个提案:邀请张学良将军回东北家乡探望! 语一出,全场便响起了热烈的掌声。

连日来,姚广的欢迎和闻教授的提案在"两会"内外引起热烈反响。

在友谊宾馆,闻邦椿委员高兴地告诉记者,已有二三十位政协委员表示要在这个提案上签字,他说:"提案一俟修改完毕将立即送交提案组。"

闻教授说:"我虽然不是东北人,可我已经在东北工作生活了四十年,我现在工作的东北工学院前身就是张学良将军创办的东北大学的一部分。"

在谈起写这个提案的初衷时,闻教授介绍说:"1928年张学良将军在东北易帜,实现统一之际,亲任东北大学校长,出资200万银元,修建东北大学校舍;高薪聘请章士钊、梁思成、刘仙洲等国内知名学者执教,派送优秀毕业生出国深造,并拿出千万银元成立'汉卿办学基金会',这些具有远见卓识之举,业绩昭著。"

接着闻教授介绍了他提案的主要内容,一是建议以全国政协的名义成立欢迎张学良将军的筹备委员会;二是编选有关张学良将军历史功绩的资料;三是将现东北工学院恢复旧称东北大学,并请张学良将军任名誉校长。

闻教授还告诉记者:"尽管我不是东北人,可许多年来耳闻目睹东北老乡们在谈起张将军时都怀有一股思念、敬重之情,对他非常关心。"

闻教授的话,记者在将开往沈阳的253次列车上得到了印证。

沈阳铁路局253次女车长田桂军对记者说:"如果张将军能够回东北老家看看,我们非常高兴……"

一位在辽宁省政府机关工作名叫张宏学的人士对记者说:"听说最近政府出钱要翻修'少帅府'。我们东北老乡打从他'西安事变'以后被扣,始终惦念他。"

原化工部驻东北办事处主任老张对记者说:"回来吧,赶快回来吧,唉呀,多少年不见了,回来看一看,看一看东北的变化。"

……

东北人的心愿,其实也是全国老百姓的心愿。

在友谊宾馆二号楼,记者还采访了正在参加政协会的全国政协委员沈醉,79岁的沈老先生看上去身体非常健康。记者说明来意后,沈醉委员第一句话就说:"我相信他会回来,我们肯定要见面,而且我一定要到机场去欢迎他。"沈老接着回忆起几十年前他与张学良将军交往的情形。他告诉记者:"从1943年到1944年,我前后见过张将军十几面,每次都住上几天,那时他住在贵州的桐梓县一家兵工厂的后面。那里有个水塘,我非常喜欢钓鱼,记得有一次我钓上了一条十几斤的大鱼,我拉不动,还是张将军帮忙一起拉上来的,我有生以来那是钓得最大的一次。"

80岁高龄的现东北大学校友会的副理事长、沈阳市政协副主席、全国人大代表李学盈回忆说:"我第一次见到张学良将军是在1929年的新年,去北陵参加营火晚会的路上,我们五、六个同学正走着,一辆军车突然停在身旁,是张学良将军坐在车里叫我们上车,一直开到北陵。我那时18岁,张将军29岁,正是英俊少年。我记得他是1928年7月当的东北大学校长,我的毕业证书上还是张将军的名字。"

正像全国政协委员闻邦椿教授在他的提案草稿中写的:"张学良将军幽居五十多年之后,目前已赴美探望亲人;这段历史过程和原因,早已为世人所共知。张将军于1928年在东北易帜,一九三六年发动震惊全国的西安事变,以先生爱国之心,以先生怀东北故乡之情,事隔五十多年,邀请张将军回东北探望,并视察其亲手创立的东北大学,是故人旧情。"

(二)
盼张学良将军探望家乡
光明日报记者　湛强
1991年3月25日

3月24日上午9时。北京友谊宾馆贵宾楼会议室。政协会议第二教育小组讨论会。

最先发言的东北工学院教授闻邦椿先生。他谈起在大会开幕式上聆听钱伟长副主席工作报告后的认识和感想,谈起祖国教育事业的可喜成就和光明前景,兴奋之情,溢于言表,也深深感染着在座的各位委员。

"我,同时也是受学校委托,准备在会议上提出一项提案:邀请张学良将军回东北家乡探望!"闻先生的话音刚落,这一想法立刻得到了委员们的热烈赞同,场内的气氛更加热烈起来。

"张学良将军不仅是一位杰出的军事家,同时也是一位具有远见卓识的教育家。他早年在家乡创立东北大学,亲任校长,出资修建校舍、聘请名流学者任教、选派优秀学生出国深造,为祖国教育事业创立了昭著业绩。"闻先生一席话,使大家不禁回忆起张学良将军的往事,一缕缕岁月流逝、思念弥深的情绪悄然流溢在这小小的会议室里。

闻先生告诉大家,张学良将军去年曾提出恢复东北大学教育基金会,表现了将军对祖国教育事业的深切关注。因此,有必要恢复东北大学并以东北大学的名义邀请张学良将军回来看看。说着,闻先生也激动起来:"我校的前身是东北大学工学院,我真希望有一天能在学校里欢迎张学良将军的到来。我盼着这一天!"

附录6.2
2001年在台州市"院士家乡行"欢迎会上的发言

台州市委和市政府的各位领导,各位来宾,同志们:

在这春暖花开的季节,我们台州籍的8位院士,承蒙台州市委与市政府的热情邀请,今天回到了久别的家乡,重新踏上了哺育我们成长的这片肥沃的土地,再次看到了家乡美丽的山山水水,也看到了新中国成立以来家乡的巨大变化,使我们有机会再与同学、朋友及乡亲们会面,我们的心情万分激动。借此机会,请允许我代表参加"院士故乡行"的8位院士,对市委和市政府领导为我们提供极好机会和良好条件,表示衷心的感谢。今天市委市政府还聘请我们担任台州市经济咨询委员会的顾问,这是台州市领导和家乡人民对我们的信任与殷切期望,我们感到十分荣幸,我们将尽最大努力来承担这一光荣任务,不辜负台州人民对我们寄予的厚望。

我们台州地区有17名台州籍的中国科学院和中国工程院的院士,其中有4位院士现已离开人世,这4位院士是:著名生物学家、前中科院生物研究所所长朱洗先生;著名生理学家、前中国科学院副院长冯德培先生;著名植物生理学家、前中科院上海植物生理研究所所长罗宗洛先生;著名遥感技术专家、国家863计划创导者之一、两弹一星功勋奖章获得者陈芳允先生。他们的科学成就早已载入我国科学技术发展的史册,他们始终是我们晚一辈的学习榜样。

此次台州市领导向我们13位院士发出了邀请,前来参加此次活动的有8位院士,另外5位院士,如数学家柯召先生、材料学家柯俊先生、建筑学家齐康先生、金属腐蚀专家柯伟先生和池志强先生,因工作繁忙,未能脱身,感到十分惋惜,并要我向市领导转达他们的谢意。

我们的台州,育有540多万朴实、勤劳、敢于创新、勇于实践和富有创业精神的人民。自新中国成立以来,特别是自十一届三中全会以来,在党的各项方针的指引下,在市委和市政府的正确领导下,全市人民团结奋斗,开拓创新,顽强拼搏,艰苦创业,创造了一个又一个的奇迹。使得台州的经济得到了突飞猛进的发展。我们在外地工作的同志,通过各种新闻媒体,听到和看到了家乡取得巨大成就的消息。最近三年来,台州市还特地给我们寄来了台州日报、台州晚报和新台州杂志及其他有关资料,使我们更多地了解家乡发展的有关信息。家乡的每一个成就都会使我们感到欢欣鼓舞,同时也给我们台州市籍的在外地工作的科技人员以极大的激励和鞭策。

台州,这个充满生机与活力的土地,在这块有近一万平方公里的土地上,生长着数百万勤劳勇敢的人民,创造了许许多多动人的事迹,还培育出数以万计的英雄人物和优秀人才，他们为台州创造了千余年的光荣历史和光辉灿烂的文化，特别是近20年来，为台州的经济和文化的发展创造出了史无前例的奇迹。我们为自己是一名台州籍的科学工作者而感到骄傲和自豪。

在新世纪开始的第一年，我们台州已拟订出了发展家乡经济、实现二次腾飞的宏伟蓝图。提出了发展家乡教育事业，培养和吸收更多的优秀科学技术人才，积极促进经济发展的计划，我们相信，这一计划一定能够实现。作为台州籍的外地科学工作者，我们也十分愿意为台州地区的经济发展作出我们力所能及的贡献。目前我们几位院士及所在单位已与台州的有关企业建立了多项科研协作关系，如与吉利集团、钱江集团、海正集团等签订的多项科研合作项目，今后我们将更加努力，完成台州市领导和乡亲们对我们提出的要求，为台州的二次腾飞作出我们的贡献。

最后祝大家身体健康，工作顺利，谢谢！

中国科学院院士

东北大学机械电子工程研究所所长　闻邦椿

北京吉利大学校长

2001年4月4日

附录6.3

2007年在沈阳鼓风机集团（沈阳机床集团）院士工作站揭幕仪式上的发言

各位领导，各位同志：上午好！

在这百名院士沈阳行和中秋佳节来到的美好日子里，沈阳鼓风机有限公司（沈阳机床集团）院士工作站揭幕仪式在此举行，我谨代表参加揭幕仪式的全体院士对沈阳鼓风机有限公司（沈阳机床集团）院士工作站的成立表示热烈的祝贺。同时，对我们被聘为工作站的成员感到十分荣幸，并在此致以深切的谢意。

在党中央、国务院振兴东北老工业基地重大战略决策的正确方针和科学发展观的指导下，东北地区以及辽宁、沈阳地区的装备制造业得到了飞速的发展，东北地区的装备制造业的发展充满了它的生机和活力，又重新展现出当年的雄风，目前已进入国际前几名的先进行列。

在这个快速发展的过程中，值得注意的是：如何按照科学发展观使这种发展全面稳定、协调、快速和可持续的发展下去？使我国由"制造大国"逐渐过渡到"制造强国"。关键的问题是要继续坚定不移地走科学发展之路，努力提高自主创新能力，技术上追求更高的水平，着力地培养和聚集科技人才。在产品的研究和开发过程中，一是狠抓技术，努力提高产品的技术含量，将"自主创新"的理念溶化到产品的研究与开发之中；二是狠抓人才的培养及科技队伍和管理队伍建设。因此，建立院士工作站是提高产品技术含量、开展产学研的结合和聚集人才的良好形式之一。

我希望下一步进一步落实具体措施，使院士工作站在提高产品自主创新能力及提高产品研究开发水平过程中发挥积极作用。

最后，祝大家身体健康，节日快乐！

谢谢！

中国科学院院士　闻邦椿
2007 年 9 月 25 日

附录 6.4
2000 年在北京吉利大学开学典礼上的讲话

各位领导、各位来宾、老师和同学们：

正值金秋季节，我们迎来了北京吉利大学首届新生的开学典礼，请允许我代表全校师生员工向到会的各位领导和来宾表示最热烈的欢迎。开学典礼前夕，北京坦克部队来校的全体教官，他们不辞辛劳，为我校数百名新生胜利完成了军训任务，在此我代表全校师生员工，向他们表示衷心的感谢并致以崇高的敬意。

北京吉利大学是浙江吉利集团为响应党中央、国务院提出的多渠道办学和鼓励社会力量办学及发展民办教育事业的号召，集资数亿元，征地千余亩，兴建的一所民办大学。仅仅用了不到半年的时间，能容纳五千余人的、八万平方米的教学楼和学生宿舍即告落成，面积约两万平方米的图书馆和阅览室正在紧张施工之中，不久即将建成。这一速度在我国教育发展史上是罕见的。吉利集团的这一利国利民的壮举博得了各级领导和社会各界的普遍赞誉。在建设校园的过程中，我们得到了各级领导和社会各界的大力协助，在此我代表全校师生员工向他们致以衷心的谢意。

吉利大学创建于世纪之交的 2000 年，这在时间上具有特殊的意义。今年一开始就招收新生数百名，我相信，在各级政府和教育部门的领导和关怀下，在当地政府及有关方面的关心和大力协助下，在全校师生员工的共同努力下，凭借管理体制上的优点及北京地区师资力量雄厚的有利条件，我们吉利大学一定会得到很快的发展。

老师们，同学们！吉利集团为我们创造了良好的学习工作条件和教学环境，让我们认真贯彻党和国家制定的科教兴国及教育必须为社会主义建设服务、教育必须与生产劳动相结合等有关方针，同心同德，求真务实，顽强拼搏，为培养德、智、体、美全面发展的社会主义建设者和接班人作出我们共同的努力，为把北京吉利大学办成我国一流民办大学作出应有的贡献。

最后,祝大家身体健康,事业有成,谢谢!

2000 年 9 月 29 日

2004 年在北京吉利大学开学典礼上的讲话

老师们,同学们:

大家下午好!

在这样一个秋风飒爽、阳光灿烂的九月,我们又迎来了近 8 000 名的新生,开始了新学期的学习生活。这里,我首先代表北京吉利大学的全体师生,欢迎新学期到来的新老师、新同学,并预祝我们的学校蒸蒸日上、事业辉煌,祝愿全体师生在新的学年里工作、学习进步,身心愉快、健康!

同学们,过去的一年,我们的祖国取得了举世瞩目的成就:载人航天的成功,雅典奥运会的全面丰收等,这标志着民族的兴旺,国家的富强。我们身为中国人,感到无比骄傲和自豪。

过去的一年,我们北京吉利大学也秉承祖国飞速发展的东风,不断前进着。我校的体育健儿在北京市第 42 届高校运动会上取得了 2 金 2 银的好成绩。在全国大学生数学建模竞赛中,我校和北大、清华的学子同台竞技,取得了优异的成绩。

成绩属于过去,新的学年,新的征程需要我们携手前行。在同学们即将开始大学生涯的时候,我要向大家提几点要求和希望:

一、学会做人、学会做事

大学教育是一个人终身教育经历中的重要阶段。在大学期间,固然要学习如何做学问,但更重要的是学会做人。一个人格完善的人,既要会做人,也要会做事,德才兼备。首先是"学会做人",要努力争取做一个遵纪守法的人,一个善于与别人沟通和合作的人,一个恪守诚信、勇于承担责任和克服困难的人,一个胸怀远大理想、热爱祖国、热爱人民的人。

二、志存高远、目标现实

中国有句古话:"常立志不如立长志。"就是说一个人要早立志,立大志。志向是人生的灯塔,有什么样的理想和信念,就会有什么样的人生。我希望我们的吉利学生都要以祖国建设和发展作为自己的奋斗目标,立志为中华民族的伟大复兴而奋斗,同时在这个进程中实现自身的价值。

三、珍惜光阴、刻苦学习

要珍惜大学这个最宝贵的一段时光。古人云:少壮不努力,老大徒伤悲。我们不能拿青春作赌注。青春就需要奋斗,青春在努力拼搏和刻苦学习中才能迸发出灿烂的光芒。

同学们,吉利大学已经为你们铺就了施展才华的广阔空间,美好的未来需要你们好好把握！只要努力了,希望一定是属于你们的!

老师们、同学们,辉煌凝众志,重任催奋进,我衷心地希望全校师生不断提高自我,积极开拓进取,在新学期里取得更大的成绩!

最后祝大家身体健康,学习进步、工作胜利!

谢谢!

北京吉利大学校长　闻邦椿

2004 年 9 月 16 日

附录 6.5

2000 年在东北大学机械工程与自动化学院迎新会上的讲话

各位领导、老师们,同学们:

值此世纪之交的金秋季节,我们机械工程与自动化学院在这里召开 2000 届新生的迎新大会,请允许我向来自全国各地的数百名新同学表示最热烈的欢迎与衷心的祝贺。

你们以优异的成绩考取了东北大学,来到我院学习,离开了自己的家门,开始了大学的新生活,这在个人历史上是一个十分重要的转折点。大学的生活与中学时代截然不同,学习、工作和生活的很多方面都必须依靠自己来安排。因此,在大学阶段学习的优劣在很大程度上依赖个人的主观能动性和积极性及自理能力。为此,我希望同学们能在新的环境和新的学习条件下来一个新的变化,增强自理能力,学会自己管理自己,有计划地安排时间,积极主动地把握新时代所赋予你们的良好机遇,成为新时代的主人。

同学们,你们都十分清楚,21 世纪将是科学技术突飞猛进的时代,国际间的竞争以及个人工作岗位的竞争将会十分激烈,只有牢牢地掌握科学技术,并站在时代的最前列,才会使自己立于不败之地,成为新时代的主人,驾驭时代的发展。为此,我希望同学们在学习中逐步树立远大的理想,把自己培育成为一位德、智、体、美全面发展的社会主义建设者与接班人。

同学们都知道,一个国家经济的发展在很大程度上依赖于科学技术,特别是高新技术,而高新科学技术是由高级科学技术人才来掌握的,因此世界各国都十分重视高级人才的培养。严格地说,大学阶段只能说是学习科学技术的开始,进一步的学习和研究还在后面,国家为同学们的进一步学习和研究敞开了大门,本科学习结束之后,还可以报考硕士研究生,获得硕士学位之后,还可以攻读博士学位,我希望同学们能站在科学技术领域的最前沿,成为科学技术的创造者和开拓者。因此,同学们只有勤奋学习,刻苦钻研,学好本领,牢固掌握科学技术,才不会辜负国家和人民对我们年轻一代所寄予的希望。

  同学们,时代在召唤,我们肩负着国家和人民给予我们加速发展经济和科学技术的重任,让我们迈开步伐,勤奋学习,敢于创新,勇于实践,求真务实,顽强拼搏,以优异的学习成绩来迎接21世纪的新曙光。

  最后,祝同学们身体健康,学习进步,学业有成。谢谢!

第七章 成 果 篇

丰硕的成果必须依靠积累,必须依靠勤奋刻苦和不懈的努力。"梅花香自苦寒来","一分耕耘,一分收获",这是大家公认的客观事实。我在50多年的教学和科研工作中,除讲授10多门课程,培养了大量的本科生外,还培养了150多名硕士、博士和博士后;开拓了多个新的学术研究方向,创建了《振动利用工程》新学科;提出了一种新的《基于系统工程的产品的综合设计理论与方法》,撰写和主编了20多部著作和论文集,联合发表了数百篇论文,其中第一作者论文180多篇,三大检索的论文260篇;著作和论文被引用3 000余次;完成科研任务数十项,获国际奖两项,全国优秀科技图书奖两项,国家科技进步奖和发明奖共4项,光华工程科技奖一项;省部级一、二等奖10项;国家专利10项;这些成果为科学技术和经济的发展作出了积极的贡献,并为企业和社会创造了重大的经济效益和社会效益。

一、扼要的统计

在我50多年的教学和科研活动中,取得的成果大致地可做以下概括:

1. 教学方面

讲授过10多门课程;

指导20多届本科生的毕业设计。

2. 培养博士、硕士研究生、博士后和国外访问学者共160位(照片7.1至照片7.4)

博士生61名;

硕士生87名;

博士后10名;

国外访问学者2名。

在美国、加拿大、澳大利亚、日本和韩国工作的有17位:

在美国工作的3位;

在加拿大工作的8位;

在澳大利亚工作的3位;

在日本工作的2位;

在韩国工作的1位。

3．开拓的新的学术研究方向

振动利用工程；

工程非线性振动；

综合设计理论与方法；

产品深层次动态设计；

振动同步与控制同步；

振动摩擦的理论与方法。

4．学科建设和省级重点实验室建设

开展了"重大机械装备设计制造关键共性技术"985工程的创新平台建设（照片7.5）；

创建了"动力学、可靠性与质量工程"辽宁省重点实验室；

创建了"振动利用工程与动态设计"沈阳市重点实验室。

5．专著、教材及主编的论文集

20余部。

6．第一作者的学术论文

180篇。

7．奖励（见附录）

国际奖2项；

国家奖4项；

省部级一、二等奖10项；

全国优秀科技图书奖2项；

中国工程院颁发的光华工程科技奖1项。

8．专利

10余项。

二、为培养高级科技人才作出的努力

高等学校的根本任务是培养人才。为了培育高级科技人才，必须付出辛勤的劳动。

我曾为本科生、函授生、研究生讲授"选矿机械"、"选煤机械"、"机械振动学"、"振动的利用与控制"、"工程非线性振动"、"振动机械的理论及应用"、"振动利用工程"、"机械产品的动态设计"、"机械产品的综合设计理论与方法"等十多门课程，还指导了20余届的本科生的毕业设计，学生人数达到数千人。

我还编写了《机械振动学》、《机械振动的理论及应用》、《工程非线性振动》、《产品全功能和全性能的综合设计》、《产品的结构性能与动态优化设计方法》等多种教材。

除培养本科生外,我培养了 87 名硕士研究生、61 名博士研究生,曾指导 10 名博士后,以及俄罗斯和哈萨克斯坦访问学者各 1 名,目前在籍的博士和硕士研究生还有 20 多名。

培养的学生已遍布全国各地,不少学生已在祖国建设中取得了显著成绩,有的已成为国内知名教授、研究员、博士研究生导师、高级工程师和技术专家,他们在科研、教学等方面取得了显著成绩,并在国内外科学技术界崭露头角。

下面仅对一些有代表性的学生进行简单介绍。

博士后：

代表人物张义民教授,教育部长江学者,特聘教授。

博士：

被评为教授的有 26 人,博士生导师 12 人。

12 位已被评为博士生导师的有张义民教授、江钟伟教授、段志善教授、柳洪义教授、刘杰教授、张天侠教授、巴德纯教授、李以农教授、芮延年教授、关天民教授、何卫东教授、赵明扬研究员。

年轻的代表人物有李鸿光教授、熊万里教授、韩清凯教授等。

已晋升为教授的还有曹宗杰教授、宋占伟教授、徐培民教授、曾海泉教授、罗跃刚教授、何勍教授、鲍文博教授、金志浩教授、沙云东教授、艾延廷教授、严世榕教授等。

取得博士和硕士学位后在国外工作的(如加拿大、美国、澳大利亚、日本等)有 17 人。

三、为非线性振动的工程应用作出的努力

我在国际上首先将"非线性振动"拓展为"工程非线性振动",撰写了《工程非线性振动》的专著,结合工程应用,提出了 20 多个非线性振动的工程应用的动力学新模型,发展了非线性振动工程应用的理论。现对提出的一些新模型作如下介绍：

1. 含非线性惯性力的振动系统

首先提出了惯性力项为非线性的非线性动力学理论,研究了振动输送机、振动给料机、振动筛和振动离心脱水机中运动的理论,进而研究了含分段质量和分段摩擦的非线性振动系统的动力学理论。

接着,在国内外相关期刊上发表了多篇有关这一领域的学术论文：

(1) 考虑物料滑行运动时振动输送机的非线性方程。由于物料滑行是断断续续的,在一个振动周期内物料有时与振动机体一起运动,有时相对于机体滑动,该系统是含有分段摩擦和分段质量的非线性振动系统。因此,该系统是惯性力项为非线性的振动系统,过去还没有人对该系统进行过研究。1981 年,我在

苏联基辅召开的国际第九届学术会议上宣读了论文。

（2）考虑物料做抛掷运动时振动输送机的非线性方程。除了物料做滑行运动外，当机体的振动强度较大时，物料还会作抛掷运动，这种情况下，该系统是具有分段质量、瞬时冲击和瞬时摩擦的非线性振动系统，有关这一问题的研究也在前面介绍的这篇文章中做了研究。

（3）考虑物料分段质量时振动离心脱水机的非线性方程。振动离心脱水机中物料的运动是属于正向断续滑动的分段质量、分段摩擦的非线性振动系统，这同样是一个典型的惯性力项为非线性振动系统。这一研究结果已在我国第四届非线性振动会议上发表。

有关惯性力项为非线性振动系统的研究，在国内外的其他文献上未见发表。

2. 含分段线性非线性恢复力的振动系统

（1）硬式分段线性的非线性系统。对称恢复力为分段线性的非线性振动系统的求解称为腾哈拓问题，这个问题现在已经解决了，但在20世纪60年代，这个问题正处在解决之中。我于1958年在《选矿文集》上首先发表了含分段线性非线性恢复力双质体振动系统研究的结果。

（2）软式分段线性的非线性系统。关于振动机体两侧分别为软硬弹簧支撑的软式分段线性非线性振动系统，我的硕士研究生进行了详细的分析和研究，他们用点映射和胞映射的方法详细分析了这一非线性振动系统。

（3）软式加硬式的分段线性非线性系统。这是一种比较特殊的分段线性非线性振动系统，即在小振幅时为软式非线性，而在大振幅时为硬式非线性，对这种非线性振动机进行了分析，并将它应用于工程中。

3. 含滞回恢复力的振动系统

振动沉桩机、振动压实机、振动成型机、振捣机械等的振动系统都属于含滞回恢复力的振动系统，对该类系统进行研究具有重大的实际意义。

（1）含不对称的滞回恢复力的振动系统。我的博士生韩清凯教授在他攻读博士学位期间，提出并研究了不对称的滞回恢复力的振动系统的非线性动力学特性，并已发表在相关杂志上。

（2）带间隙的滞回恢复力的振动系统。我所提出的带间隙的滞回恢复力的非线性振动系统的动力学模型，在魏海燕硕士论文及我的博士生李鸿光（现已晋升为教授）在国外发表的论文中已有详细的分析和研究。

4. 自激振动系统

自激振动系统在工程中普遍存在，我和我的学生们对该类系统已做过许多的研究，并已将研究成果发表在相关杂志上。

（1）气动冲击器的自激振动分析。戚靖洋在他的学位论文中对气动冲击器的自激振动进行了分析，提出了在该种机器工作时所出现的分岔和混沌特性。

（2）转子系统油膜振荡时的振动分析。刘长利在他的博士论文中对转子系统出现油膜振荡时的振动特性进行了分析,发现了在某种情况下它也会出现分岔和混沌特性。

5. 带有冲击的非线性振动系统

带冲击的非线性振动系统在工程中有广泛的应用,我在本人所著的多部著作中都有较详细的叙述。

(1) 蛙式夯土机冲击振动系统。我在这些著作中利用分段积分的方法求得了非线性振动方程式的解;段志善教授在他硕士生期间采用渐近方法对该系统进行了近似求解。

(2) 振动冲击锤的振动分析。不少学者参照我撰写的著作《振动机械的理论及应用》的机器结构,对振动冲击锤的非线性动力学特性,特别是该系统的分岔和混沌问题进行了详细的研究,并发表在相关的杂志上。

6. 慢变参数振动系统

振动系统的非定常运动会出现三种运动形态,一是慢变,二是参变,三是突变。非线性振动系统过渡过程的慢变特性在工程中十分普遍,因为多数非线性振动系统的参数变化与系统的固有频率相比是缓慢变化的,即经过许多个振动周期参数才有较明显的变化。

(1) 含分段慢变的振动系统。我们在研究中提出了分段慢变的理论,因为不少非线性振动系统变化过程是不连续的,这时应该用分段慢变的理论予以分析和研究。

(2) 含双参数慢变的振动系统。除了分段慢变之外,在工程中还会遇到多参数慢变过程,我们提出了多参数慢变的理论,可用于这类非线性振动系统的计算中。

上述理论在我参与编写的《工程非线性振动》专著中已有详细叙述。

7. 含有特殊摩擦的振动系统

(1) 弗洛里特摆的测定轴销摩擦的分析。利用弗洛里特摆来测量轴承和轴之间的摩擦系数是一种比较理想的方法。这一试验系统是典型的非线性振动系统,因此,必须要采用非线性动力学的理论研究该系统,一是要研究该系统的响应,二是要研究该系统的运行稳定性问题。这一问题在关立章教授和他的学生在研究中已有详细叙述。

(2) 振动沉桩和振动压实过程的振动摩擦分析。振动沉桩过程是一种复杂的振动摩擦过程,除侧面摩擦外,还有正面阻力。这一研究结果在本人《面向产品广义质量的综合设计理论与方法》的专著中已有详细叙述。

8. 有关频率俘获问题的研究

对振动同步问题或频率俘获问题进行了多方面的研究,我在以下几个方面提出了若干创新性成果:

(1) 有关非线性振动系统高次谐波频率俘获。既然非线性振动系统含有高次谐波成分,可想而知,在非线性振动系统中不仅可以实现频率接近相同的频率俘获,还可实现倍频率俘获和多倍频率俘获。1981年,在基辅召开的第九届国际非线性振动会议上,我发表了题为"非线性振动系统的高次谐波频率俘获"的论文,因为之前还没有过类似论文,所以它是一篇具有创新性的学术论文。

(2)有关激振器偏转式自同步振动原理。我们在对自同步振动机进行模型试验时,发现振动质体质心的振动方向与激振器的位置与机体质心的相对位置有关,后来经过理论分析,证明了这个试验是正确的。同时我得到了该种自同步振动机的同步性判据和同步运转状态的稳定性判据。接着我们将提出的理论应用于首都钢铁公司大型冷烧结矿的设计中。后来,按照这一原理研制的大型冷矿筛已在全国得到推广应用。激振器偏转式的同步理论在20世纪90年代发表在《应用力学学报》上。

(3)有关振动同步传动原理。我们在试验中发现,当两激振电机起动并获得同步之后,切断其中一台电机的电源,被切断电源的激振动电机,将跟随另一台供电的激振电机继续保持同步运转,我把这种传动称为振动同步传动。同时,我写了一篇题为"振动同步传动的理论及其工业应用"的论文,并在1984年发表在《中国机械工程学报》上。

9. 含耦合故障的转子系统的振动

我和我的学生对带耦合故障的旋转机械的非线性动力学进行了研究,构建了碰摩与松动、裂纹与碰摩、裂纹与松动耦合故障转子系统的动力学模型,并进行了数值计算,得到了Poincare截面图、最大Lapunov指数、和分岔图等,确定了当参数变化时出现的周期运动、倍周期运动、多倍周期运动、概周期运动和混沌运动等。

(1)带有碰摩与松动两种耦合故障的转子系统的非线性动力学理论;

(2)带有裂纹与碰摩两种耦合故障的转子系统的非线性动力学理论;

(3)带有裂纹与松动两种耦合故障的转子系统的非线性动力学理论。

上述结果在本人《故障旋转机械非线性动力学理论与试验》专著中已有详细的叙述。

我在这一方向的研究中已发表了百余篇学术论文,还撰写了《非线性振动理论中解析方法及工程应用》、《工程非线性振动》等两部著作。

四、为建立起振动利用工程新学科而不懈奋斗

振动利用工程是20世纪后半期逐渐发展起来的具有广泛应用价值的一门新学科,振动利用工程所涉及的有关技术与工业生产及人类生活联系十分密切。例如利用弹性波可进行地质勘探及提高原油产量;利用海浪振动波动的能量发电等;利用振动原理研制振动筛、振动干燥机等设备。对这些振动和波动现象进

行研究,找出其内在规律,并进行有效的利用,将会对社会产生重大的社会效益与经济效益,并造福于人类。

通过十多年的研究,我首先在国际上提出了"振动利用工程"的新概念,构建起了"振动利用工程"新学科的理论框架,为振动利用工程学科的某些分支提供了设计与计算的理论。该研究结果可以用新原理、新机构、新模型、新理论、新技术、新方法、新机器和新学科等八个方面的创新加以概括。

1. 研究出新原理

提出了若干新的振动利用原理,如概率等厚筛分新原理。研究物料在振动平面上及振动锥体内运动机理、物料筛分过程理论,如概率等厚筛分法、振动压实过程中的振动摩擦的机理等问题。

撰写了《振动机械的理论与动态设计方法》、《振动利用工程》等著作及数十篇文章。

2. 发明了新机构

研究出十余种新机构,如激振器偏转式新机构、惯性共振式双质体近共振新机构、内外锥组成双激振器用于破碎的新机构、不对称弹性力的双质体非线性近共振新机构、振动同步传动的自同步新机构、激振器偏转式自同步非共振新机构等。

完成了《振动机械的理论与动态设计方法》和《振动机械的理论与应用》等著作和60余篇文章的撰写。

3. 建立了新模型

提出了十多个非线性动力学新模型,如间隙滞回系统新模型、惯性力项为非线性的动力学模型、不对称软式分段线性动力学模型、硬软式复合分段线性动力学模型、构建了分段慢变的非线性的动力学模型、双参数慢变的非线性动力学模型、带间隙的滞回非线性动力学模型。

完成了《振动利用工程》、《工程非线性振动》等著作和100余篇文章。

4. 发展了新理论

提出了振动同步新理论,包括激振器偏转式自同步振动机同步性判据和自同步振动机同步运转状态的稳定性判据、倍频同步的同步理论,研究了振动同步传动的理论,将同步理论扩展到控制同步,研究了振动与控制复合同步等新理论。

完成了《工程非线性振动》、《机械系统的振动同步与控制同步》等著作和100余篇文章。

5. 研发了新技术

研究出有关振动利用与控制若干新技术,如振动机械的弯振预防新技术,提出了灰色故障诊断理论与方法。

完成了《故障旋转机械的非线性动力学理论及试验》和《高等转子动力学》

等著作和80余篇文章。

6. 提出了新方法

提出了机械产品设计的新方法,如产品的综合设计理论与方法,提出以功能优化设计、动态优化设计、智能优化设计和可视优化设计为核心内容的1+3+X的综合设计方法,同时提出了以非线性动力学为基础的深层次动态设计方法。

完成了《面向产品广义质量的综合设计理论与方法》、《产品全功能与全性能的综合设计》等著作,软件著作权(2004SR10798;2005SR08152)2个和50余篇文章。

7. 研制了新机器

成功研制十余种新机器,如惯性共振概率新筛机、激振器偏转式大型冷矿振动筛、惯性共振式概率筛、20~40米长的平衡加隔振(动)的大长度振动输送机、自同步振动放矿机、双激振器自同步振动破碎机、750吨振动沉拔桩机、新型振动压路机等。

完成了《振动机械的理论与动态设计方法》、《振动筛、振动给料机、振动输送机的设计与调试》等著作、15项专利(88 2 04063.4;89 2 10090.7;89 2 10089.3;88 2 16625.5;88 2 17039.2. ;88 2 21540.X;ZL 00 2 12508.0;ZL200620093695.3;ZL99223285.4 ;ZL892100893)和数十篇文章。

8. 创建了新学科

创建了"振动利用工程"新学科。在国际上首先构建了该学科的理论框架,完善了该学科若干分支的理论。

在这一学术方向上,发表了400余篇学术论文和撰写了《振动机械的理论及应用》、《振动给料机、振动输送机和振动筛的设计与调试》、《振动机械的理论与动态设计方法》、《振动利用工程》等四部著作。

五、为提出新的设计理论与方法作出贡献

经过十多年的研究,我在国际上首先提出了产品设计理论与方法的新体系,建立了产品设计的新模型。该体系可以通过以下几点加以描述:

1. 三段设计阶段及模型

即产品的7D总体规划模型、1+3+X综合设计新模型和产品设计质量3A检验与评估模型。在知识经济时代到来的今天,产品设计的规划及产品设计质量的检验显得特别重要。没有规划的工作,目标常常是含糊的,工作具有一定盲目性和无计划性,工作过程中会出现紊乱;没有检验的工作往往会对其工作的好坏缺乏充分的了解,对于如何在下一轮工作中改正存在的缺点和发扬优点缺乏足够的认识,对工作会产生不同程度的不良影响。

2. 产品设计总体规划模型

包括设计思想、设计环境、设计过程、设计目标、设计内容、设计方法及设计质量检验七个子模型：

(1) 明确设计思想,在科学发展观和自主创新思想指导下完成产品设计工作；

(2) 考虑设计环境,如政治、经济、人文环境、法律环境、社会环境(指国际与人际环境)、生态环境、技术环境的要求等；

(3) 确定设计目标,也就是本书所指的面向产品的广义质量和实现产品功能和性能的优化；

(4) 拟订设计步骤,设计过程是用户需求获取、制订设计任务书、产品概念设计、详细设计、工艺设计；

(5) 规划设计内容,设计内容就是面向产品功能和三大性能的功能优化设计、动态优化设计、智能优化设计和可视优化设计等；

(6) 选择设计方法,如广义优化设计法、可视优化设计法、数字化设计法等；

(7) 检验设计质量,建立产品质量的可靠性评估体系,采用模糊评价法、价值工程评价法等对产品设计质量进行评估,克服产品设计工作中的随意性,进而提高产品的设计质量,使企业产品的设计质量得到有效的保证。此外,还要通过试验及在产品使用(过程中)来检验产品质量。

3. 1+3+X 深层次综合设计新模型

其中 1 为产品主辅功能及功能优化设计,3 为将产品结构性能及动态优化设计、产品使用性能及智能优化设计、产品制造性能及可视优化设计融合在一起的三化综合设计,X 为满足产品特殊要求的特殊设计方法。

(1) 功能优化设计。功能优化设计是针对产品的主要功能和辅助功能的要求对产品进行主辅功能优化设计。主辅功能是功能优化设计的目标；功能设计的内容是机器的总体布置、机器的结构、机器的各种机构、机器的参数和机器的各个系统；设计的方法主要是工程优化方法。

(2) 动态优化设计。动态设计是机械设计内容中最重要和最具广泛性的问题。在目前机械装备设计中,不少产品的设计还是以静态设计为主,或是采用传统的动态设计方法。这对大型机械装备,特别是大型旋转机械的设计来说是远远不能满足实际需要的。目前国内外对机械设备的动态设计十分重视,机械系统的非线性动力学问题是国际上研究的热点,许多原来认识不清的问题,现在可以用非线性动力学理论与方法来解决,因此,对重大机械装备进行深层次的动力学设计,引入非线性动力学理论与方法,这是十分必要的。

可靠性设计是机电产品设计的主要内容之一。对现代机械设备除进行动态优化设计外,设备的可靠性设计也是动态优化设计的重要内容之一。当前,以可靠性为核心的全面质量管理和质量可靠性保证正在取代传统上以功能为核心的质量工程,产品设计也由单一追求功能的设计转变为使综合质量与成本费用在整个寿命周期内达到平衡优化的设计。

(3) 智能优化设计。这是我国既定的科技政策和主要方向。实现高水平的智能化,才能使机械产品的技术性能得到提高,才能实现过去不能实现的对产品高技术性能的要求。要有目的地完成一些真正对实际产品设计起决定作用的智能化技术,来完成产品设计。目前我国许多机械设备和国外的主要差距在于智能化程度。采用智能控制方法,可以使我国的机械产品设计赶上和达到国际先进水平。

状态检测系统设计:状态检测是智能优化设计的一项十分重要的工作。为了实现对机械设备工作过程的智能控制,必须首先对其工作状态进行智能监测。

工作参数及工作状态的智能控制与优化:为了使机械设备具有实际的功效和良好的技术指标,对设备的工作参数及工作状态进行智能控制与优化是一项十分重要的工作。由于设备的工作参数及状态受内部和外部各种因素的影响,它们会随这些因素的改变而发生变化,使得机器在运行时不能获得理想的工况,也就是说,机器不能在最优的条件或工况下工作,同时机器不能获得最优的性能指标。因此,必须对机器最主要的工作参数和状态进行智能控制,智能控制的条件是使机器工作参数和工作状态实现最优化,首先应找出最理想的工况,以便进一步实现控制。

工作过程的智能控制与优化:机械设备在整个工作过程中应该获得最优化的工作状况,例如,尽量减少空余时间,即非有效工作时间,以最高的效率利用机器的有效工作时间,这是提高机器单位时间工作效率的基本措施。无计划地延长空余时间,将会缩短有效的工作时间。因此,对工作过程进行智能控制是十分重要的一项工作。

机器故障的智能检测与诊断:机器在运转时,常常会出现各种故障,在设计产品时往往不可能完全预知,这是因为在设计产品时有许多因素无法准确估计;但有些故障即使在设计时已经经过充分考虑,在使用过程中仍会出现失误而引发一些故障,对绝大多数机械来说,故障的出现是不可避免的。因此近十多年来,一些重大机械设备中均安装有故障检测与诊断系统。据统计,安装诊断系统的投入与产出(即安装诊断系统后所获得的效益)比为1:10~17。可见,对于这些重大机械装备来说安装诊断系统是有重大实际意义的。

(4) 可视优化设计。设备装配和工作过程的可视优化设计可通过虚拟的实用性较强的虚拟设计平台来实现。该技术除了可在虚拟的环境下对产品的可制造性、可装配性等进行检验和评价,还可对设备工作过程的功能进行检验和评价。这项工作可以使新产品开发周期缩短、风险降低、投资减少、工效增大。基于产品虚拟技术的装配模型以及机器主要工作过程的模型是新兴的虚拟产品开发研究中的重要内容。虽然我国在这方面的研究起步较晚,但发展较快。

制造过程的可视化：制造过程可视化就是通过在计算机上创建制造设备、工作机构、加工工具和被制造对象的模型，模拟零件的制造过程，从而可在零件真正被制造出前，预见和评估其制造过程中可能出现的各种问题，并加以解决。制造过程可视化重点研究以下三方面内容：一是对制造过程的模拟，分析"制造"出的产品与"设计"产品之间的差别，从而对可制造性进行评价。二是碰撞与干涉检验，及早发现工艺过程中可能出现的各种碰撞与干涉。三是制造工艺方案对比、选优，保证高质量地完成制造任务。

装配过程的可视化：我们这里提出的装配可视化指的仅是虚拟装配，是有限范围内的虚拟技术，是对设计产品装配的可行性和合理性等进行综合评价和检验。基于产品虚拟装配的装配模型是新兴的虚拟产品开发研究中的重要内容，近年来引起了人们的广泛关注。可以看出，以装配过程为核心的产品数据管理技术、智能化装配与检验技术、综合分析与评价技术，以及开发自主知识产权的软件，将是今后一段时间人们研究的热点和发展方向。

运动过程的可视化：运动过程的可视优化用来检验运动过程的可行性和合理性，如运动的形式：圆周运动、椭圆运动或其他运动；运动是否会出现干涉；运动各个阶段的位移、速度和加速度等，这些运动参数对于所要完成的功能是否是可行和合理的，它对产品的结构性能、工作性能和工艺性能影响如何都要通过运动过程可视化予以检验。

动力学过程的可视化：产品的某些零部件的动力学特性可以通过动力学过程的可视化予以表示。产品的零部件通过动力学分析，可以求出它们的各阶模态，求出它们的振动响应，可以显示它们启动和停机时通过共振时振幅增大、减小的变化过程。对于非线性振动系统，还可以求出其高次谐波和次谐波成分的大小，可显示出其非线性振动系统在慢变、参变和突变情况下的变化过程，甚至可以显示非线性的某些特性：滞后、跳跃、频率俘获等各种过程。

工作过程的可视化：机器完成所执行的功能的整个工作过程可以通过可视化技术予以表示。通过工作过程中的连续动作，可以发现其完成工作的情况，并对其工作的优劣予以评价。找出不合理的工作状态及其影响因素，以及采取相应有效措施，使机器在有效的工况下工作，进而提高机器的工作效率。

控制过程的可视化：工作参数和工作过程控制的可视化是可视优化设计工作中最重要的工作，实现控制过程的可视化可以观察控制过程的情况和效果，以及应该采取的进一步的改进措施等。应用基于网络的可视化设计与制造技术，以及以装配过程与重要工作过程为核心的产品三维建模等技术应是三优综合设计法的重要内容之一。

（5）X的特殊设计。对于某些有特殊要求的产品，就要采用一些特殊的方法来完成设计，例如，轿车的外形设计十分重要，而前面提到的通用设计方法没有办法予以考虑，这就要采用造型设计的方法去完成设计。

深层次综合设计法的特点是：

非稳态特性：即慢变、突变、参变和滞后特性，即应考虑系统或工作过程中的非稳定工况下的动态特性，严格地说，几乎所有的机械设备都处在非稳态情况下运行（包括启动和停机）。

非线性特性：应考虑系统与工作过程中的非线性因素，不论是机械系统还是控制系统，几乎都具有非线性的性质。在目前多数的设计中，常常忽略这些非线性因素，而使计算结果具有较大的误差，甚至会得出错误的结果。

不确定性：许多机械，其几何参量和物理参量是不确定的，对于这类机械要采用随机的方法加以处理，这与一般常规的问题是不同的。

高维与强耦合特性：多数机器设备的实际工作系统是高维和强耦合的，因此，应该真实地反映机器实际工作的情况，即应该考虑系统的耦合性和高维的特性。

多参数或多变量的特性：应考虑机器实际工作过程中的具有多参数和多变量等复杂的实际情况。

4. 产品设计质量检验与评估模型：

产品设计质量的评估和检验是一项十分重要的工作，这一工作可以发现产品设计中存在的问题和不足，以便对设计进行修改，或对下一轮的生产提出改进的意见，这样可以克服设计中的不足，使产品设计质量得到不断的提高。产品设计质量的评估与检验，主要从以下三个方面入手：

一是通过各种评价方法对设计质量进行评估，如采用模糊评价法、系统分析法和价值工程评价法等。

二是通过试验，找出产品存在的不足和问题，并进一步采取有效措施予以改进。

三是直接通过用户不断的使用实践，发现产品的不足和需要改进的问题。对于绝大多数产品来说，都要一个批量一个批量地生产，在生产第一批产品以后，应对产品存在的不足进行一次改进，这样可以逐步地使产品的性能不断地得到提高，不断地满足用户提出的对产品质量的要求。

关于产品设计理论与方法的新体系，我们撰写了百余篇论文和《面向产品广义质量的综合理论与方法》、《产品全功能和全性能的综合设计》、《产品的主辅功能与功能优化设计》、《产品的结构性能与动态优化设计》等多部著作。

六、建立机械产品动态设计新体系

机械产品动态设计的发展可由以下三个方面来描述。

（1）由狭义的动态设计向广义的动态设计方向发展。狭义的机械动态设计，即是目前多数书本中所述的动态优化设计，它是以机器中结构型零部件为研究对象,以线性动力有限元法为手段,采用理论研究和模型试验相结合的方法,找出产品初步设计中的缺陷和问题,进而对零部件或结构进行动力修改,避免结构在工作时发生共振和出现不稳定振动,它的研究内容限于结构型零部件的固有特性,即机器零部件的动态特性。

广义的动态优化设计和狭义的机械动态设计有不相同的含义。动态设计,顾名思义,它应该包括机器工作过程中所发生的运动学、动力学等与动态特性有关的所有设计内容,即包括机器运动学和动力学分析及相关参数的计算等。由此可见,动态设计的广度已经大大扩展了,改变了狭义机械动态设计的内容和范围。

(2) 由传统的动态优化设计向深层次的动态优化设计发展。机械动态设计的内容的深度也正在发生变化,即由传统的向深层次方向发展。由此,机械动态优化设计的深度,可分为传统的和深层次的两类。

传统的动态优化设计是以线性动力学理论为基础,深层次的动态设计是以非线性动力学理论为基础。这两种动态设计的理论基础是不相同的,前者仅考虑机械系统的线性振动问题,后者考虑的是非线性动力学问题,所以深层次动态设计不只是以线性动力学理论为基础,而且要提升到以非线性动力学理论为基础。对于不少机械来说,如果不去研究非线性动力学问题,就很难揭示机器运转过程中所发生的非线性动力学现象,例如超谐和亚谐振动、跳跃和滞后、分岔与混沌、慢变与突变等。

(3) 从一般机械的动态设计扩展到包括振动机械在内的动态设计。从研究的对象看,机械动态优化设计不只局限于研究那些有害的振动,而且已扩展到研究振动的利用。因此,机械动态优化设计按照机器的类别,可分为有害振动的防止和有用振动的利用两个方面,而形成两种类型的动态优化设计。

一般机械的动态设计是以避免或减轻机器或结构出现共振及不稳定的振动为主要目的;振动机械的动态设计,不仅要考虑如何消除那些有害的振动,还要考虑如何充分地利用振动,甚至是利用共振给生产和人类生活带来益处,并创造出重大的经济效益和社会效益。一般机械的动态设计法通常要对可能产生的有害振动进行预防,设法抑制和控制那些有害的振动;绝大多数的机械都属于这一类。

振动机械的动态设计法在机器工作过程中要有效地利用振动,即在一些机械中要充分利用振动给机械工作过程带来的益处,如振动压路机、振动筛、振捣器、超声电机、利用振动与波动原理的医疗设备与仪器等。

关于机械产品的动态设计的新体系,我们撰写了百余篇论文和《振动机械的理论与动态设计方法》、《产品的结构性能与动态优化设计》等多部著作。

七、在学院学科建设方面所取得的成果

学科建设是学院的头等大事。东北大学机械工程与自动化学院机械工程学科是国家重点学科,并于 2004 年进行了国家 985 工程建设(照片 7.5)。我们的任务是建设"重大机械装备设计与制造关键共性理论与技术"创新平台,下面分设 6 个子平台:

1. 重大机械装备的动力学与动态设计

该平台的学术研究方向为:

(1)振动利用工程。建立了振动利用工程学的理论框架和初步理论基础,扩展了振动利用工程学研究领域并将研究结果应用于实际。

(2)机械系统中的非线性动力学问题。建立了多个非线性动力学的新模型,研究了典型机械系统的慢变与突变过程,研究了混沌的识别、利用与控制。

(3)现代机械的综合设计理论与方法及动态优化设计。构建综合设计法的理论框架,建立以非线性动力学为基础的动态优化理论与方法,并将动态优化设计理论扩展到振动利用工程领域。

该平台的设计研究对象为重大机械装备,例如大型离心压缩机、核电站主泵、燃气轮机、高档数控机床、重型机器人、大型工程机械、大型冶金机械等。

2. 机械设备的智能控制与优化

该平台的主要目标为:

(1)机械设备智能机器人化。

(2)大型机械设备的智能操作与控制。

(3)过程装备及工艺过程的智能控制研究。

研制了导弹贴片机器人、基于人体生理信号的人机交互智能控制及优化、超大功率液压伺服比例系统及智能控制和过程装备与材料超常特性的研究与控制等。

3. 重大机械装备的可视优化设计

该平台的主要目标为:

(1)典型机器零部件制造与装配过程的可视优化。

(2)重大机械装备运动过程与动力学过程的可视优化。

(3)重大机械装备工艺过程和控制过程的可视优化。

(4)机械设备零件材料的图像分析技术。

该平台的研究对象为重大机械装备,例如大型离心压缩机、燃气轮机、高档数控机床、机器人、大型液压装备、重型车辆、大型工程机械和冶金机械等。

4. 机械装备可靠性设计与质量评估

该平台的学术研究方向为:

(1)大型机械装备与复杂系统的可靠性与概率风险评估,包括虚拟实验、无损检测、寿命预测、可靠性。

（2）新材料（复合材料、生物工程材料、梯度功能材料）、新型结构（铝材摩擦点焊结构）疲劳断裂与结构完整性设计与预测。

（3）产品设计过程中的质量评估。

该平台的特色为：

（1）系统可靠性建模的独立失效假设与信息遗失问题。

（2）系统可靠性试验信息的充分性问题及相应的判据。

（3）复杂载荷条件下的疲劳可靠性模型。

5．重大机械装备数字化制造

该平台的学术研究方向为：

（1）建设重大机械装备网络化制造实验研究系统平台。提出虚拟企业建模和敏捷调度的一般方法和模型框架，开发面向企业和集团的装备制造企业网络化制造平台。

（2）建设重大机械装备虚拟制造与快速成型实验研究系统平台。机械装备的虚拟制造过程与工厂虚拟设计与生产，提出 RPM 技术与 CT 结合快速成型的技术方法。

（3）制造模式与制造工程质量控制。构建支持集成设计、异地协同机制的产品快速开发系统，制造误差分离与可视化在线监测与预报技术。

该平台的研究对象为重大机械装备，例如大型双进双出磨煤机、离心压缩机、高档数控机床、重型机器人等网络化制造与虚拟制造及质量控制。

6．磨削、表面工程与高档数控机床

该平台的学术研究方向为：

（1）磨削与精密加工。研究超高速磨削工艺理论与技术，精密光整复合工艺研究。

（2）高档数控机床。提出少自由度并联机构设计理论，建立混联高速五面五轴加工中心实验研究系统。

（3）表面工程技术研究。包括新型低温气相沉积技术及装备研究，开发金刚石、类金刚石薄膜涂层技术。

该平台的研究对象为重大机械装备的工艺理论与技术方法，例如以大批量生产的高表面质量要求的汽车零件、高档数控机床产品、特殊功能要求表面制造工艺与技术方法。

八、著作、奖励、专利与论文

1．著作、教材和主编的论文集

多年来，以我为第一作者身份撰写的著作、教材和主编的论文集有：

(1)《振动机械的理论及应用》(1982年,机械工业出版社)

(2)《振动筛、振动给料机、振动输送机的设计与调试》(1989年,化学工业出版社)

(3)《机械振动学》(2000年,冶金工业出版社)

(4)《高等转子动力学》(2000年,机械工业出版社)

(5)《振动机械的理论与动态设计方法》(2001年,机械工业出版社)

(6)《非线性振动理论中的解析方法及工程应用》(2001年,东北大学出版社)

(7)《机械系统的振动同步与控制同步》(2003年,科学出版社)

(8)《故障旋转机械的非线性动力学理论与试验》(2004年,科学出版社)

(9)《振动利用工程》(2005年,科学出版社)

(10)《面向产品广义质量的综合设计理论与方法》(2006年,科学出版社)

(11)《工程非线性振动》(2007年,科学出版社)

(12)《产品全功能与全性能的综合设计》(2008年,机械工业出版社)

(13)《产品的主辅功能及功能优化设计》(2008年,机械工业出版社)

(14)《产品的结构性能及动态优化设计》(2008年,机械工业出版社)

(15) Proceedings of International Conference on Mechanical Dynamics, Shenyang: Press of Northeast University of Technology, 1987

(16) Proceedings of Asia Vibration Conference, Shenyang, Press of Northeast University of Technology, 1989

(17) Proceedings of International Conference on Vibration Engineering, Shenyang: Press of Northeastern University, 1998

(18) Proceedings of Asia-Pacific Vibration Conference 2001, Changchun: Press of Jilin Science and Technology, 2001

我参与编写的著作、教材和手册有:

(1)与洪致育、李玉娟合编《连续输送机》(1984年,机械工业出版社)

(2)与宫荣章、丁耀武合编《选矿机械》(1960年,中国工业出版社)

(3)与张维屏、徐德超合编《机械振动学》(1983年,冶金工业出版社)

(4)《振动与冲击手册》第三卷 第六章"振动的利用"(1992年,国防工业出版社)

(5)《选矿手册》第一卷"筛分"篇(1993年,冶金工业出版社)

(6)与陈予恕、郑兆昌、徐业宜合编《非线性振动、分叉及混沌》(1992年,天津大学出版社)

2. 所获奖励(照片7.6)

国际奖:

(1)惯性共振式概率筛,1987年获比利时布鲁塞尔发明博览会尤里卡金奖。

（2）1987年获比利时布鲁塞尔发明博览会个人发明"骑士勋章"。

全国优秀科技图书奖：

（1）《振动机械的理论及应用》，1983年获全国优秀科技图书二等奖。

（2）《高等转子动力学》，2001年获全国优秀科技图书二等奖。

特别奖：

光华工程科技奖，2006年由中国工程院颁发（照片7.6）。

国家奖：

（1）振动利用与控制若干关键理论、技术及应用，2008年国家科技进步奖二等奖。

（2）大型旋转机械和振动机械重大振动故障治理与非线性动力学设计技术，2005年国家科技进步奖二等奖。

（3）激振器偏移式巨型冷矿振动筛，1985年获国家科技进步三等奖。

（4）惯性共振式概率筛，1985年获国家发明三等奖。

省部级一、二等奖：

（1）振动利用与控制若干关键理论及应用，2007年获辽宁省科技进步一等奖。

（2）振动利用工程的理论、技术及其应用，2006年获教育部科技进步一等奖。

（3）大型旋转机械重大非线性振动故障机理分析与应用，2004年获教育部科技进步一等奖。

（4）振动细筛，1986年获"六五"攻关三委一部重大科技成果奖。

（5）双向半螺旋振动细筛，1992年获辽宁省科技发明一等奖。

（6）碳化硅自同步概率筛，1980年获辽宁省科技成果二等奖。

（7）2585强制同步与自同步冷矿筛，1989年获辽宁省科技进步二等奖。

（8）塔式振动流化烘干机，1991年获辽宁省发明二等奖。

（9）旋转机械的模型试验与现场试验及抑制振动的方法的研究，2003年获辽宁省科技进步二等奖。

3. 所获专利

国家	申请号	专利号	项目名称
中国	实用新型专利	88 2 17039.2	锥形振动细筛
中国	实用新型专利	88 2 04063.4	振动同步传动式放矿机
中国	实用新型专利	89 2 10090.7	塔式振动流化烘干机
中国	实用新型专利	88 2 16625.5	双向半螺旋式振动细筛
中国	实用新型专利	89 2 10089.3	振动提升烘干机
中国	实用新型专利	88 2 21540.X	惯性石棉分选机

国家	申请号	专利号	项目名称
中国	实用新型专利	ZL 00212508.0	复合同步振动圆锥破碎机
中国	实用新型专利	ZL 01 2 41435.2	用于振动机械的反共振隔振装置
中国	软著登记号 029199	2004SRR10798	机械振动信号分析结构软件 V1.0
中国	200620093695.3	实用新型专利	振动惰性介质喷动雾化干燥机
中国	200610048044.7	发明专利	振动惰性介质喷动雾化干燥机
中国	200710011168.2	发明专利	一种基于CAN总线的模块化机器人控制系统
中国	200710011169.2	发明专利	便携式连续记录脉博检测装置

4. 第一作者论文

共计180篇(内容从略)。

5. 对2000年后所取得的成果的分析

下面将对2000年以后,即我70岁以后的9年中所取得的成果占五十多年来成果总数的比例大小进行分析,其中包括培养的研究生、撰写的著作和论文集、获得的奖励和申请专利的成果,进而对老年教育工作者和科技工作者能否发挥余热的问题加以回答:

(1)指导硕士和博士研究生:总计有148名取得了硕士和博士学位,2000年以后培养的硕士和博士学位的有72名,占总人数的46%;

(2)以第一作者身份撰写的著作、教材及主编的论文集总数为18部,2000年以后完成的有13部,约占总数的72%;

(3)获得的省部级一、二等奖以上的奖励总计有18项,2000年以后获得的有9项,约占总数的50%;

(4)以第一作者身份发表的论文,从1956年至2008年的53年中总计发表论文180篇,平均每年发表论文3.4篇,2000年以后发表的论文有33篇,平均每年发表论文3.6篇,此期间发表的论文约占总数的18%;

(5)申请的专利总计有10项,2000年以后有4项,约占总数的40%。

由以上分析可见,我在70岁以后所取得的成就占有相当大的比例。因此,对于老年知识分子,只要他们的身体是健康的,便可以充分发挥余热,继续为我国的经济建设作出自己的贡献,使我国身体健康的"老年知识分子"这一科技资源得到充分和有效的利用。

九、人生体悟

完成这么多的教学和科研工作,要付出很大的精力,要花费很多的时间,这些成果是我五十多年工作的积累,是长期不懈努力的结晶。这既是一个梦,但也不是一个梦。工作伊始,它确实是一个没有实现的梦,时至今日,它已成为现实,因此,可说它不再是梦。

有一点值得提及的是,我在这些年能完成这么多的工作,第一个原因是采用了高效和科学的工作方法;第二个原因是充分发挥了课题组成员的力量。

下面谈几点体会。

(1) 关于人才培养。在五十多年的工作时间里,我很好地完成了各类教学任务,培养了一定数量的人才,他们在各自的工作岗位上对社会、对国家作出了比我更多、更大的贡献,青出于蓝而胜于蓝,这是历史发展的必然,也是我最大的期望。

(2) 关于科研方向。科学技术是不断发展的,在力所能及的情况下,要尽力抓住最主要的方向,即抓住对科学技术和经济发展影响较大的学术方向。科学技术研究方向的切入点最好是在该学术方向发展的初期或上升期,这样可以使从事该项工作的人取得更有意义的成果。

(3) 关于科研成果。科学研究成果是依靠不断积累的。完成了百余项科研任务,取得了数十项科研成果,撰写了二十多部著作,发表了数百篇学术论文,获得了十余项科研奖励。这些研究成果对促进科学技术的发展,对企业的生产和国民经济的发展能产生一定程度的影响,能起到添砖加瓦的作用,这就是我们的希望。

(4) 关于学科建设。在高等学校,学科建设是头等重要的大事。如果我们能够在学科建设中做一点工作,对它的发展能够产生一定的影响,那么我们多年的奋斗将会十分有意义。

学科建设一定要依靠集体力量,只有依靠大家齐心协力,才能做好工作。此外,还要确定好明确的目标,规划好具体的和切合实际的建设内容,同时采用科学的方法。

(5) 关于发挥余热。老年知识分子是国家宝贵的财富,是国家重要的资源,只要他们的身体健康,便可以继续为国家的科学技术和经济的发展作出有益的贡献。因此,对于这类知识分子,只要为他们提供一些必要的研究经费和创造一些必要的条件,他们的余热便可以得到发挥。

(6) 关于成功秘诀。如果说在我成长过程中有什么成功"秘诀"的话,只能用"勤奋、刻苦、开拓、创新"八个字来概括,只要有了这种精神,什么做事的三要素啦,主观上可以发挥的四种潜能啦,客观方面可利用的三个重要影响因素啦,等等,都可以得到很好的处理。

五十多年的悠悠岁月,一万八千多个日日夜夜,我付出的辛勤劳动和不懈努力所取得的成果,在浩瀚无边的科学技术的海洋中,只能说是沧海一粟。但是,正是因为有千千万万个劳动者的这许许多多小小的一粟,人类才创造了今天文明的历史,才有了今天的物质文明,才有了今天这样良好的衣食住行条件和丰富的文化生活,这正是我们每一位教育和科学技术工作者的奋斗目标和人生追求。

从 1943 年我入初中学习至今,已渡过 66 个年头了。我在今后的有生之年,还要为实现我的远大理想继续进行不懈的努力,我也愿用前面的八个字与大家共勉。为我国的教育与科学技术事业的发展作出力所能及的更大的贡献。

第八章　结　　语

对我和我家庭的人生经历进行分析,可以归纳出在人生奋斗过程中处事的一般规则和几个值得关注的问题。

我们在为人处事过程中,应考虑影响事业成败的一些主要因素,即处事的三大要素:目标、工作内容和工作方法;主观上可发挥作用的四种潜能:思想素质、知识和能力、身体及奋斗精神;客观上能对工作产生影响的三维广义空间:时间、地点和条件。由此可见,在做任何事时,一是要能找出事物发生与发展的内在规律,二是要从主观上去想办法,找出路,让内因发挥积极作用,三是从客观方面寻找最有利的条件,即让外因发挥积极的影响。

一、认真规划好目标、内容和方法三大处事要素

1. 树立远大的理想和宏伟的奋斗目标

在任何创造和奋斗过程中,首先都要有一个明确的奋斗目标,也就是说要有远大的理想。没有理想的奋斗过程是一个盲目的、糊涂的过程,自然不会有较理想的结果。树立远大理想应该从具体情况出发,不然就会成为空想或幻想,空想和幻想是没有意义的和不可能实现的。从我祖父的奋斗经历可以看出,他的奋斗目标是完全切合实际的,他的理想是建立在坚实的基础上的。因此他通过自己不懈的努力,最终取得了成功。可以说,"理想"是推动事业取得成功的原动力。

人们在奋斗的道路上有着各种各样的目标、各种各样的理想。例如,奋斗的具体目标可以是社会活动家、政治家、军人、企业家、科学家、发明家、教育家、医师、艺术家、文学家、诗人、体育明星,还可以是普通工作人员,他们都可以对社会发展作出贡献。因而这些工作都可以成为每个人的奋斗目标。

对于每个人来说,特别是青少年,应该早立志,立大志,因为志向是人生的灯塔,是航船的方向。一个人有什么样的理想和信念,就会有什么样的人生。我认为青少年都应以祖国建设和发展作为自己的奋斗目标,立志为中华民族的伟大复兴而奋斗,同时在这个进程中实现自身的价值。

2. 确定切合实际的工作内容

远大理想和奋斗目标必须要通过具体的工作内容去实现,否则就很难实现自己的理想。在确定具体工作内容时,也要结合工作实际和个人能力,能力较强

的人可以去完成重大的工作任务,能力一般的人主要完成一般的工作任务。

例如,我祖父通过"找矿"去实现他的理想和目标。我叔父通过求学,通过教书育人,去实现他"教育立国、科学救国"的理想。我的侄女闻秀菊通过经营羊毛衫的生意去实现致富的理想。

二十多年前,为了创业,侄女秀菊和她的爱人老曹先在天津做豆腐买卖,经营小本生意。在积累了一些资金后,回家办起了印刷厂,又办起了羊毛衫工厂。接着,在上海买了房子,买了店铺,不但在老家办厂生产羊毛衫,还在上海开起了羊毛衫商店。侄女的奋斗经历就是一个由穷变富、由小到大逐渐发展起来的,同时有切合实际的工作内容的艰苦创业的范例。

在科研工作中,不少人主动要求去承担国家的重大科研项目和工作任务,因为完成这些重大任务,会对社会作出重大贡献,他们也会获得较高的奖励和待遇。但是,承担重大的科研和工作任务,必须要有较强的工作能力,掌握必要的专业知识。掌握相关文化知识和科学技术是承担重大科研任务的前提条件。

很多人之所以能够取得成功,与他们拥有远大理想和宏伟目标,并通过具体的工作是分不开的。工作内容多种多样,要根据社会环境和个人情况去寻找自己最理想的工作内容。如企业家可以从科学技术及产业和产品的发展过程中去寻找开发的对象。前面已经说过,只有通过具体的工作"实践"和"创造",才能走上成功之路。

3. 选用科学的工作方法

任何事情都要采取适当的措施和方法才能够圆满完成,我叔父常给我们讲"工欲善其事,必先利其器"这个哲理。从我们家族许多成员的奋斗历程可以看出,他们在工作中都在探索科学的工作方法,以便圆满地完成所要完成的任务。科学的工作方法有两个特点:一是实践性,即要通过实践才能完成;二是规律性,即做事要符合事物发展的内在规律,要用创造性的思维去分析和掌握事物发生、发展的规律和存在的各种矛盾。"创造"不是凭空臆想的东西,而是要用敏锐的眼光去发现事物的内在矛盾,找出其发展规律,提出解决问题和矛盾的最理想的方法。有了科学的工作方法,矛盾也就迎刃而解了。

不断地总结经验与教训,就是为了能够从中找到规律性的东西,找出科学的方法,科学的方法可以在实践中加以总结,还可以从书刊中和从各种资料中获取。

有效的工作方法是一种在科学发展观指导下的工作方法。有了理想的工作方法,就会提高做事的质和量,也就是说,可以更好地解决做事过程中的多快好省问题,即做事的 Q(质量)、C(成本或代价)、T(时间)、E(环境)、S(事后服务和处理)五大要素。更重要的是可以加快完成工作任务的速度,缩短完成某项工作任务的时间和周期,大大提高工作的效率。假如你的工作效率比别人高出30%,就意味着在一生中你比别人多做30%的工作。如果别人一生的工作时间是30年、40年或50年,那么你就比别人多做9年、12年和15年的工作。换句话说,你就比别人多活了9年、12年和15年,其意义多么重大啊!

为了做好处事的三大要素,提高处事的成功概率,要做好以下三项工作。

首先,要做好三个阶段的详细规划。

实际上,做任何事情首先要做好规划。这个规划可以采用书面的形式,也可以通过仔细的思考,将它存储在自己的脑子里。

具体地说,做任何事都包括三个阶段,即规划阶段、实施阶段和检验阶段。规划阶段所应该考虑的内容包含了三个阶段的全部内容,因此在这个三个阶段中,做好规划是核心,在规划过程中要考虑处事的目标、内容和方法之间的联系。

做好规划可以避免工作的盲目性和随意性,可以科学地有条不紊地去完成所要完成的工作,使工作目标、工作内容和工作方法都能在较理想的条件下有计划、有步骤地予以实现。

在执行工作的阶段,要特别重视目标、内容和方法之间的关联性。

在完成各个阶段的工作后,要对所做的工作进行检查和总结,并对工作规划进行必要的调整。

其次,要处理好目标、内容和方法三者之间的关系。

在工作实施阶段,要特别注意目标、内容和方法之间的关联性。这三者是不可分割的,如果处理不当,将会影响最终的结果。

为加深读者对三者关系的理解和提高处事成功的概率,我现将以前的著作中指出的处事的目标、内容和方法之间的不可分割的联系及关联方程式录于此,以供参考。

处事目标、内容和方法的关联方程式是:

$$B = AD$$

式中,B、D、A 分别为目标列阵、内容列阵和方法矩阵,它们可分别表示为

$$B = \begin{Bmatrix} b_1 \\ b_2 \\ b_3 \\ \cdots \\ b_n \end{Bmatrix}, D = \begin{Bmatrix} d_1 \\ d_2 \\ d_3 \\ \cdots \\ d_m \end{Bmatrix}, A = \begin{bmatrix} a_{11} & a_{12} & a_{13} & \cdots & a_{1n} \\ a_{21} & a_{22} & a_{23} & \cdots & a_{2n} \\ a_{31} & a_{32} & a_{33} & \cdots & a_{3n} \\ \cdots & \cdots & \cdots & & \cdots \\ a_{m1} & a_{m2} & a_{m3} & \cdots & a_{mn} \end{bmatrix}$$

式中,b_i,d_j,a_{ij} 分别为目标列阵、内容列阵和方法矩阵的各个单元或元素。如果上述方程具有线性关系,则 b_i、d_j、a_{ij} 均为常数;如果是非线性关系,则 b_i、d_j、a_{ij} 不是常数。

将上式代入前式可得

$$\begin{Bmatrix} b_1 \\ b_2 \\ b_3 \\ \cdots \\ b_n \end{Bmatrix} = \begin{bmatrix} a_{11} & a_{12} & a_{13} & \cdots & a_{1n} \\ a_{21} & a_{22} & a_{23} & \cdots & a_{2n} \\ a_{31} & a_{32} & a_{33} & \cdots & a_{3n} \\ \cdots & \cdots & \cdots & \cdots & \cdots \\ a_{m1} & a_{m2} & a_{m3} & \cdots & a_{mn} \end{bmatrix} \begin{Bmatrix} d_1 \\ d_2 \\ d_3 \\ \cdots \\ d_m \end{Bmatrix}$$

我们做任何事情都必须要有明确的目标,要有具体的内容,还要有科学的方法。可以这样说,没有明确目标的工作任务是盲目的任务,没有具体内容的工作是抽象和空洞的任务,没有科学工作方法的工作是难以取得效果的。正确地处理三者的关系实际上就是一种科学的方法。

最后,要经常检查和总结。

在完成各个阶段的工作后,要对所完成的工作进行检查和总结。通过进行检查和总结可以发现工作中的经验与教训以及存在的问题,进而对工作规划进行必要的调整。

二、充分发挥思想素质、知识和能力、身体、奋斗精神四种潜能

1. 应有良好的思想素质和心理素质

思想素质主要表现在如何对待日常生活中遇到的各种问题上,最重要的是如何对待自己的学习和工作,这也是关系到在人生的奋斗过程中能否取得成功的关键。

一个人的思想素质可以从他的人生观和价值观中得到体现,即如何对待自己的工作,如何通过自己的工作为社会的发展贡献一份力量。人类社会是群体社会,个人在完成工作的过程中,许多事情常常需要依赖集体力量才能完成,所以一个人首先要将自己融入集体之中,要在这个集体之中,发挥个人的积极作用。在这种情况下,也就必须要求每个人建立起一种集体主义的思想,在个人利益与集体利益发生矛盾时,首先要考虑集体的利益,同时应尽可能将集体利益与个人利益统一起来。事实上,在集体利益中常常蕴涵着成员个人的利益。

在学校学习期间,主要的任务是做学问,但同时还要学会做人,应做一个人格完善的人,即既会做人也会做事,德智双全。要努力争取做一个胸怀远大理想、热爱祖国、热爱人民的人,一个勇于承担责任和克服困难的人,一个遵纪守法的恪守诚信的人,一个善于与别人沟通和合作的人。有较高的思想素质和高尚品德的人,一般不会迷失自己的奋斗方向,也容易把业务学习搞得更好。

此外,严谨和实事求是的作风也是取得成功的必要条件。科学的东西来不得半点虚伪,虚假的、不真实的东西总是要碰钉子的。一个人作风也应该是正

派的。

一个人还应该有良好的习惯。良好的习惯应该从小孩子开始培养，例如勤奋、刻苦、爱劳动、关心他人、尊敬长者、勇于实践、敢于创新、遵纪守法等，所以对青少年的教育十分重要。

要培养良好的心理素质。有的人因没有把学习搞好或没有把工作做好，于是掉队了，自己开始在心理上产生很大的压力，生怕别人看不起自己。其实这种思想上的压力完全是由主观因素引起的，如果真的掉队了，可以通过努力逐步地赶上，甚至超越他们。

另外一种情况是由一些客观因素引起的。大家都知道，社会是很复杂的，社会上的人有好人，有坏人；有帮助你的人，有欺侮你的人；有讲真话的人，有专门行骗的人。但是好人毕竟占多数，而坏人占极少数。也许我们在生活和工作中真的会碰上坏人，例如，有人瞧不起你，有的人可能无中生有，或添油加醋地给你制造舆论并到处传布，甚至编造一些假的事实来告你的状，说你坏话；有的人看你超过他，就编造一些不完全正确的事实来毁坏你的声誉；也有的人想尽办法将你应该得到的有意地给你否定掉。类似这些问题是都有可能发生的，在这些不正常的情况面前，必须要有良好的心理素质，选择最理想的办法去应对它。在某些情况下，我们可以暂时把它放在一边，待时机成熟时再去处理。可以用"好人"来安慰你自己，并且坚信：那些心地不良的、出坏主意的、欺侮和污蔑他人的人，最终是不会有好下场的。正如我国古语所说：多行不义必自毙。

因此，不管是主观上还是客观上发生对自己不利的情况，我们都不能悲观失望，甚至对人生产生绝望，或是想通过违法的手段进行报复，这些都是不切实际的想法。而应该积极想出妥善的办法，尽可能地把坏事变成好事，或者使它向最好的方向转化，这才是实事求是的和真正解决问题的态度，才能取得较理想的结果。

综上所述，社会现象是十分复杂、千变万化的。处理复杂的事情，必须要有良好的心理素质。

2. 应具有必要知识和所需能力

每个人要想使事业取得成功，必须好好地掌握相关的知识，培养自己的各种能力。从小学至大学本科、硕士和博士学习阶段，要获得更多的知识，掌握更多的技术，培养好自己的几个能力，如自学能力、分析与解决问题的能力、实践能力、创新能力和社交能力等，这是完成工作任务的根本保证。

在科学技术高度发展的今天，科学技术的面越来越广，深度越来越深，专门化的程度越来越高。要想从事高新技术的研究，如果没有专门的知识和能力，就很难胜任工作任务。所以我们必须要以百倍的努力去掌握这些先进的科学技术知识，通过不断实践，培养和提高自己各个方面的工作能力。如果有条件的话，我们可以在学校里和工作场所多学习一些科学技术知识，攻读学士、硕士和博士学位，因为这是当今社会评定人们掌握科学技术水平及工作能力的一种具体的形式。

3. 要有良好的身体素质

想在人生中大展宏图,必须要有良好的身体素质,健康的身体是完成工作的前提,没有健康的身体很难完成伟大的事业。

在生病的时候,我们必须要以积极乐观的态度对待疾病。在每个人的生活过程中或在人生奋斗的道路上,疾病是影响事业取得成功的障碍。有了疾病,不能开展正常的工作,事业、奋斗都将成为一句空话。所以,治疗疾病、保证身体健康是争取处事成功和实现人生奋斗目标的前提。任何人都要把预防疾病和治疗疾病放到首要位置上,让自己的身体始终处于健康状态,精力充沛地投入学习工作和生活。

我们的家庭成员中有两位因疾病在青少年时期就离开了人世,还有四位因患疾病在中年时期就离开了我们。所以说,身体健康是实现人生奋斗目标的前提。

4. 要有认真的工作态度和顽强的奋斗精神

(1) 要有良好的工作态度与精神状态。完成既定的目标,要有坚忍不拔的毅力和持之以恒的奋斗精神。毅力体现在每一个人的实际工作中。"一分耕耘、一分收获",这是一条颠扑不破的真理。所有取得成功的人都离不开"勤奋"和"努力",离不开"不怕艰苦"和"百折不挠"的奋斗精神。如果遇到失败,要从失败中吸取经验教训。从我们家庭多数成员的人生奋斗经历,不难看出他们所具有的坚忍不拔的毅力和艰苦奋斗的创业精神。

古语云:"吃得苦中苦,方为人上人。"这句话从某一侧面说明要想使事业取得成功,成为人中豪杰的话,必须先吃苦。我们也常常听到"苦尽甜来"的成语。这些是前人的经验总结,对于现代人来说,也是适用的。我的祖父、叔父和侄女等,他们之所以取得成功,与他们的吃苦耐劳是密不可分的。

(2) 要战胜遇到的各种困难。在确定了切合实际的奋斗目标、所要执行的具体内容和需采用的科学方法之后,就是要以百倍的努力和坚忍不拔的毅力,去执行所要完成的任务。即使是遇到很大的困难和挫折,也应该尽力想办法将损失减到最小,并从中吸取经验和教训,尽最大努力将坏事转变为好事。

在人生奋斗道路上,一帆风顺的人为数极少,很多人总会遇到这样或那样的困难,碰到这样或那样的挫折。我认为,遇到困难和挫折既是坏事,又是好事。我们更应该把它当作好事来看,这样可以更进一步加强同困难作斗争的意志和增强实现远大理想的决心。

三、充分利用客观上存在的三维广义空间:
时机、环境及条件

目前,我国正处在改革开放时期,应充分利用这个良好的条件与客观环境。

在处理有关事情时,还应在以下几方面加以注意,这样才更容易使事业取得成功。

1. 抓住时机

要善于抓住良好的时机。恰当的时机是事业取得成功不可忽视的因素。

人们常说"机不可失,时不再来",错过了时机,就很难再有这种良好的机遇了。巴尔扎克说过,"机会来的时候像闪电一般短促,全靠你不假思索的利用"。所以我们要千方百计地去抓住机遇,这是事业取得成功的不可忽视的因素。我的祖父和叔父以及其他家族成员之所以取得成功,除了一些主观原因外,抓住机遇也是他们取得成功的重要因素。

2. 选好最合适的环境和地点

环境和地点对于完成某些任务来说十分重要。例如,本书提到的吉利集团创办的北京吉利大学,如果在浙江临海办学,短期内甚至长期都难以达到现在的规模。所以要完成与地点有关的一些任务,必须选择好合适的地点。当然也有不少工作与地点无关,另当别论。

3. 充分利用好客观条件

这里的条件主要是指工作的条件。一个人能否取得成功,与其外部条件及工作环境有十分密切的联系。例如,你要在某一领域的研究工作取得成功,除了自身的一些因素外,还要有良好工作条件作为支撑,要有领导、同志们的支持,有一个很好的群体和科研团队协助你完成所承担的工作。反之,如果没有良好条件的支撑,也就不可能很好地完成所承担的工作任务。

前面介绍了使事业取得成功的 10 项主要因素,即处事的三要素:目标、内容和方法;主观方面的四种潜能:思想、知识和能力、身体、工作态度与奋斗精神;客观方面的三项影响因素:时机、环境和条件。如果对这些影响因素进行仔细的分析和妥善的安排,在工作过程中予以贯彻,便可大大提高做事的成功概率。在研究某一具体事件时,其影响因素可以随之改变,可少于 10 个,也可以多于 10 个。

事业的成功是由各个影响因素对事业取得成功的贡献率积累而成的,因此,如果事业成功与否是由下面的影响因素所决定的,则事业取得成功的绝对总量为

$$Q(\gamma_i, q_i) = \sum_{i=1}^{n} \gamma_i q_i = \gamma_1 q_1 + \gamma_2 q_2 + \cdots + \gamma_n q_n$$

式中,γ_i 影响因素 i 的品质的高低,q_i 为影响因素的数量的多少,即影响因素 i 的对事业取得成功的贡献量。

影响因素 i 对事业取得成功的贡献率为

$$\Delta q_i = \frac{\gamma_i q_i}{Q(\gamma_i, q_i)} = \frac{\gamma_i q_i}{\sum_{i=1}^{n} \gamma_i q_i}$$

根据上式可以分析各个影响因素对事业取得成功贡献率的大小。

如果已知 q_i 的理想值为 $q_{i\max}$，则事业取得成功的理想值的总量为

$$Q_{\max}(\gamma_i, q_i) = \sum_{i=1}^{n} \gamma_i q_{i\max} = \gamma_1 q_{1\max} + \gamma_2 q_{2\max} + \cdots + \gamma_n q_{n\max}$$

因为事业取得成功的绝对数值缺乏可比性，所以我们应首先求出事业取得成功的理想值，即最大值。这时处事取得成功概率为实际值与理想值之比，即处事成功概率为

$$\Delta Q_n(n) = \frac{Q(\gamma_i, q_i)}{Q_{\max}(\gamma_i, q_i)} = \frac{\gamma_1 q_1 + \gamma_2 q_2 + \cdots + \gamma_n q_n}{\gamma_1 q_{1\max} + \gamma_2 q_{2\max} + \cdots + \gamma_n q_{n\max}}$$

由于各影响因素对事业取得成功的贡献率是不相同的，贡献率大的为重要影响因素，贡献率小的为次要影响因素，贡献率等于零的为不必要的影响因素。我们在从事各种工作时，可将影响因素进行分类，认清重要的和次要的、必要的和不必要的，这也是一项十分重要的工作。

对做事成功概率进行分析，我们就可以很清楚地知道哪些是重要影响因素，哪些是次要影响因素，哪些是不必要的影响因素，这样就可以抓住工作的重点，让重要因素更好地发挥作用。

前面所述的各个影响因素的量与质通常是随时间而变化的，因为不同时间有不同的影响因素，这是一个时变的系统，因此，可以把它写成时间函数的形式，即

$$Q(\gamma_i, q_i, t) = \sum_{i=1}^{n} \gamma_i(t) q_i(t) = \gamma_1(t) q_1(t) + \gamma_2(t) q_2(t) + \cdots + \gamma_n(t) q_n(t)$$

这时随时间变化的处事的成功概率为

$$\Delta Q_n(\gamma_i, q_i, t) = \frac{Q(\gamma_i, q_i, t)}{Q_{\max}(\gamma_i, q_i, t)} = \frac{\gamma_1(t) q_1(t) + \gamma_2(t) q_2(t) + \cdots + \gamma_n(t) q_n(t)}{\gamma_1(t) q_{1\max}(t) + \gamma_2(t) q_{2\max}(t) + \cdots + \gamma_n(t) q_{n\max}(t)}$$

四、要不断地总结和不断地学习

在处事和人生奋斗过程中，要不断地总结，要不断地学习。

总结本身也是一种学习，而且是在实际工作中学习，这种学习比起书本上的学习更加实际，更为有用。例如，我们可以从工作实际中了解和学习处事的一般规则，深刻领会处事的三要素，深刻理解影响成功处事概率的主观因素和客观因此，等等。

在总结中发现自己思想上和工作中存在不足时，应该及时地予以克服和纠正，以免当出现严重问题后再去想办法再去处理，这时已为时已晚。此时可能已造成无法弥补的重大损失。

要从总结中找出优点和不足，总结处事和奋斗过程中的经验和教训，使自己

在下一阶段的工作中,发扬优点,克服缺点,少走弯路,进一步去提高下一阶段的工作效率,便可以取得更大的成绩。

此外,还要从书本中学习相关的科学技术知识,或从各种传媒所传播的信息中学习别人的工作经验和教训。

学习对于任何人来说都十分重要,不仅仅是青年人要学习,老年人也要学习,要学到老,用到老。特别是在科学技术得到高度发展的今天,科学技术日新月异,生活条件和环境在不断的改变,在这种新形势下学习尤为重要。不学习,很快就会落后,就会掉队。必须要树立起终生学习的理念,才能符合社会不断发展和知识的不断更新的需要。

五、写在最后的话:人生的完美常常是相对的

不少人在碰到我时都会对我说,你现在应该是最欣慰的时候了,既有"名",又有"利",可说是"名利双收"。但我觉得,这个问题不能完全从个人角度去看,只有从自己的工作对国家科学技术和经济的发展、社会的进步、人民生活水平的普遍改善和共同提高去看,才是正确的。

在我几十年的奋斗经历中,既有欣慰,也有遗憾。

令我感到欣慰的是,我在各级领导、老师、学生、朋友、乡亲及同事的帮助下,经过自己不懈努力和艰苦奋斗,基本上实现了既定的奋斗目标,为国家培养了大量科技人才,为我国科学技术的发展、为国家经济的振兴作出了应有的贡献。当然,这里也包含其他同志所付出的辛勤劳动,因为一个人想要脱离集体去完成一番事业是不可能的。

令我感到遗憾的是,若以更高的标准来要求自己的话,我还有不少自己应该做的事而没有去做,或者是有些能做得更好的事没有做好。这不仅反映在教学方面,也反映在科学研究方面,甚至反映在日常生活中。此类事例,如果仔细寻找其中的不足的话,能够找出好多好多。谁都不能说:"一生之中,无一憾事。"我也不例外。

郑 重 声 明

高等教育出版社依法对本书享有专有出版权。任何未经许可的复制、销售行为均违反《中华人民共和国著作权法》，其行为人将承担相应的民事责任和行政责任，构成犯罪的，将被依法追究刑事责任。为了维护市场秩序，保护读者的合法权益，避免读者误用盗版书造成不良后果，我社将配合行政执法部门和司法机关对违法犯罪的单位和个人给予严厉打击。社会各界人士如发现上述侵权行为，希望及时举报，本社将奖励举报有功人员。

反盗版举报电话：(010)58581897/58581896/58581879

反盗版举报传真：(010)82086060

E - mail：dd@hep.com.cn

通信地址：北京市西城区德外大街4号
　　　　　高等教育出版社打击盗版办公室

邮　　编：100120

购书请拨打电话：(010)58581118

照片1.1 1992年正在北京参加中国科学院会议的9名台州籍中国科学院部分院士合影(前排右一柯俊,右二柯召,中冯德培,左二陈芳允,左一闻邦椿;后排右一洪孟民,右二吴全德,左二黄志镗,左一蒋民华)

照片1.2 温岭石塘镇千年曙光纪念碑

照片1.3 1992年与柯召先生合影于北京

照片1.4 闻玲玲、高兰香与闻静参观长屿硐天载入吉尼斯纪录的2米直径的石碗

照片1.5 2007年郑玲、闻秀清、闻华椿、闻邦椿、闻景春、闻枫、谷晓宾等在闻家门口留影

照片1.6 父亲闻韶遗像

照片1.7 叔父闻诗遗像

照片1.8　1936年叔父、婶婶、祖母与堂哥荣春、计春及堂弟梧春合影

照片1.9　1961年叔父、婶婶、拯之、玲玲和我母亲及大姐玲椿合影

照片1.13　国椿和爱人傅芳及女儿闻新、女婿王勇、外孙女王文迪2004年在美国马里兰州合影

照片1.10　大哥闻寿椿遗像

照片1.11　二哥闻华椿

照片1.12　胞弟闻国椿

照片1.14　五弟闻伍椿

照片 1.15　堂哥闻荣春　　照片 1.16　堂哥闻计春　　照片 1.17　堂弟闻梧春　　照片 1.18　堂妹闻景春

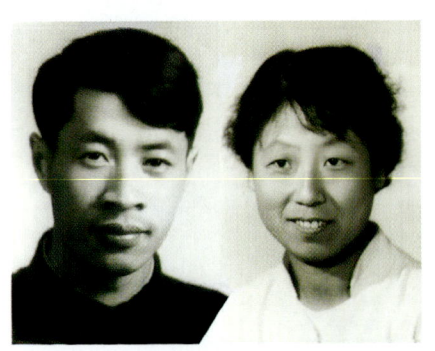 

照片 1.19　与爱人王宗彦 1963 年合影　　照片 1.20　1986 年与女儿闻茹、儿子闻枫、闻岩合影

小学时代　　初中时代　　高中时代　　在解放军中　　大学时代

研究生阶段　　20 世纪六七十年代　　20 世纪 80 年代　　20 世纪 90 年代　　现在

照片 2.1　我在各个时期的留影

照片 2.2　1992 年与曾在初中时期授过四门课的朱文邠老师合影留念

照片 2.3　浙江省温岭市新河中学校门

照片 2.4　与台州中学毕业的陈洪渊、池志强、吴全德、徐世浙等院士合影

照片 2.5　2004 年浙江省立台州中学 1949 届部分老同学于杭州西湖留影

照片 2.6　1950 年参加 21 军文化干部训练班 5 队 6 班的全体同志合影

照片 2.7　东北工学院机械系矿机专业 1955 级二班全体同学合影

照片 2.8　苏联专家格·依·索苏诺夫教授及其夫人与孩子

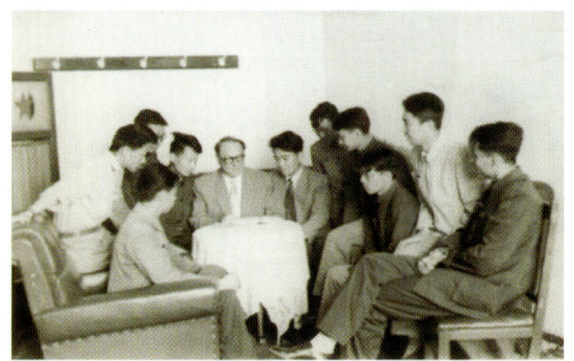

照片 2.9　索苏诺夫教授正在为研究生们答疑

照片 3.1　1985 年带领课题组成员正在对某种新型振动
　　　　　输送机进行试验研究

照片 3.2　2000 年课题组正在讨论国家自然科学基金重大项目
　　　　　大型转子试验台的有关问题

照片 3.3 1993 年正在指导博士研究生进行有关振动问题的试验研究

照片 3.4 东北大学校门和主楼

照片 3.5 东北大学校园内的张学良将军纪念馆

照片 3.6 20 世纪 80 年代与矿山机械教研究室的同志合影

照片 3.7 2008 年东北大学机械工程与自动化学院机械设计与理论研究所全体成员合影

照片 4.1 2007 年庆祝成心德教授 90 华诞座谈会时合影

照片 4.2 2007 年与堂妹闻景春、爱人王宗彦、儿子闻枫、儿媳谷晓宾及外孙黄博文在游览雁荡山时留影

照片 4.3 2002 年去延安杨家岭参观毛主席旧居

照片5.1　1986年去日本山口大学作学术报告时与井上顺吉教授等合影

照片5.2　1986年去日本九州工业大学讲学时与学生们合影

照片5.3　与日本岩壶卓三教授及黄文虎教授在国际学术会议交流会上

照片5.4　1986年访问日本神冈机电株式会社

照片5.5　2002年在悉尼参加国际转子动力学会议期间国际转子动力学技术委员会委员合影

照片5.6　在悉尼歌剧院前的留影

照片 5.7　1981 年去苏联基辅参加第九届国际非线性振动会议时合影
(前排由右至左分别是陈予恕教授,米特罗鲍列斯基的秘书,日本非线性振动专家林千博教授,
国际著名非线性振动专家米特罗鲍尔斯基院士,著名美籍华人黄子春教授,闻邦椿教授)

照片 5.8　与 MIT 著名随机振动专家克朗道尔教授合影

照片 5.9　1987 年去美国参加国际学术会议期间拜访著名美籍华人顾毓秀先生

照片 5.10　1987 年去美国参加国际会议期间与美国著名非线性动力学专家奈弗教授合影

照片 5.11　2007 年访问埃及时在金字塔和狮身人面像前留影

照片 5.12　2007 年中国振动工程学会第三届振动利用工程学术会议代表合影

照片5.13　参加学术会议的东北大学同学合影

照片5.14　参加在三亚召开的学术会议东北大学毕业的学生合影

照片5.15　2005年参加福建省科学技术交流洽谈会部分与会专家合影

照片 5.16　在苏州召开的机械学科教学工作讨论上作学术报告

照片 5.17　2004 年由陆燕荪、宋天虎带领的机械工程学术交流代表团访问台湾时的合影

照片 5.18　2002 年在香港城市大学做访问学者

照片6.1　第六届全国政协教育组部分政协委员合影

照片6.2　参加全国政协第七届会议期间留影

照片6.3　在天安门城楼上留影

照片6.4　1994年与钱令希先生、胡海昌先生、杨叔子先生合影

照片6.5 1993年中国科学院技术科学部常务委员会成员合影

照片6.6 中国振动工程学会第一届理事会全体理事合影

照片6.7 参加北京吉利大学首届教学工作大会的领导班子成员合影

照片 6.8 2006 年浙江大学流体传动与控制国家重点实验室学术委员会成员合影

照片 6.9 2006 年度国家自然科学基金评审会机械学科评审组专家合影

照片 7.1 2001 年在浙江杭州召开亚太振动会议期间与参加会议的学生合影

照片7.2 我和爱人与第一位博士研究生(现为西安建筑科技大学副校长)段志善教授及他的夫人合影

照片7.3 与俄罗斯及哈萨克斯坦两个国家的访问学者合影

照片7.4 与博士研究生讨论有关科学研究中的问题

照片 7.5　向 985 工程创新平台建设中期检查专家们汇报

照片 7.6　2006 年参加中国工程院颁发的光华工程科技奖授奖仪式